普通高等学校规划教材

土 力 学

（第2版）

主　编　黄志全
副主编　毕庆涛　贾景超　王江锋
　　　　杨永香　李　幻　徐荣超
　　　　王洪建

黄河水利出版社
·郑州·

内 容 提 要

本书系统地介绍了土力学的基本概念、原理和计算方法，是高等工科院校土木、水利等相关专业的土力学课程教材。全书共分10章。首先在绪论部分介绍土力学这门学科的主要内容、产生背景和历史，然后分章节依次阐述土的物理性质与工程分类、土的渗透性与渗流问题(如流土、管涌)、土体的应力与变形问题(如地基沉降计算)、土的强度规律与强度问题(如挡土墙压力计算、边坡稳定性分析、地基承载力等)，最后为了拓展教学，介绍了土动力学、非饱和土力学基础知识。

本书为高校本科生教材，亦可作为土木、水利等相关专业的研究生参考书，以及供从事有关工程勘察、设计、施工的技术人员阅读参考。

图书在版编目(CIP)数据

土力学/黄志全主编.—2版.—郑州：黄河水利出版社，2018.5

普通高等学校规划教材

ISBN 978-7-5509-2048-4

Ⅰ.①土… Ⅱ.①黄… Ⅲ.①土力学-高等学校-教材 Ⅳ.①TU43

中国版本图书馆CIP数据核字(2018)第115059号

策划编辑：王志宽　电话：0371-66024331　E-mail：wangzhikuan83@126.com

出 版 社：黄河水利出版社

地址：河南省郑州市顺河路黄委会综合楼14层　邮政编码：450003

发行单位：黄河水利出版社

发行部电话：0371-66026940、66020550、66028024、66022620(传真)

E-mail：hhslcbs@126.com

承印单位：河南承创印务有限公司

开本：787 mm×1 092 mm　1/16

印张：14.75

字数：340千字　印数：1—3 100

版次：2011年12月第1版　印次：2018年5月第1次印刷

2018年5月第2版

定价：35.00元

普通高等学校规划教材
编审委员会

主　任　刘汉东

副主任　王复明　肖昭然　勾攀峰　杨小林

委　员　李广慧　祝彦知　郭院成　乐金朝

　　　　黄志全　姜宝良　孙文怀　闫富有

　　　　李化敏　姜　彤　孔德志

再版前言

该书第1版作为教材，已在水利水电工程、土木工程、地质工程、港口航道与海岸工程、道路桥梁工程、城市地下空间工程、交通工程等专业的课程教学中使用了近7年，受到了师生的欢迎和好评。现根据授课老师的教学建议和学生的学习反馈，结合我们教学改革的成果，决定修订再版。

本书再版，是在保持第1版特色的基础上，做了一些必要的修改。一是调整了一些章节内容的编排顺序，使其更加符合知识体系的逻辑结构，让学生更容易掌握知识点之间的因果关系；二是按照工程建设中现行规范的思想改编了相关内容，特别是一些概念、术语和符号，使教材内容与当前工程实践保持一致，便于教学与实践应用相统一；三是重新编写了教学中发现的学生理解起来有困难的知识点，达到学生在自学中能看懂的目标。另外，还删去、增补了一些内容。

此次修编工作，仍由黄志全教授主持，原编者们仔细地对全书进行了全面修订。在改版编写过程中，得到了土力学授课老师们的密切关注和热心指导；陈伟老师提出了宝贵的意见，在此一并表示感谢！

编者们自知水平有限，不妥甚至谬误之处敬请批评指正！

编　者

2018年5月

目 录

绪　论

一、土力学的内容

土力学是研究土的物理性质、渗透性质以及在荷载作用下土的变形和强度规律，从而解决工程中土体渗流、变形和稳定问题的一门学科。土力学的研究对象是土，而土是自然、历史的产物，土体形成年代、形成环境和形成条件等均对其物理、力学性质有着较大的影响，正是这一特点决定了土力学明显区别于其他力学分支。

人类从事的工程建设几乎都是在地球表面，所以会涉及土力学课题。地基土破坏引起的建筑物倒塌，挡土墙滑移与倾覆，工程边坡的失稳，地质灾害的滑坡与泥石流，地震液化失稳等属于土体强度不足导致的稳定问题；建筑物的倾斜开裂，路基沉降与桥头跳车，土石坝的变形，湿陷、膨胀、冻融等引起的工程问题属于土体变形问题；土是散碎颗粒的堆积体，颗粒孔隙间充满了流体，在不等势的情况下，将会发生流体的运动。挡水、输水与储水土工构造物的渗漏、渗流造成的渗透变形会成为堤坝溃决、基坑倒塌、隧道矿井失事的主要原因，等等，都属于土体渗流问题。

土力学中解决上述工程问题的理论有三个，它们组成了土力学的核心内容：①强度理论是揭示土的破坏机制的理论，解决稳定问题。莫尔－库仑强度理论描述了剪切面上抗剪强度与该面上正应力之间的关系，表现了土作为散体材料的摩擦强度的基本特点，是一个简明实用的强度理论。②固结理论给出了土的变形与时间的关系，其中太沙基单向固结理论已被广泛应用于工程中的工后沉降变形计算。另外，作为固结理论中的重要概念，有效应力原理被看作是土力学学科的奠基石。③达西定律是关于土中水渗流的理论，它揭示了单位面积渗流量与水力梯度成正比，是解决土工问题和渗流分析的基础理论。

二、土力学的发展简史

土力学是一门既古老又年青的工程技术学科。远在18世纪，个别学者就已经开始探索与土力学相关的问题，例如铁路路基问题。进入21世纪，土力学理论取得了众多进展，但依然不能满足工程实践的需要。

在18世纪的欧洲，为了满足工业化的需要，工业厂房、城市建筑、公路铁路等大规模的建设，提出了许多与土力学相关的问题，这为土力学的萌芽提供了良好的环境，一批工程师开始探索土体的力学问题。根据历史资料，最早发表研究成果的是法国学者库仑（Coulomb），他于1773年发表了砂土剪切强度公式，接着又提出了计算挡土墙土压力的理论。

进入19世纪，土力学的研究依然在进行，但发展缓慢，而且多数是研究土体的破坏问题。有代表性的成果是1857年英国学者朗肯（Rankine）依据强度理论，创立了计算挡土墙土压力的又一理论。

20世纪初,随着高层建筑的大量涌现,沉降变形问题开始突出,同时与土力学紧密相关的学科——弹性力学的发展为沉降问题的研究提供了必要的手段。1923年奥地利学者太沙基(Terzaghi)提出了土体一维固结理论,阐述了有效应力原理,并于1925年发表了第一本土力学专著,标志着土力学作为一门独立的学科已经创立。此后,变形问题的研究越来越成为重要的内容,众多研究成果有力地推动了土力学学科的发展。

土力学发展至20世纪60年代,进入了另一个崭新的时期。1963年,英国学者罗斯科(Roscoe)等根据大量试验成果创建了著名的剑桥弹塑性模型(Cam-Clay Model),标志着人们对土性质的认识和研究突破了刚塑性理论模型的框架。

我国对土力学的研究始于1945年黄文熙在中央水利实验处创立的第一个土工实验室,但是大规模的研究则是在中华人民共和国成立以后,随着一批国外留学人员回国和20世纪50年代初大批青年学者参加工作以后才开始的。60余年来,各方面都取得了长足的进展,取得了许多重要成果,为土力学的发展和完善做出了积极的贡献。

第一章　土的物理性质与工程分类

第一节　土的形成

在土木工程中，土是指覆盖在地表上碎散的、没有胶结或胶结很弱的颗粒堆积物。地球表面的整体岩石在大气中经受长期的风化作用而破碎后，形成形状不同、大小不一的颗粒，这些颗粒受各种自然力的作用，在各种不同的自然环境下堆积下来，就形成通常所说的土。工程上遇到的大多数土都是在第四纪地质历史时期内所形成的，故称为第四纪沉积物。

岩石的风化一般可分为物理风化和化学风化两个过程。

物理风化是指岩石经受风、霜、雨、雪的侵蚀，或受波浪的冲击、地震的作用，以及温度的变化等产生裂隙、崩解，或者在运动中因碰撞和摩擦而碎裂成岩块、岩屑的过程。于是岩体逐渐变成碎块和细小的颗粒，但它们的矿物成分仍与原来的母岩相同，称为原生矿物。

化学风化是指岩体(或岩块、岩屑)与氧气、二氧化碳等各种气体、水和各种水溶液等物质相接触，经氧化、碳化和水化作用，使这些岩石或岩屑逐渐产生化学变化，分解为极细颗粒的过程。这些极细颗粒是新形成的矿物，也称次生矿物。在自然界，物理和化学这两种风化作用是同时或交替进行的，所以任何一种天然土既是物理风化的产物，又是化学风化的产物。

土由于搬运和堆积方式的不同，又可分为残积土和运积土两大类。

残积土是指岩石经风化后仍留在原地未经搬运的堆积物。它的特征是颗粒表面粗糙、多棱角、粗细不均、无层理。

运积土是指风化所形成的土颗粒，受自然力的作用，搬运到远近不同的地点所沉积的堆积物。其特点是颗粒经过滚动和相互摩擦，具有一定的浑圆度，即颗粒因摩擦作用而变圆滑。在沉积过程中因受水流等自然力的分选作用而形成颗粒粗细不同的层次，粗颗粒下沉快，细颗粒下沉慢而形成不同粗细的土层。

根据搬运的动力不同，运积土又可分为如下几类：

冲积土——由江、河水流搬运所形成的沉积物。分布在山谷、河谷和冲积平原上的土都属于冲积土。这类土由于经过较长距离的搬运，浑圆度和分选性都更为明显，常形成砂层和黏性土层交叠的地层。

风积土——由风力搬运形成的堆积物，颗粒均匀，往往堆积层很厚而不具层理。我国西北的黄土就是典型的风积土。

冰碛土——由冰川或冰水挟带搬运所形成的沉积物，颗粒粗细变化较大，土质不均匀。

沼泽土——在极为缓慢水流或静水条件下沉积形成的堆积物。这种土的特征,除含有细微的颗粒外,常伴有由生物化学作用所形成的有机物的存在,成为具有特殊性质的淤泥或淤泥质土,其工程性质一般都较差。

第二节　土的三相组成

如前所述,土是由固体颗粒和颗粒之间的孔隙组成的,而孔隙中通常又存在着水和空气两种物质,因此土是由固体颗粒、水和空气三部分组成的三相体系。其中,土的颗粒称为固相,土体孔隙中的水称为液相,而孔隙中的空气则称为气相。固相中除矿物颗粒外,有时还含有胶结物和有机质。这一部分构成土的骨架,称为土骨架。当土骨架的孔隙全部被水占满时,这种土称为饱和土;如果孔隙一部分被水占据,另一部分被气体占据,称为非饱和土;当骨架的孔隙仅含空气时,就称为干土。

土的三种组成部分本身的性质以及它们之间的比例关系和相互作用决定土的物理力学性质。因此,研究土的性质,首先必须研究土的三相组成。

一、土的固相

固体颗粒构成土的骨架,其大小和形状、矿物成分及组成情况是决定土的物理力学性质的重要因素。

(一)成土矿物

形成土粒的矿物成分各不相同,主要取决于成土母岩的矿物成分及其风化作用。成土矿物分为两大类:一类为原生矿物,常见的有石英、长石、云母、角闪石与辉石等。它是由岩石经物理风化生成的,其颗粒一般较粗,多成浑圆形、块状或板状,吸附水的能力弱,性质比较稳定,无塑性。另一类为次生矿物,它是由原生矿物经化学风化作用而形成的矿物,其成分与母岩完全不同。次生矿物主要是黏土矿物,常见的黏土矿物有高岭石、伊利石和蒙脱石三类。由于次生矿物构成的土粒极细,且多呈片状或针状,其性质较不稳定,有较强的吸附水能力,含水量的变化易引起体积胀缩,具塑性。

(二)黏土矿物

1. 黏土矿物的晶体结构

黏土矿物种类繁多,其结构可分为晶体和非晶体两大类,以晶体矿物为主,非晶体矿物很少。所谓晶体,是指原子、离子在空间有规律的排列,不同的几何排列形式称为晶体结构,组成晶体的最小单元称为晶胞或晶层。

黏土矿物通常是一种复合的铝－硅酸盐晶体,颗粒呈片状,其矿物颗粒由晶胞组叠而成。黏土矿物晶胞主要是由硅－氧四面体和铝－氢氧八面体两种基本结构单元组成的。硅－氧四面体是由一个居中的硅原子和四个在角点的氧原子所构成的,如图1-1(a)所示。四面体底面的每个氧原子为两个相邻单元内的硅原子所共有,因此六个硅－氧四面体组成了底面具有六边形的硅片,如图1-1(b)所示,常用一个梯形符号表示硅片,如图1-1(c)所示。铝－氢氧八面体是由一个居中的铝原子和六个在角点的氢氧离子组成的,如图1-2(a)所示。当每个氢氧离子为两个相邻单元内的铝原子所共有时,四个八面体组成一个铝片，如图1-2(b)所示，常用一个矩形符号表示铝片，如图1-2(c)所示。

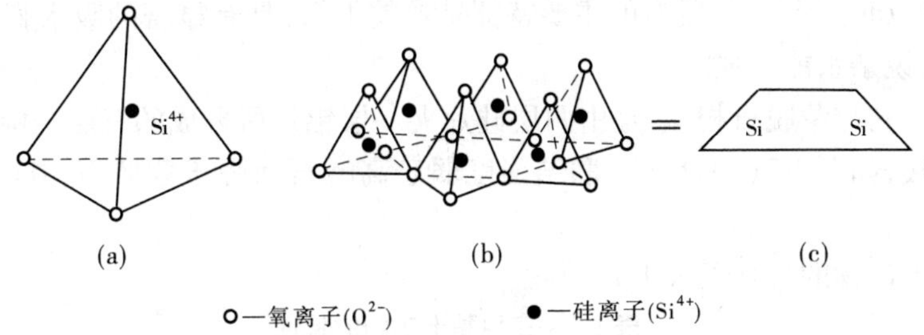

图1-1　硅片的结构

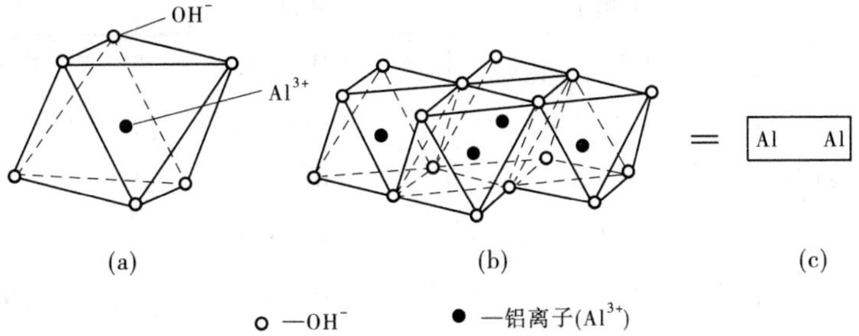

图1-2　铝片的结构

黏土矿物根据硅片和铝片的组叠形式的不同，可以分为高岭石、蒙脱石和伊利石三种类型。

高岭石　其晶胞或晶层是由一个硅片和一个铝片上下组叠而成的，如图1-3(a)所示。这种晶体结构称为1∶1的两层结构。两层结构的最大特点是晶层之间通过O^{2-}与OH^-相互联结，称为氢键联结。氢键的联结力较强，致使晶层不能自由活动，水难以进入晶层之间，是一种遇水较为稳定的黏土矿物。因为晶层之间的联结力较强，能组叠上百个晶层，成为一个颗粒。颗粒大小为0.3～3.0 μm，厚为0.03～1.0 μm。所以，高岭石的主要特征是颗粒较粗，亲水能力差。

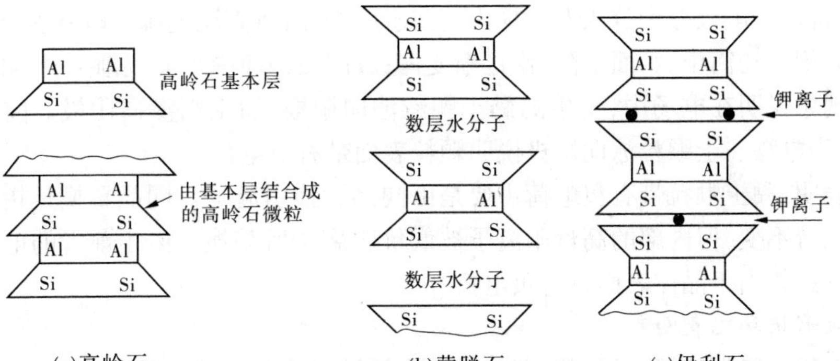

图1-3　黏土矿物的晶格构造

蒙脱石　其晶胞是由两个硅片中间夹一个铝片所构成的，如图1-3(b)所示，称为2∶1的三层结构。晶胞之间是O^{2-}对O^{2-}的联结，联结力很弱，水很容易进入晶胞之间。每一颗粒能组叠的晶胞数较少，一般仅几个到十几个。颗粒大小为0.1～1.0 μm,厚为0.001～0.01 μm。因此,蒙脱石的主要特征是颗粒细微,具有显著的吸水膨胀、失水收缩的特性,或者说亲水能力强。

伊利石　它与蒙脱石相似,是由两层硅片夹一层铝片所形成的三层结构,但晶层之间有钾离子连接,如图1-3(c)所示。联结强度弱于高岭石而强于蒙脱石,其特征也介于两者之间。

三种黏土矿物的特性见表1-1。

表1-1　三种黏土矿物的特性

特征指标	矿物		
	高岭石	伊利石	蒙脱石
长和宽(μm)	0.3～3.0	0.1～2.0	0.1～1.0
厚(μm)	0.03～1.0	0.01～0.2	0.001～0.01
比表面积(m^2/g)	10～20	80～100	800
液限(%)	50	100～120	150～900
塑限(%)	25～40	45～60	50～100
胀缩性	小	中	大
渗透性	大($<10^{-5}$ cm/s)	中	小($<10^{-10}$ cm/s)
强度	大	中	小
压缩性	小	中	大
活动性	小	中	大

2. 黏土矿物的带电性质

莫斯科大学的列依斯教授于1807年通过试验证明黏土颗粒是带电的。他把潮湿的黏土膏放在一个玻璃器皿内,将两个无底的玻璃筒插入黏土膏中。向桶中注入相同深度的清水,并将两个电极分别放入两个桶内的清水中,然后将直流电源与电极连接。通电后即可发现放阳极的筒中,水面下降,水逐渐变浑;放阴极的筒中水面逐渐上升,如图1-4所示。这种现象说明在电场中,土中的黏土颗粒泳向阳极,而水则渗向阴极。前者称为电泳,后者称为电渗。土颗粒泳向阳极说明颗粒表面带有负电荷。

研究表明,黏土颗粒带有负电荷主要是由同晶置换引起的。同晶置换是指黏土矿物晶体结构保持不变,但内部的高价阳离子被低价阳离子所替换。由于前者的电价比后者的高,置换后,相当于晶体表面带有负电荷。

3. 颗粒形状和比表面积

原生矿物一般颗粒粗,呈粒状,即三个方向的尺度基本为同一数量级,如图1-5所示。黏土矿物颗粒细微,多呈片状或针状,如图1-6所示。土的颗粒愈细,形状愈扁平,则表面积与质量之比值愈大。单位质量土颗粒所拥有的表面积称为比表面积A_s,可用下式表示:

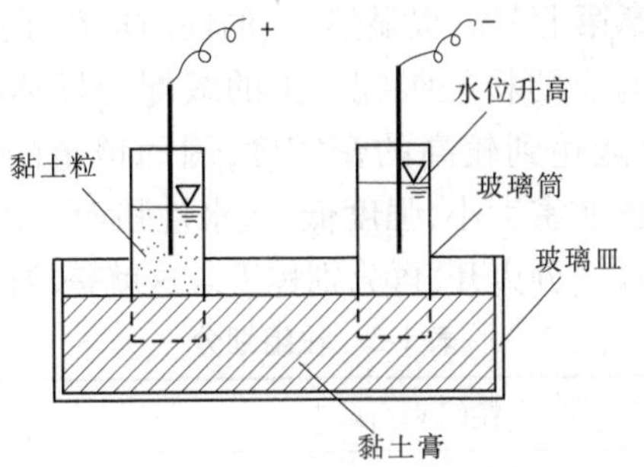

图 1-4　黏土膏的电渗、电泳试验

$$A_s = \frac{\sum A}{m} \tag{1-1}$$

式中　$\sum A$——全部土颗粒的表面积之和，m^2；

m——土颗粒的质量，g。

高岭石的比表面积为 10 ~ 20 m^2/g，伊利石的为 80 ~ 100 m^2/g，而蒙脱石的高达 800 m^2/g。

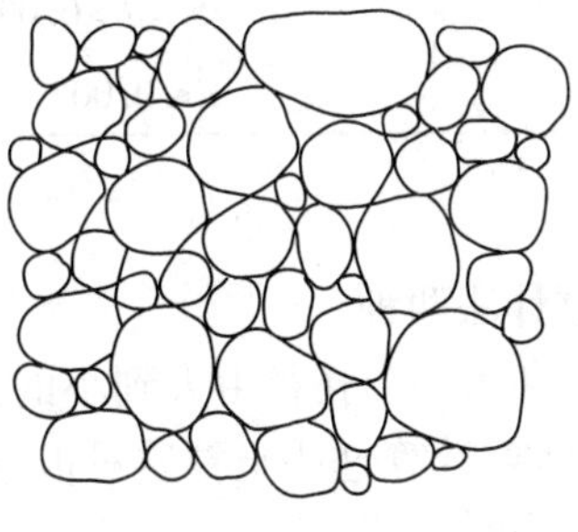

图 1-5　粗粒土的形状

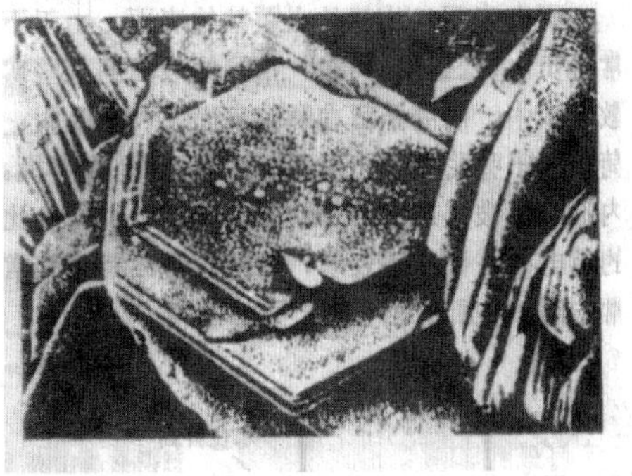

图 1-6　黏土颗粒的形状

由于黏土颗粒的带电性质都发生在颗粒的表面上，所以对于黏性土，比表面积的大小直接反映土颗粒与四周介质，特别是水，相互作用的强烈程度，是代表黏土特征的一个很重要的指标。

对于粗粒土，由于表面不具有带电性质，比表面积没有很大的意义。

（三）土粒的大小和土的级配

随着颗粒大小的不同，土可以具有很多不相同的性质。例如，粗颗粒的砾石具有很大的透水性，没有黏性和可塑性；而细颗粒的黏土则透水性很小，黏性和可塑性较大。通常，粒径越大，承载力越高；粒径越小，土颗粒间的孔隙比就越大，越容易产生沉降和变形，承载力也就越小。颗粒的大小通常以粒径表示。工程上按粒径大小分组，称为粒组，即某一级粒径的变化范围。广泛采用的粒组有漂石粒、卵石粒、砾粒、砂粒、粉粒和黏粒。表 1-2 为我国水利部《土工试验规程》（SL 237—1999）中规定的粒组划分情况。

实际上，土常是各种大小不同颗粒的混合物，较笼统地说，以砾石和砂粒为主要组成的土称为粗粒土，也称为无黏性土。以粉粒和黏粒为主的土，称为细粒土，一般为黏性土。

土的具体的工程分类见本章第七节。很显然,土的性质取决于土中不同粒组的相对含量。土中各粒组的相对含量称为土的粒径级配。土的级配的好坏将直接影响到土的工程性质。级配良好的土,压实时能达到较高的密实度,因而该土的透水性小,强度高,压缩性低;反之,级配不良的土,其压实密度小,强度低,透水性强而渗透稳定性差。为了了解各粒组的相对含量,必须先将各粒组分离开,再分别称重。这就是粒径级配的分析方法。

表1-2 粒组划分

粒组统称	粒组划分		粒径(d)的范围(mm)
巨粒组	漂石(块石)		$d>200$
	卵石(碎石)		$200\geqslant d>60$
粗粒组	砾粒	粗砾	$60\geqslant d>20$
		中砾	$20\geqslant d>5$
		细砾	$5\geqslant d>2$
	砂粒	粗砂	$2\geqslant d>0.5$
		中砂	$0.5\geqslant d>0.25$
		细砂	$0.25\geqslant d>0.075$
细粒组	粉粒		$0.075\geqslant d>0.005$
	黏粒		$d\leqslant 0.005$

1. 粒径级配的分析方法

工程中,实用的粒径级配分析方法有筛分法和比重计法两种。

(1)筛分法适用于粒径大于0.075 mm的土。它是利用一套孔径由大到小的筛子,将事先称过质量的烘干土样过筛,称留在各筛上的土重,然后计算这些土粒质量占总土粒质量的百分数。

(2)比重计法用于分析粒径小于0.075 mm的土。根据斯托克斯(Stokes)定理,球状的细颗粒在水中的下沉速度与颗粒直径的平方成正比。因此,可以利用粗颗粒下沉速度快、细颗粒下沉速度慢的原理,把颗粒按下沉速度进行粗细分组。基于这种原理,实验室常用比重计进行颗粒分析,称为比重计法,也称为密度计法。该法的具体操作方法,可参阅土工试验操作规程,本章不予详述。

【例1-1】 从干砂样中称取质量为1 000 g的试样,放入如图1-7所示的标准筛中,经充分摇振后,称得各级筛上留存的土粒质量,见表1-3中的第二行,试求土内各粒组的土粒含量。

解:留在孔径2.0 mm筛上的土粒质量为100 g,则小于该孔径的土粒含量为900/1 000=90%。同样可算得小于其他孔径的土粒含量,见表1-3中的第三行。

由小于2.0 mm和1.0 mm孔径的土粒含量90%和80%可得到从2.0 mm到1.0 mm粒组的土粒含量为10%。同样可算得其他粒组的土粒含量,见表1-3中的第四行。

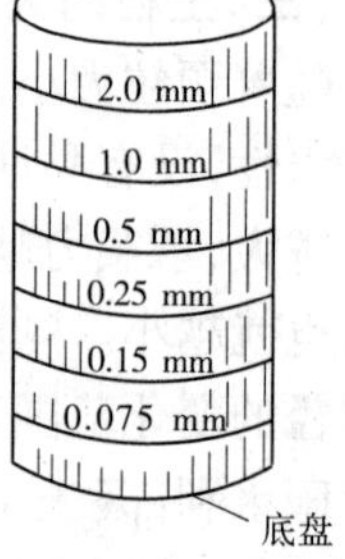

图1-7 筛子示意图

表 1-3　筛分试验结果

筛孔孔径(mm)	2.0	1.0	0.5	0.25	0.15	0.075	底盘
各级筛上的土粒质量(g)	100	100	250	300	100	50	100
小于各级筛孔孔径的土粒含量(%)	90	80	55	25	15	10	
各粒组的土粒含量(%)	10	10	25	30	10	5	10

2. 土的级配分布

根据颗粒大小分析试验,可以得到以下两种表示形式的曲线。

(1)粒径级配曲线:以土粒粒径为横坐标(对数比例尺),以小于某粒径土质量占试样总质量的百分数为纵坐标绘制而成。由于土中的粒径相差悬殊,因此横坐标用对数坐标表示,以突出显示细小颗粒粒径。

(2)粒组频率曲线:以各粒组的平均粒径为横坐标(对数比例尺),以各粒组的土粒含量为纵坐标绘得。

图 1-8 为例 1-1 筛分试验成果图。图中实线为粒径级配曲线,虚线为粒组频率曲线。

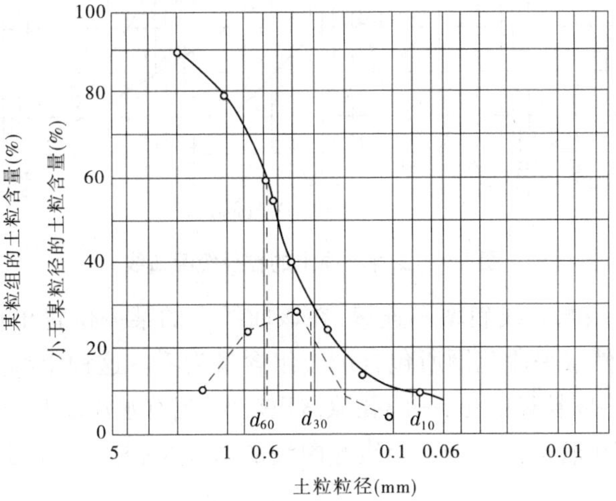

图 1-8　颗粒分析试验曲线

必须指出,实际土粒的形状是各式各样的,很少呈球形,这里所说的土粒粒径是名义粒径,在筛分法中是以筛孔孔径代表的,而在密度计法中是以与实际土粒在水中沉降速度相同的同样物质的球的直径代表的。

3. 粒径级配曲线的应用

土的粒径级配曲线是土工上最常用的曲线,从这曲线可以直接了解土的粗细、粒径分布的均匀程度,以及级配的优劣。为了判别土的颗粒级配是否良好,常用不均匀系数 C_u 和曲率系数 C_c 两个指标来分别描述级配曲线的坡度与形状。

定义土的不均匀系数 C_u 为

$$C_u = \frac{d_{60}}{d_{10}} \tag{1-2}$$

式中　d_{10}——小于此种粒径的土的质量占总土质量的 10%,也称有效粒径;

d_{60}——小于此种粒径的土的质量占总土质量的 60%,也称控制粒径。

C_u 愈大,表示土愈不均匀,即粗颗粒和细颗粒的大小相差愈悬殊。如果粒径级配曲线是连续的,C_u 愈大,则曲线愈平缓,表示土中含有许多粗细不同的粒组,也即粒组的变化范围宽,如图 1-9 中曲线 $A_{土}$。$C_u \geqslant 5$ 的土称为不均匀土,反之称为均匀土,如图 1-9 中曲线 $B_{土}$。不均匀土经压实后,细颗粒充填于粗颗粒所形成的孔隙中,容易得出较高的密度和较好的力学特性。

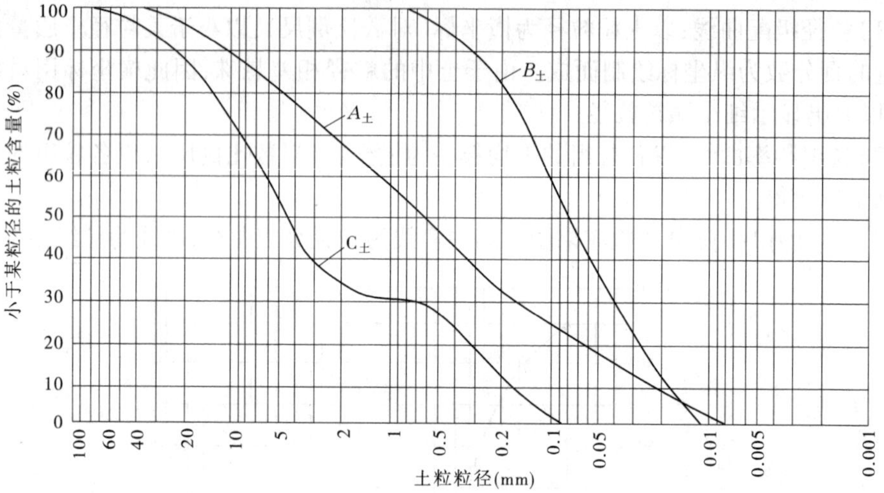

图 1-9　三种不同土的粒径级配曲线

但是,如果粒径级配曲线斜率不连续,在该曲线上的某一位置出现水平段,如图 1-9 中曲线 $C_{土}$ 所示,显然水平段范围所包含的粒组含量为零。这种土称为缺少某种中间粒组的土。由于缺乏中间粒径的土,一般孔隙体积较大,当有水流动时,易将小颗粒带走,渗透稳定性差,易于产生管涌。土的粒径级配曲线的斜率是否连续可用曲率系数 C_c 表示,其定义为

$$C_c = \frac{d_{30}^2}{d_{10}d_{60}} \tag{1-3}$$

经验表明,当级配连续时,C_c 的范围为 1 ~ 3。从工程观点看,土的级配不均匀($C_u \geqslant 5$),且级配曲线连续($C_c = 1 \sim 3$)的土,称为级配良好的土。不能同时满足上述两个要求的土,称为级配不良的土。

【例 1-2】　按图 1-8 中的颗粒分析试验结果,计算砂样内粗砂、中砂和细砂粒组的土粒含量及该土的不均匀系数和曲率系数并评价其级配好坏。

解:由图 1-8 中的粒径分布曲线可得粒径小于 2 mm、0.5 mm、0.25 mm 和 0.075 mm 的土粒含量,见表 1-4 中的第二行。于是,按表 1-1 对粒组划分的规定,粗砂粒组的土粒含量为 35%。用同样的方法可算得中、细砂粒组的土粒含量,见表 1-4 中的第三行。

表 1-4　各粒组土粒含量计算

<table>
<tr><td>粒径(mm)</td><td colspan="2">2</td><td colspan="2">0.5</td><td colspan="2">0.25</td><td colspan="2">0.075</td></tr>
<tr><td>小于该粒径的土粒含量(%)</td><td colspan="2">90</td><td colspan="2">55</td><td colspan="2">25</td><td colspan="2">10</td></tr>
<tr><td>粗、中、细砂粒组含量(%)</td><td>10</td><td colspan="2">35</td><td colspan="2">30</td><td colspan="2">15</td><td>10</td></tr>
</table>

又，按粒径分布曲线查得 $d_{10}=0.075$ mm，$d_{30}=0.32$ mm，$d_{60}=0.58$ mm，于是，按式(1-2)得

$$C_u=\frac{d_{60}}{d_{10}}=\frac{0.58}{0.075}=7.7$$

按式(1-3)得

$$C_c=\frac{d_{30}^2}{d_{10}d_{60}}=\frac{0.32^2}{0.075\times0.58}=2.4$$

由于 C_u 大于 5，C_c 在 1～3 之间，所以该砂的级配是良好的。

二、土的液相

土中水即为土的液相，其类型和数量对土的状态和性质都有重大影响。土中水除一部分以结晶水的形式紧紧吸附于固体颗粒的晶格内部外，可以分成结合水和自由水两大类。

(一)结合水

水分子是极性分子，正负电荷分布在分子两端。由于表面带负电荷，黏土颗粒四周形成一个电场。在电场范围内，水中的阳离子和极性水分子被吸引在颗粒的四周，定向排列，如图 1-10所示。最靠近颗粒表面的水分子所受电场的作用力很大，可以达到 1 000 MPa。随着远离颗粒表面，作用力很快衰减，直至电场以外不受电场力作用。受颗粒表面电场作用力吸引而包围在颗粒四周，不传递静水压力，不能任意流动的水，称为结合水。结合水因离颗粒表面远近不同，受电场作用力的大小不一样，可以分成强结合水和弱结合水两类。

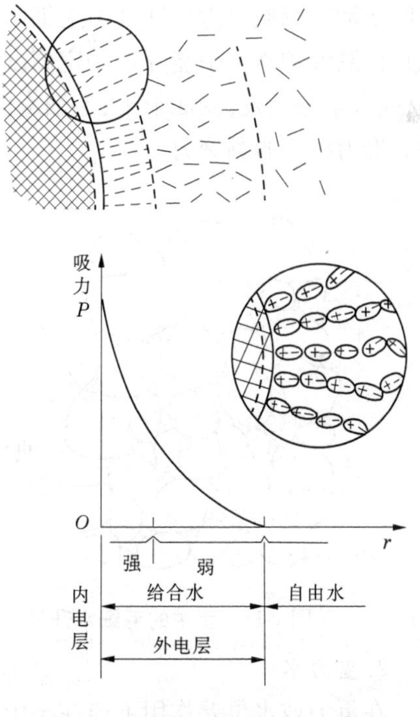

图 1-10　颗粒外水分子分布示意图

1. 强结合水

紧靠于颗粒表面的水分子，所受电场的作用力很大，几乎完全固定排列，丧失液体的特性而接近于固体，完全不能移动，这层水称为强结合水。强结合水的冰点很低，沸点较高，在温度达 150 ℃以上时可以蒸发。密度要比自由水大。

2. 弱结合水

弱结合水指强结合水以外，电场作用范围以

内的水。这层水不是接近于固态而是一种黏滞水膜。受力时能由水膜较厚处缓慢移到水膜较薄处,也可以因电场引力从一个土粒的周围转移到另一个土粒的周围。也就是说,弱结合水水膜能发生变形,但不因重力作用而在孔隙中自由流动。弱结合水的存在,是黏性土在某一含水量范围内表现出可塑性的原因。

(二)自由水

不受颗粒电场引力作用,且可自由移动的水称为自由水。它的性质和普通水无异,能传递静水压力,冰点为 0 ℃,有溶解能力。自由水又可分为毛细水和重力水。

1. 毛细水

土体内部存在着相互贯通的孔隙,可以看成是许多形状不一、直径互异、彼此连通的毛细管,如图 1-11 所示。由于水分子和土颗粒之间的吸附力及水、气界面上的表面张力,地下水将沿着这些毛细管被吸引上来,而在地下水位以上形成一定高度的毛细管水带。这一高度称为毛细水上升高度,如图 1-11 中的 h_c。它与土中孔隙的大小和形状、土粒的矿物成分以及水的性质有关。土颗粒愈细,毛细水上升愈高,黏性土的毛细水上升较高,可达 1 m 乃至几米。而在孔隙较大的粗粒土中,毛细水几乎不存在。

在毛细管水带内,由于水、气界面上弯液面和表面张力的存在,水内的压力小于大气压力,即水压力为负值。

如果土骨架的孔隙内不完全充满水,即孔隙中含有水和气,这时水多集中于颗粒间的缝隙处,彼此是不连续的。在水和空气的分界面处同样存在着毛细张力,形成如图 1-12 所示的弯液面。此时,孔隙中的水也属于毛细水的一种类型,其水压力为负值,于是,将引起迫使相邻土粒相互挤紧的压力,这个压力称为毛细水压力。毛细水压力的存在,增加了粒间错动的摩擦阻力。这种由毛细水压力引起的摩擦阻力犹如给予砂土以某些黏聚力,以致在潮湿的砂土中能开挖一定高度的直立坑壁。但一旦砂土被水浸饱和,则弯液面消失,或者水分蒸发,变成干土,毛细水压力变为零,这种黏聚力也就不再存在。因而,把这种黏聚力称为假黏聚力。

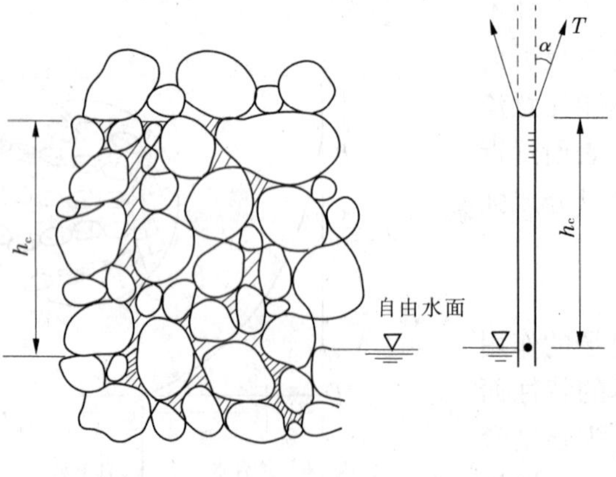

图 1-11　土中的毛细水升高

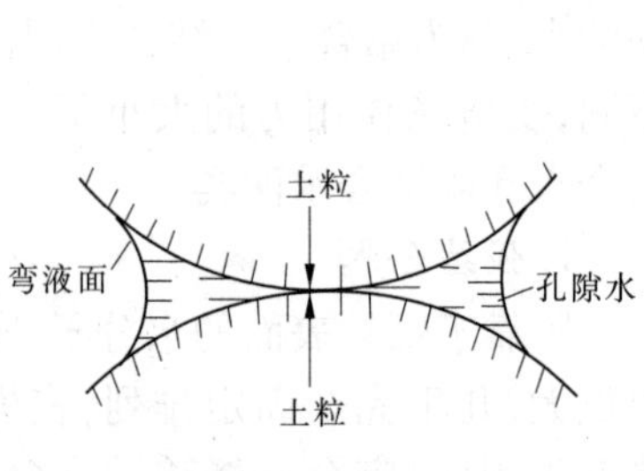

图 1-12　毛细管水压力示意图

2. 重力水

在重力或水位差作用下能在土中流动的自由水称为重力水。它具有溶解能力,能传递静水压力和动水压力，对土颗粒有浮力作用，与一般水的性质无异。

水是三相土的重要组成部分，根据实用观点，一般认为它不能承受剪力，但能承受压力和一定的吸力。同时，水的压缩性很小，在通常所遇到的压力范围内，它的压缩量可忽略不计。

三、土的气相

在非饱和土的孔隙中，除水外，还存在着气体。其基本类型主要有以下几种：与大气相通的自由气体，与大气不连通的以气泡形式存在的封闭气体，溶解于水中的气体。

通常认为自由气体与大气连通，当土受到外力作用时，气体很快就会从孔隙中排出，对土的性质无大的影响。而密闭气泡的体积与压力有关，压力增大，则体积缩小，压力减小，则体积胀大。因此，密闭气体的存在增加了土的弹性，同时还可阻塞土中的渗流通道，减小土的渗透性。目前，对溶解于水中的气体研究不多，对土的性质的影响尚未完全清楚。

第三节　土的结构

土的结构指土粒或团粒（几个或许多个土颗粒联结成的集合体）在空间的排列和它们之间的相互联结。联结也就是粒间的结合力。土的天然结构是在其沉积和存在的整个历史过程中形成的。土因其组成、沉积环境和沉积年代不同而形成各色各样很复杂的结构。

一、粗粒土的结构

粗粒土的比表面积小，在粒间作用力中，重力起决定性的作用。粗颗粒在重力作用下下沉时，一旦与已经稳定的颗粒相接触，找到自己的平衡位置，稳定下来，就形成单粒结构。这种结构的特点是颗粒之间点与点的接触。当颗粒缓慢沉积，没有经受很高的压力作用，特别是没有受过动力作用时，所形成的结构为松散的单粒结构，如图 1-13 所示。松散结构受较大的压力作用，特别是受动力作用后变密，则称为密实单粒结构。单粒结构的孔隙率 n 一般变化于 0.2 ~ 0.55。对于疏松情况下的砂土，特别是饱和的粉细砂，当受到地震等动力荷载作用时，极易产生液化而丧失其承载能力，必须引起重视。

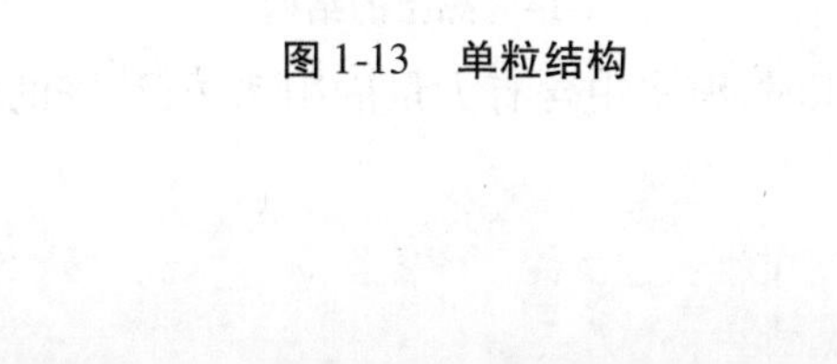

(a)　　(b)

图 1-13　单粒结构

二、细粒间的相互作用

土中的细颗粒，尤其是黏粒，比表面积很大，颗粒很薄，质量很小，重力不起主要的作用。在结构形成中，其他的粒间力起主导作用。这些粒间力包括以下几种。

(一)范德华力

范德华力是分子间的引力。力的作用范围很小，只有几个分子的距离。因此，这种粒间引力只发生于颗粒间紧密接触点处。距离很近时，范德华力很大，但它随距离的增加而迅速衰减，经典概念的范德华力与距离的七次方成反比。距离稍远，这种力就不存在。范德华力是细粒土黏结在一起的主要原因。

(二)库仑力

库仑力即静电作用力。黏土颗粒表面带电荷，上下平面带负电荷而边角处带正电荷。所以，当颗粒按平衡位置，面对面叠合排列时，颗粒之间因同号电荷而存在静电斥力。当颗粒间的排列是边对面或角对面时，接触点处或接触线处因异号电荷而产生静电引力。因此，静电力是斥力还是引力，视颗粒的排列情况而异。

(三)胶结作用力

土粒间通过游离氧化物、碳酸盐和有机质等胶体而联结在一起。一般认为这种胶结作用力是化合键，因而具有较高的强度。

(四)毛细压力

毛细压力的概念前面已经述及。不过，由于细粒土的外面包围着结合水膜，结合水的性质与自由水有很大的不同，它不能传递静水压力，因此细粒土间的毛细压力该如何计算目前尚缺少研究。饱和土体的内部则不存在毛细压力。

三、细粒土的结构

细粒土的天然结构就是在其沉积的过程中受以上力的共同作用而形成的。

当微细的颗粒在淡水中沉积时，因为淡水中离子的浓度小，颗粒表面吸附的阳离子较少，存在着较高的未被平衡的负电荷，因此颗粒间的结合水膜比较厚，粒间作用力以斥力占优势，这种情况下沉积的颗粒常形成面对面的片状堆积，如图1-14(a)所示。这种结构称为分散结构或片堆结构。分散结构的特点是密度较大，土在垂直于定向排列的方向和平行于定向排列的方向上的性质不同，即具有各向异性。

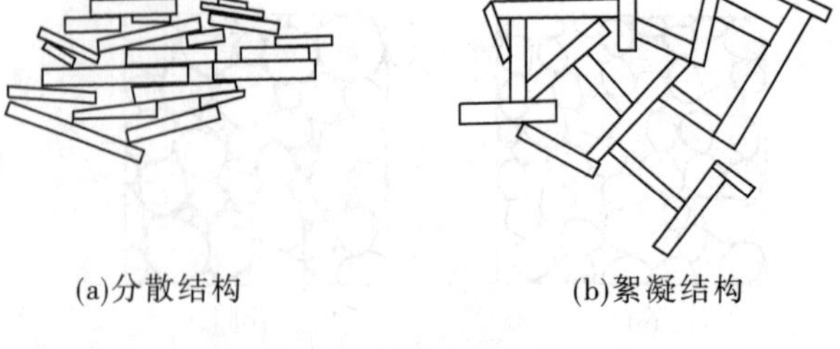

(a)分散结构　　(b)絮凝结构

图1-14　黏土的结构

当细颗粒在海水中沉积时，海水中含有大量的阳离子，浓密的阳离子被吸附于颗粒表面，平衡了相当数量的表面负电位，使颗粒得以相互靠近，因此斥力减小而引力增加。这种情况下容易形成以角、边与面或边与边搭接的排列形式，如图1-14(b)所示，称为絮凝结构，也称片架结构。絮凝结构具有较大的孔隙，对扰动比较敏感，性质比较均匀，且各向同性。

总的来说，当孔隙比相同时，凝聚结构较分散结构具有较高的强度、较低的压缩性和较大的渗透性。因为当颗粒处于不规则排列状态时，粒间的吸引力大，不容易相互移动；同样大小的过水断面，流道少而孔隙的直径大。

以上是细粒土的两种典型的结构形式。实际上，天然土的结构要复杂得多，通常不是单一的结构，而是呈多种类型的综合结构。往往是先由颗粒联结成大小不等的团粒，再由各种团粒和颗粒组成不同的结构形式。

第四节　土的物理性质指标

三相组成的性质，特别是固体颗粒的性质，直接影响土的工程特性。但是，同样一种土，密实时强度高，松散时强度低。对于细粒土，水含量少时则硬，水含量多时则软。这说明土的性质不仅取决于三相组成的性质，而且三相之间量的比例关系也是一个很重要的影响因素。

因为土是三相体系，不能用一个单一的指标来说明三相间量的比例。对于一般连续性材料，例如钢或混凝土等，只要知道密度就能直接说明这种材料的密实程度，即单位体积内固体的质量。对于三相体的土，同样一个密度，单位体积内可以是固体颗粒的质量多一些，水的质量少一些，也可以是固体颗粒的质量少一些而水的质量多一些，因为气体的体积可以不相同。因此，要全面标明土的三相量的比例关系，就需要有若干个指标。

一、土的三相图

为了使土的三相关系形象化，以获得清楚的概念，在土力学中，通常用三相图来表示土的三相组成，如图1-15所示。在三相图的右侧，表示三相组成的体积；在三相图的左侧，则表示三相组成的质量。

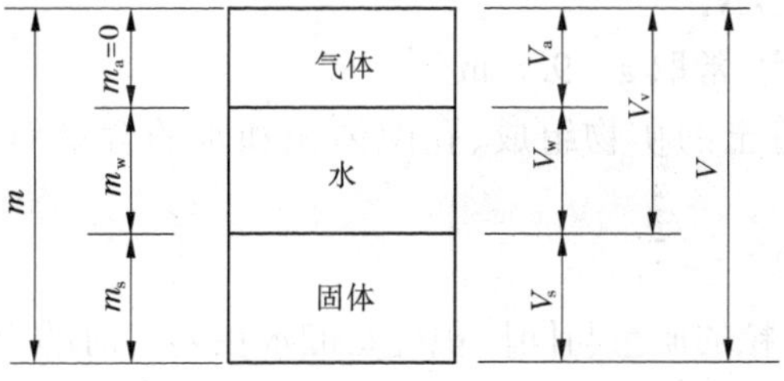

图1-15　土的三相图

图1-15中符号意义如下：

V——土的总体积；

V_v——土的孔隙部分体积；

V_s——土的固体颗粒的体积；

V_w——水的体积；

V_a——气体的体积；

m——土的总质量；

m_a——气体的质量；

m_w——水的质量；

m_s——固体颗粒的质量。

在上述这些量中，独立的有 V_s、V_w、V_a、m_w、m_s 五个量。1 cm^3 水的质量等于 1 g，故在数值上 $V_w = m_w$。此外，当我们研究这些量的相对比例关系时，总是取某一定数量的土体来分析。例如，取 $V = 1\ cm^3$，或 $m = 1$ g，或 $V_s = 1\ cm^3$ 等，因此又可以消去一个未知量。这样，对于这一定数量的三相土体，只要知道其中三个独立的量，其他量就可以从图中直接算出。所以，三相图是土力学中用以计算三相量比例关系的一种简单而又很有用的工具。

二、确定三相比例关系的基本试验指标

为了确定三相图诸量中的三个量，就必须通过实验室的试验测定。通常做三个基本物理性质试验，它们是土的密度试验、土粒比重试验和土的含水量试验。有关详细试验方法参见土工试验规程或试验指导书，本书仅予简述。

(一)土的密度

土的密度定义为单位体积土的质量，用 ρ 表示，单位为 kg/m^3 或 g/cm^3。表达式如下：

$$\rho = \frac{m}{V} = \frac{m_s + m_w}{V_s + V_w + V_a} \tag{1-4}$$

对于黏性土和粉土，土的密度常用环刀法测定；对于砂土、砾石等，常用灌水法测定。

工程中还常用容重 γ 来表示类似的概念。土的容重亦称为重度，定义为单位体积土的重量，单位为 kN/m^3。表达式如下：

$$\gamma = \frac{W}{V} = \frac{mg}{V} = \rho g \tag{1-5}$$

式中　W——土的重量，kN；

　　g——重力加速度，常取 $g = 9.8\ m/s^2$。

天然土的密度随着土的矿物组成、孔隙体积和水的含量而异，一般变化于 1.60 ~ 2.20 g/cm^3。

(二)土粒比重

土粒比重定义为土粒的质量与同体积纯蒸馏水在 4 ℃时的质量之比，即

$$G_s = \frac{m_s}{V_s \times (\rho_w)_{4℃}} = \frac{\rho_s}{\rho_w} \tag{1-6}$$

式中　ρ_s——土粒的密度，即单位体积土粒的质量；

　　$(\rho_w)_{4℃}$——4 ℃时纯蒸馏水的密度。

因为 $(\rho_w)_{4℃} = 1.0\ g/cm^3$，故实用上，土粒比重在数值上即等于土粒的密度，是无量

纲数。

土粒比重常用比重瓶法测得。将比重瓶加满蒸馏水，称水和瓶的总质量 m_1；然后把烘干土 m_s 装入该空比重瓶，再加满蒸馏水，称总质量 m_2，按下面的公式求得土粒比重：

$$G_s = \frac{m_s}{m_1 + m_s - m_2} \tag{1-7}$$

天然土颗粒是由不同的矿物所组成的，这些矿物的比重各不相同。试验测定的是土粒的平均比重。土粒的比重变化范围不大。细粒土（黏性土）的比重一般为 2.70 ~2.75，砂土的比重为 2.65 左右。当土中有机质含量增加时，土的比重减小。

（三）土的含水量

土的含水量是指土中水的质量和土颗粒质量之比，用百分数表示。

$$w = \frac{m_w}{m_s} \times 100\% \tag{1-8}$$

测定含水量常用的方法是烘干法，先称出天然湿土的质量，然后放在烘箱中，在105 ~110 ℃常温下烘干，称得干土质量，按式（1-8）即可算得。

三、确定三相量比例关系的其他常用指标

测出土的密度 ρ、土粒比重 G_s 和土的含水量 w 后，就可以根据图 1-15 所示的三相图，计算出三相组成各自在体积上和质量上的含量。工程上为了便于表示三相含量的某些特征，定义如下几种指标。

（一）孔隙比 e

孔隙比是指孔隙体积与固体颗粒体积之比，表示为

$$e = \frac{V_v}{V_s} \tag{1-9}$$

（二）孔隙率 n

土的孔隙率为土中孔隙体积与土的总体积之比，或单位体积内孔隙的体积，以百分数表示，其表达式为

$$n = \frac{V_v}{V} \times 100\% \tag{1-10}$$

土的孔隙比与孔隙率都是反映土的密实程度的指标。对于同一种土，孔隙比或孔隙率愈大，表明土愈疏松；反之，土愈密实。一般说，粗粒土的孔隙率小，细粒土的孔隙率大。

（三）饱和度 S_r

土的饱和度是指土中孔隙水的体积与孔隙体积之比，用百分数表示，亦即

$$S_r = \frac{V_w}{V_v} \times 100\% \tag{1-11}$$

饱和度用来确定孔隙被水充满的程度。显然，干土的饱和度 $S_r = 0$，饱和土的饱和度 $S_r = 100\%$ 。

（四）干密度 ρ_d 与干重度 γ_d

土的干密度是单位体积内土粒的质量，表示为

$$\rho_d = \frac{m_s}{V} \tag{1-12}$$

土的干重度是单位体积内土粒的重量,表示为

$$\gamma_d = \frac{W_s}{V} = \frac{m_s g}{V} = \rho_d g \tag{1-13}$$

土烘干,体积要减小,因而土的干密度不等于烘干土的密度。土的干密度或干重度也是评定土密实程度的指标,干密度或干重度愈大,表明土愈密实;反之,土愈疏松。常常用它来控制填土工程的施工质量。

(五)饱和密度 ρ_{sat} 与饱和重度 γ_{sat}

饱和密度是土中孔隙完全被水充满,土处于饱和状态时单位体积土的质量,其表达式为

$$\rho_{sat} = \frac{m_s + V_v\rho_w}{V} \tag{1-14}$$

在饱和状态下,单位体积土的重量称为饱和重度,其表达式为

$$\gamma_{sat} = \frac{W_s + V_v\gamma_w}{V} = \frac{m_s g + V_v\rho_w g}{V} = \rho_{sat} g \tag{1-15}$$

(六)浮密度 ρ' 与浮重度(有效重度)γ'

土在水下,受到水的浮力作用,其有效重量减小,因此提出了浮重度,即有效重度的概念,其表达式为

$$\gamma' = \frac{W_s - V_s\gamma_w}{V} = \frac{m_s g - V_s\rho_w g}{V} = \rho' g \tag{1-16}$$

与其相应,提出了浮密度的概念,土的浮密度是单位体积内的土粒质量与同体积水质量之差,其表达式为

$$\rho' = \frac{m_s - V_s\rho_w}{V} \tag{1-17}$$

或

$$\rho' = \rho_{sat} - \rho_w \tag{1-18}$$

从上述四种土的密度或重度的定义可知,同一土样各种密度或重度在数值上有如下关系:

$$\rho_{sat} \geqslant \rho \geqslant \rho_d > \rho'$$
$$\gamma_{sat} \geqslant \gamma \geqslant \gamma_d > \gamma'$$

四、物理性质指标间的换算

常用的土的物理性质指标已如上所述,共有9个。一般来说,已知其中任意3个,通过换算可以求出其余的6个。现将一些物理性质指标间的换算关系推导如下。

(一)孔隙比与孔隙率的关系

设土体内土粒的体积 V_s 为1,则由 $e = V_v/V_s$ 可知,孔隙的体积 V_v 为 e,土体的体积 V 为 $1+e$,于是有

$$n = \frac{V_v}{V} = \frac{e}{1+e} \tag{1-19}$$

或
$$e = \frac{n}{1 - n} \tag{1-20}$$

三相示意图如图 1-16(a)所示。

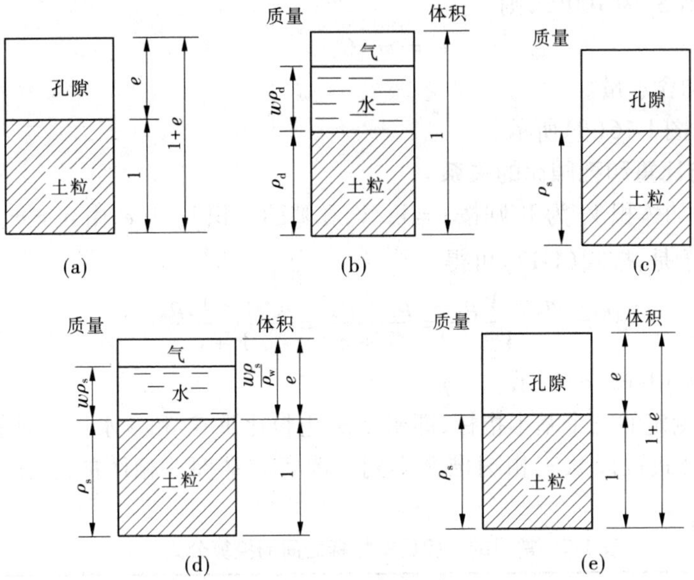

图 1-16　土的三相示意图

(二)干密度与湿密度和含水量的关系

设土体的体积 V 为 1,则按式(1-12),土体内土粒的质量 m_s 为 ρ_d,由式(1-8)水的质量 m_w 为 $w\rho_d$。于是,按式(1-4)的定义可得

$$\rho = \frac{m}{V} = \frac{\rho_d + w\rho_d}{1} = \rho_d(1 + w)$$

或
$$\rho_d = \frac{\rho}{1 + w} \tag{1-21}$$

三相示意图如图 1-16(b)所示。

(三)孔隙比与比重和干密度的关系

设土体内土粒的体积 V_s 为 1,则按式(1-9),孔隙的体积 V_v 为 e;由 $\rho_s = m_s/V_s$ 得土粒的质量m_s 为 ρ_s。于是,按式(1-12)的定义可得

$$\rho_d = \frac{m_s}{V} = \frac{\rho_s}{1 + e} \tag{1-22}$$

应用式(1-6)整理得

$$e = \frac{G_s\rho_w}{\rho_d} - 1 \tag{1-23}$$

(四)饱和度与含水量、比重和孔隙比的关系

设土体内土粒的体积 V_s 为 1,则按式(1-9)孔隙的体积 V_v 为 e;土粒的质量 m_s 为 ρ_s。按式(1-8),水的质量 m_w 为 $w\rho_s$,则水的体积 V_w 为 $w\rho_s/\rho_w$。于是,按式(1-11)可得

$$S_r = \frac{V_w}{V_v} = \frac{\frac{w\rho_s}{\rho_w}}{e} = \frac{wG_s}{e} \tag{1-24}$$

当土饱和时,即 S_r 为 100%,则

$$e = w_{sat} G_s \tag{1-25}$$

式中 w_{sat}——饱和含水量。

三相示意图如图 1-16(d)所示。

(五)浮密度与比重和孔隙比的关系

设土体内土粒的体积 V_s 为 1,则按 $e = V_v/V$,孔隙的体积 V_v 为 e;由 $\rho_s = m_s/V_s$ 得土粒的质量 m_s 为 ρ_s。于是,按式(1-17)可得

$$\rho' = \frac{m_s - V_s\rho_w}{V} = \frac{\rho_s - \rho_w}{1+e} = \frac{(G_s - 1)\rho_w}{1+e} \tag{1-26}$$

三相示意图如图 1-16(e)所示。

表 1-5 是根据测定的三个基本指标,即密度 ρ、土粒比重 G_s 和含水量 w 计算其他指标的换算公式,这些公式可以从三相图推算得到。读者应掌握三相图的应用而不要死记公式。

表 1-5 常用的三相比例指标之间的换算公式

指标名称	表达式	换算公式
干密度 ρ_d	$\rho_d = \frac{m_s}{V}$	$\rho_d = \frac{\rho}{1+w}$, $\rho_d = \frac{G_s\rho_w}{1+e}$
孔隙比 e	$e = \frac{V_v}{V_s}$	$e = \frac{\rho_s}{\rho_d} - 1 = \frac{\rho_s(1+w)}{\rho} - 1$, $e = \frac{wG_s}{S_r}$, $e = \frac{n}{1-n}$
孔隙率 n	$n = \frac{V_v}{V} \times 100\%$	$n = 1 - \frac{\rho_d}{\rho_s} = 1 - \frac{\rho}{\rho_s(1+w)}$, $n = \frac{e}{1+e}$
饱和度 S_r	$S_r = \frac{V_w}{V_v} \times 100\%$	$S_r = \frac{wG_s}{e}$
饱和密度 ρ_{sat}	$\rho_{sat} = \frac{m_s + V_v\rho_w}{V}$	$\rho_{sat} = \frac{G_s + e}{1+e}\rho_w$, $\rho_{sat} = \rho' + \rho_w$
浮密度 ρ'	$\rho' = \frac{m_s - V_s\rho_w}{V}$	$\rho' = \frac{G_s - 1}{1+e}\rho_w$, $\rho' = \rho_{sat} - \rho_w$, $\rho' = (G_s - 1)(1-n)\rho_w$

【例 1-3】 某原状样,体积为 60 cm^3,称得其质量为 108 g,将其烘干后称得质量为 96.43 g,根据试验得到的土粒比重 G_s 为 2.7。试求试样的湿密度、含水量、孔隙比、孔隙率和饱和度。

解:(1)已知 $V = 60\ cm^3$,$m = 108$ g,则由式(1-4)得

$$\rho = \frac{m}{V} = \frac{108}{60} = 1.8(g/cm^3)$$

(2)已知 $m_s = 96.43$ g,则

$$m_w = m - m_s = 108 - 96.43 = 11.57(\text{g})$$

按式(1-8),于是

$$w = \frac{m_w}{m_s} = \frac{11.57}{96.43} = 12\%$$

(3)已知 $G_s = 2.7$,则

$$V_s = \frac{m_s}{G_s} = \frac{96.43}{2.7} = 35.7(\text{cm}^3)$$

$$V_v = V - V_s = 60 - 35.7 = 24.3(\text{cm}^3)$$

按式(1-9),于是

$$e = \frac{V_v}{V_s} = \frac{24.3}{35.7} = 0.68$$

(4)按式(1-10),于是

$$n = \frac{V_v}{V} \times 100\% = \frac{24.3}{60} \times 100\% = 40.5\%$$

(5)根据 ρ_w 的定义

$$V_w = \frac{m_w}{\rho_w} = \frac{11.57}{1} = 11.57(\text{cm}^3)$$

按式(1-11),于是

$$S_r = \frac{V_w}{V_v} \times 100\% = \frac{11.57}{24.3} \times 100\% = 48\%$$

【例 1-4】 某土含水量 $w_1 = 12\%$,重度 $\gamma = 19.0\ \text{kN/m}^3$,若其孔隙比保持不变,含水量增加到 $w_2 = 22\%$,问 1 m^3 土需加多少水?

解:同一种土的两种情况可以写出

$$e_1 = \frac{G_{s1}\gamma_w(1 + w_1)}{\gamma_1} - 1$$

$$e_2 = \frac{G_{s2}\gamma_w(1 + w_2)}{\gamma_2} - 1$$

根据题意,$G_{s1} = G_{s2}$,$e_1 = e_2$,则加水后土的重度

$$\gamma_2 = \gamma_1 \frac{1 + w_2}{1 + w_1} = 19.0 \times \frac{1 + 0.22}{1 + 0.12} = 20.7(\text{kN/m}^3)$$

1 m^3 土加水量 ΔW_w 为

$$\Delta W_w = 20.7 - 19.0 = 1.7(\text{kN})$$

第五节　土的物理状态指标

所谓土的物理状态,对于粗粒土,是指土的密实程度,对于细粒土,则是指土的软硬程度或称为黏性土的稠度。

一、粗粒土(无黏性土)的密实度

土的密实度通常指单位体积中固体颗粒的含量。土颗粒含量多,土就密实;土颗粒含量少,土就疏松。从这一角度分析,在上述三相比例指标中,干密度和孔隙比都是表示土的密实度的指标。但是这种用固体含量或孔隙含量表示密实度的方法有明显的缺点,主要是这种表示方法没有考虑到粒径级配这一重要因素的影响。因此,即使两种无黏性土具有相同的孔隙比也未必表明它们就处于同样的状态。所以,目前工程上常用相对密实度 D_r 来衡量无黏性土的松紧程度,它是以该无黏性土自身最松和最密两种极限状态作为判别的基准,其定义为

$$D_r = \frac{e_{max} - e}{e_{max} - e_{min}} \tag{1-27}$$

式中 e——无黏性土的天然孔隙比或填筑孔隙比;

e_{max}——土的最大孔隙比,测定的方法是将松散的风干土样通过长颈漏斗轻轻地倒入容器,避免重力冲击,求得土的最小干密度再经换算得到(详见土工试验规程);

e_{min}——土的最小孔隙比,测定的方法是将松散的风干土样装在金属容器内,按规定的方法振动和锤击,直至密度不再提高,求得最大干密度后经换算得到(详见土工试验规程)。

按式(1-21)可得到用干密度表示的相对密实度的表达式如下:

$$D_r = \frac{(\rho_d - \rho_{dmin})\rho_{dmax}}{(\rho_{dmax} - \rho_{dmin})\rho_d} \tag{1-28}$$

式中 ρ_d——相当于孔隙比为 e 时的干密度;

ρ_{dmin}——相当于孔隙比为 e_{max} 时土的干密度,即最松干密度;

ρ_{dmax}——相当于孔隙比为 e_{min} 时土的干密度,即最密干密度。

当 $D_r = 0$ 时,$e = e_{max}$,表示土处于最松状态;当 $D_r = 1.0$ 时,$e = e_{min}$,表示土处于最密状态。用相对密实度 D_r 判定粗粒土的密实度标准是:

$0 < D_r \leqslant 1/3$　　疏松

$1/3 < D_r \leqslant 2/3$　　中密

$2/3 < D_r \leqslant 1$　　密实

细粒土(黏性土)无法在实验室测定 e_{max} 和 e_{min}。实际上也不存在最大孔隙比和最小孔隙比,因此只能根据其孔隙比 e 或干密度 ρ_d 来判断其密实度。

二、黏性土(细粒土)的稠度

(一)黏性土的稠度状态

黏性土最主要的特征是它的稠度,稠度是指黏性土在某一含水量下的软硬程度或土体对外力引起的变形或破坏的抵抗能力。当土中含水量很小时,水被土颗粒表面的电荷吸着于颗粒表面,成为强结合水,土表现为固态或半固态。

当土中含水量增加时,吸附在颗粒周围的水膜加厚,土粒周围除强结合水外还有弱结

合水。弱结合水呈黏滞状态,不能传递静水压力,不能自由流动,但受力时可以变形,能从水膜较厚处向邻近较薄处移动。在这种含水量情况下,土体受外力作用可以被捏成任意形状而不破裂,外力取消后仍保持改变后的形状,这种状态称为塑态。弱结合水的存在是土具有可塑状态的原因。土处在可塑状态的含水量变化范围,大体上相当于土粒所能够吸附的弱结合水的含量。这一含量主要取决于土的比表面积和矿物成分。黏性大的土必定是比表面积大,矿物的亲水能力强的土(例如蒙脱石),自然也是能够吸附较多结合水的土,因此它的塑态含水量的变化范围也必定大。

当土中含水量继续增加时,土中除结合水外,已有相当数量的水处于电场引力范围外,成为自由水。这时土粒之间被自由水所隔开,土体不能受剪应力,呈现流动状态。可见,从物理概念分析,土的稠度就是反映土中水的形态。

(二)稠度界限

土从一种状态过渡到另一种状态的分界含水量,称为稠度界限或阿太堡界限(Atterberg Limit)。工程上常用的稠度界限有液限和塑限。

液限 w_L——土从塑性状态转变为液性状态时的含水量,也就是可塑状态的上限含水量。这时,土中水的形态除结合水外,已有相当数量的自由水。

塑限 w_P——土从半固体状态转变为塑性状态或从塑性状态转变为半固体状态时的含水量,也就是可塑状态的下限含水量。这时,土中水的形态大约是强结合水含量达到最大时。

缩限 w_S——土从半固体状态转变为固体状态时的含水量,亦即黏性土随着含水量的减小而体积开始不变时的含水量。

在实验室中,液限用液限仪测定,塑限则用搓条法测定,或者用联合测定仪一起测定液限和塑限。而缩限是通过烘干试验测定的。具体方法可参阅土工试验规程。

必须指出,黏性土从一种状态转变为另一种状态是逐渐过渡的,并无明确的界限,因此目前只能根据这些通用的、人为确定的试验方法测得理论的界限含水量。

(三)塑性指数和液性指数

1. 塑性指数

液限和塑限之差的百分数值(去掉百分号)称为塑性指数,用 I_P 表示,取整数,即

$$I_P = w_L - w_P \tag{1-29}$$

塑性指数大体上表示土所能吸附的弱结合水质量与土粒质量之比。如前所述,吸附结合水的能力是土的黏性大小的标志,同时,弱结合水是使土具有可塑性的原因。黏性和可塑性是细粒土的一种重要属性。因此,塑性指数 I_P 常用以作为细粒土工程分类的依据。

2. 液性指数

土的比表面积和矿物成分不同,吸附结合水的能力不一样。因此,同样的含水量,对于黏性高的土,水的形态可能全是结合水,而对于黏性低的土,则可能相当部分已经是自由水。换句话说,仅仅知道含水量的绝对值,并不能说明土处于什么状态。要说明细粒土的稠度状态,需要有一个表征土的天然含水量与分界含水量之间相对关系的指标,这就是液性指数 I_L。其表达式为

$$I_L = \frac{w - w_P}{w_L - w_P} \tag{1-30}$$

式中　w——土的天然含水量。

由式(1-30)可知：

当 $w \leqslant w_P$ 时，$I_L \leqslant 0$，土处于坚硬状态；

当 $w_P < w \leqslant w_L$ 时，$0 < I_L \leqslant 1.0$，土处于可塑状态；

当 $w_L < w$ 时，$I_L > 1.0$，土处于流动状态。

《建筑地基基础设计规范》(GB 50007—2011)对黏性土按液性指数划分软硬状态的标准如表1-6所示。

表1-6　黏性土状态的划分

液性指数 I_L	状态	液性指数 I_L	状态
$I_L \leqslant 0$	坚硬	$0.75 < I_L \leqslant 1.0$	软塑
$0 < I_L \leqslant 0.25$	硬塑	$I_L > 1.0$	流塑
$0.25 < I_L \leqslant 0.75$	可塑		

【例1-5】　某砂层的天然密度 $\rho = 1.75\ \text{g/cm}^3$，含水量 $w = 10\%$，土粒比重 $G_s = 2.65$。最小孔隙比 $e_{min} = 0.40$，最大孔隙比 $e_{max} = 0.85$，问该砂层处于什么状态？

解：(1)求砂层的天然孔隙比 e。绘三相图，如图1-17所示。设 $V_s = 1.0\ \text{cm}^3$，由式(1-9)得孔隙体积 $V_v = e$。因为，$G_s = 2.65$，由式(1-6)得 $m_s = G_s = 2.65$ g。因为，$w = 10\%$，由式(1-8)得 $m_w = wm_s = 0.265$ g。

因为，$\rho = 1.75\ \text{g/cm}^3$，由式(1-4)，$\rho = \dfrac{m_s + m_w}{V} = \dfrac{2.65 + 0.265}{1 + e}$，解得 $e = 0.667$。

(2)求相对密实度。由式(1-27)

$$D_r = \frac{e_{max} - e}{e_{max} - e_{min}} = \frac{0.85 - 0.667}{0.85 - 0.40} = 0.407$$

$$2/3 \geqslant D_r > 1/3$$

故该砂层处于中密状态。

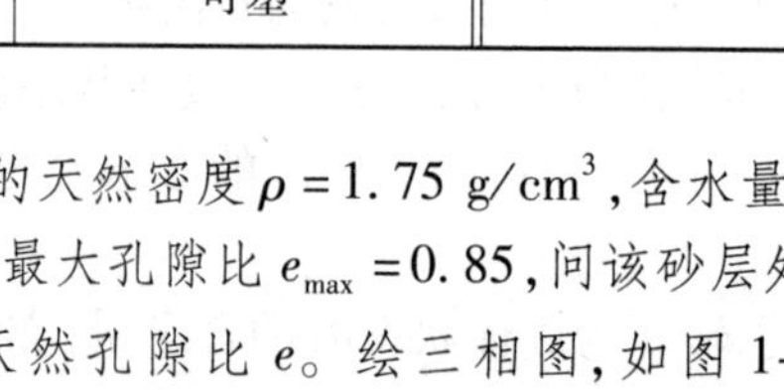

图1-17　例1-5三相图

【例1-6】　从某地基取原状土样，测得土的液限 $w_L = 47\%$，塑限 $w_P = 18\%$，天然含水量 $w = 40\%$，问地基处于什么状态？

解：由式(1-30)求液性指数：

$$I_L = \frac{w - w_P}{w_L - w_P} = \frac{40 - 18}{47 - 18} = 0.759$$

查表 1-6,$0.75 < I_L \leq 1.0$,土处于软塑状态,但实际上地基土是原状土,用式(1-30)计算的结果偏大,故该天然土体也可能处于可塑状态。

第六节　土的压实性

填土用在很多工程建设中,例如用在地基、路基、土堤和土坝中。特别是高土石坝,往往是方量达数百万甚至千万以上,是质量要求很高的人工填土。进行填土时,经常都要采用夯打、振动或碾压等方法,使土得到压实,以提高土的强度,减小压缩性和渗透性,从而保证地基和土工建筑物的稳定。压实是指土体在压实能量作用下,土颗粒克服粒间阻力,产生位移,使土中的孔隙减小,密度增大。

实践经验表明,压实细粒土宜用夯击机具或压强较大的碾压机具,同时必须控制土的含水量。含水量太高或太低都得不到好的压实效果。压实粗粒土时,则宜采用振动机具,同时充分洒水。两种不同的做法说明细粒土和粗粒土具有不相同的压密性质。

一、细粒土的压实性

研究细粒土的压实性可以在实验室或现场进行。实验室中,将某一土样分成 6 ~ 7 份,每份和以不同的水量,得到各种不同含水量的土样。将每份土样装入击实仪内,用完全同样的方法加以击实。击实后,测出压实土的含水量和干密度。以含水量为横坐标、干密度为纵坐标,绘制含水量—干密度曲线如图 1-18 所示。这种试验称为土的击实试验。详细的操作方法见土工试验规程。

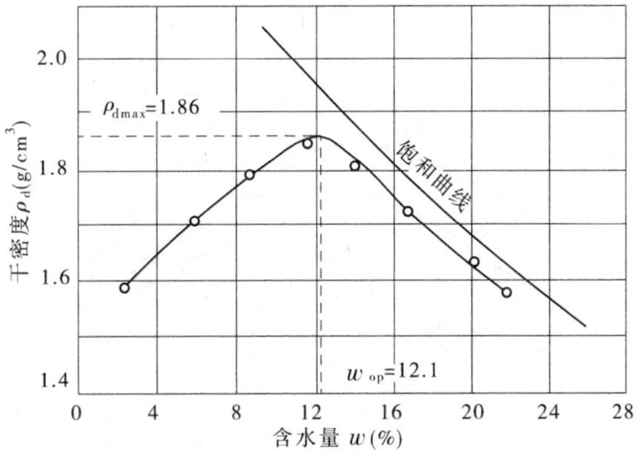

图 1-18　含水量—干密度曲线

(一)最优含水量和最大干密度

在图 1-18 的击实曲线上,峰值干密度对应的含水量,称为最优含水量 w_{op},它表示在这一含水量下,以这种压实方法,能够得到最大干密度 ρ_{dmax}。同一种土,干密度愈大,孔隙比愈小,所以最大干密度相应于试验所达到的最小孔隙比。在某一含水量下,将土压到最密,理论上就是将土中所有的气体都从孔隙中赶走,使土达到饱和。将不同含水量所对应的土体达到饱和状态时的干密度也点绘于图 1-18 中,得到理论上所能达到的最大压实曲线,即饱和度 $S_r = 100\%$ 的压实曲线,也称饱和曲线。

按照饱和曲线,当含水量很大时,干密度很小,因为这时土体中很大的一部分体积都是水。若含水量很小,则饱和曲线上的干密度很大。当 $w = 0$ 时,饱和曲线的干重度应等于土颗粒的比重 G_s。显然除岩石外,碎散的土是无法达到的。

实际上,试验的击实曲线在峰值以右逐渐接近于饱和曲线,并且大体上与它平行。在峰值以左,则两根曲线差别较大,而且随着含水量减小,差值迅速增加。土的最优含水量的大小随土的性质而异,试验表明,w_{op} 在土的塑限 w_P 附近。有各种理论解释这种现象的机制。归纳起来,可以这样理解:当含水量很小时,颗粒表面的水膜很薄,要使颗粒相互移动需要克服很大的粒间阻力,因而需要消耗很大的能量。这种阻力可能来源于毛细压力或者结合水的剪切阻力。随着含水量增加,水膜加厚,粒间阻力必然减小,颗粒自然容易移动。但是,当含水量超过最优含水量 w_{op} 以后,水膜继续增厚所引起的润滑作用已不明显。这时,土中的剩余孔隙已经不多,并且处于与大气隔绝的封闭状态。封闭气体很难全部被赶走,因此击实曲线不可能达到饱和曲线,也即击实土不会达到完全饱和状态。注意到,这里讨论的是黏性土,黏性土的渗透性小,在击实碾压的过程中,土中水来不及渗出,压实的过程可以认为含水量保持不变,因此必然是含水量愈高得到的压实干密度愈小。

(二)击实功的影响

击实功是指压实每单位体积土所消耗的能量。在实验室内击实功是用击数来反映的。同一种土,用不同的功击实,得到的击实曲线如图 1-19 所示。曲线表明,击实功愈大,得到的最优含水量愈小,相应的最大干密度愈高。所以,对于同一种土,最优含水量和最大干密度并不是恒定值,而是随着击实功而变化的。同时,从图 1-19 中还可以看到,含水量超过最优含水量以后,击实功的影响随含水量的增加而逐渐减小,击实曲线均靠近于饱和曲线,也就是说,这时提高击实功是无效的。

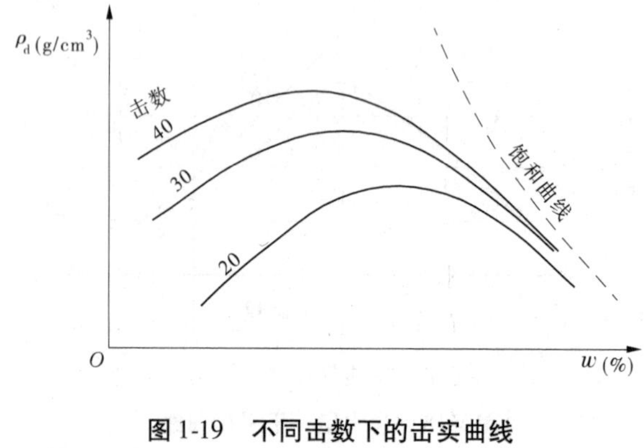

图 1-19　不同击数下的击实曲线

二、粗粒土的压实性

砂和砂砾等粗粒土的压实性也与含水量有关,不过,不存在一个最优含水量。一般在完全干燥或者充分洒水饱和的情况下容易压实到较大的干密度。潮湿状态,由于毛细压力增加了粒间阻力,压实干密度显著降低。粗砂在含水量为 4% ~5% 时,中砂在含水量为7%左右时,压实干密度最小,如图1-20所示。所以,在压实砂砾时要充分洒水,使土料饱和。粗粒土的压实标准一般不进行击实试验,通常用相对密实度 D_r 控制。

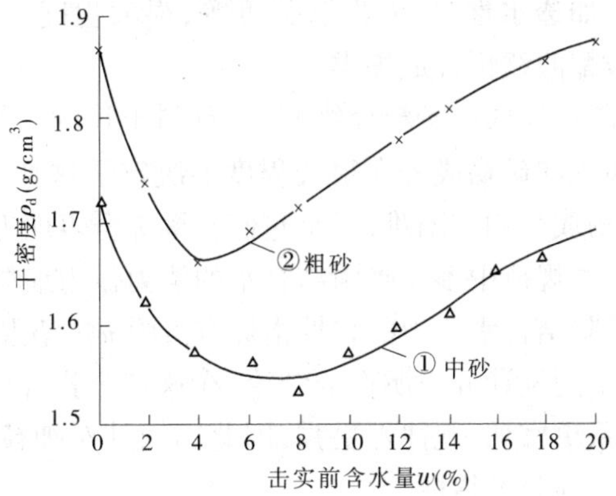

图1-20　粗粒土的击实曲线

第七节　土的工程分类

以土为研究对象的学科很多,不同学科从不同的出发点去给土分类。土力学是根据土的工程性质对土进行分类的,所以叫工程分类。自然界中土的种类很多,工程性质各异。土的工程分类就是把工程性质相近的土划为一类,以区别于另一些土类,以便于对土的工程性质进行研究、评价。

制定土的工程分类方法时,应选用最能反映土的工程性质且又便于测定的指标作为分类的依据;分类体系应逻辑严密且简明实用。

一、土的工程分类的依据

自然界中的各种土,从直观上显然可以分成两大类:一类由肉眼可见的松散颗粒所堆成,颗粒通过接触点直接接触,粒间除重力或者有时有些毛细压力外,其他的联结力十分微弱,可以忽略不计,这就是前面多次提到的粗粒土,也称为无黏性土。另一类由肉眼难以辨别的微细颗粒所组成。由于微细颗粒,特别是黏土颗粒之间存在着重力以外的分子引力和静电力的作用,使颗粒之间相互联结,这就是土的黏性的由来。静电力引起结合水膜,颗粒之间常常不再是直接接触而是通过结合水膜相联结的,使这类土具有可塑性。另外,黏土矿物具有吸水膨胀、失水收缩的能力,结合水膜也因土中水分的变化而增厚或变薄,使这类土具有胀缩性。这种具有黏性、可塑性、胀缩性的土就是前面多次提到的细粒土,或黏性土。

但是在实际的工程应用中,仅有这种感性的、粗糙的分类是很不够的,还必须更进一步用某种最能反映土的工程特性的指标来进行系统的分类。按前面的分析,影响土的工程性质的三个主要因素是土的三相组成、土的物理状态和土的结构。在这三者中,起主要作用的无疑是三相组成。在三相组成中,关键的是土的固体颗粒。首先就是颗粒的粗细。

按实践经验,工程上以土中颗粒直径大于0.075 mm的质量占全部土粒质量的50%作为第一个分类的界限,大于50%的称为粗粒土,小于50%的称为细粒土。

粗粒土的工程性质,如透水性、压缩性和强度等,很大程度上取决于土的粒径级配。因此,粗粒土按其粒径级配曲线再分成细类。

细粒土的工程性质就不仅取决于粒径级配,而且与土粒的矿物成分和形状均有密切关系。可以认为,比表面积和矿物成分在很大程度上决定了这种土的性质。直接量测和鉴定土的比表面积和矿物成分均较困难,但是它们直接综合表现为土吸附结合水的能力。因此,在目前国内外的各种规范中多用吸附结合水的能力作为细粒土的分类标准。

如前所述,反映土吸附结合水能力的特性指标有液限 w_L、塑限 w_P 或塑性指数 I_P。经过长期以来很多试验结果的统计分析所得的结论,在这三个指标中,液限 w_L 和塑性指数 I_P 与土的工程性质的关系更密切、规律性更强,因此国内外对细粒土的分类,多用塑性指数或者液限加塑性指数作为分类指标。

以下介绍国内最基本的两种土的工程分类法:一种是《土的工程分类标准》(GB/T 50145—2007)的分类法,另一种是《建筑地基基础设计规范》(GB 50007—2011)的分类法。

二、《土的工程分类标准》(GB/T 50145—2007)

该分类体系与一些欧美国家的土分类体系在原则上没有大的差别,只是在某些细节上做了一些变动。土的总分类体系如图1-21所示。

- 土
  - 无机土
    - 巨粒类土
      - 巨粒土
        - 漂石
        - 卵石
      - 混合巨粒土
        - 混合土漂石
        - 混合土卵石
      - 巨粒混合土
        - 漂石混合土
        - 卵石混合土
    - 粗粒类土
      - 砾类土
      - 砂类土
    - 细粒类土
      - 粉土
      - 黏土
  - 有机土

图1-21　土的总分类体系

对土进行分类时,应先判别该土属于有机土还是无机土。当土的全部或大部分是有机质时,该土就属于有机土,含少量有机质时为有机质土;否则,就属于无机土。土中有机质应根据未完全分解的动植物残骸和无定形物质判定。有机质呈黑色、青黑色或暗色,有臭味,有弹性和海绵感,可采用目测、手摸或嗅感判别。当不能判别时,可由试验测定。若属于无机土,则可根据土内各粒组的相对含量把土分为巨粒类土、粗粒类土和细粒类土三大类后再进一步细分。

土的粒组应根据表1-2规定的土颗粒粒径范围划分。

（一）巨粒类土的分类

巨粒类土应按试样中所含粒径大于 60 mm 的巨粒组含量来划分。试样中巨粒组质量大于总质量的 75% 的土称为巨粒土；试样中巨粒组质量为总质量的 15% ~50% 的土称为巨粒混合土；试样中巨粒组质量小于总质量的 15% 的土，可扣除巨粒，按粗粒类土或细粒类土的相应规定分类定名。

巨粒类土再结合漂石粒含量进一步按表 1-7 细分。

表 1-7　巨粒类土的分类

土类	粒组含量		代号	名称
巨粒土	巨粒含量 >75%	漂石含量 > 卵石含量	B	漂石
		漂石含量≤ 卵石含量	Cb	卵石
混合巨粒土	50% < 巨粒含量≤75%	漂石含量 >卵石含量	BSI	混合土漂石
		漂石含量 ≤卵石含量	CbSI	混合土卵石
巨粒混合土	15% <巨粒含量 ≤ 50%	漂石含量 > 卵石含量	SIB	漂石混合土
		漂石含量 ≤ 卵石含量	SICb	卵石混合土

（二）粗粒类土的分类

试样中粒径大于 0.075 mm 的粗粒组质量大于总质量的 50% 的土称为粗粒类土。粗粒类土又分为砾类土和砂类土两类。试样中粒径大于 2 mm 的砾粒组质量大于砂粒组含量的土称为砾类土，试样中粒径大于 2 mm 的砾粒组质量小于或等于砂粒组含量的土为砂类土。

砾类土根据其中的细粒含量及类别、土的级配具体分类如表 1-8 所示。

表 1-8　砾类土的分类

土类	粒组含量		土类代号	土类名称
砾	细粒含量 < 5%	级配：$C_u \geqslant 5$，$1 \leqslant C_c \leqslant 3$	GW	级配良好砾
		级配：不同时满足上述要求	GP	级配不良砾
含细粒土砾	5% ≤细粒含量 <15%		GF	含细粒土砾
细粒土质砾	15% ≤细粒含量 <50%	细粒组中粉粒含量不大于 50%	GC	黏土质砾
		细粒组中粉粒含量大于 50%	GM	粉土质砾

砂类土根据其中的细粒含量及类别、土的级配具体分类如表 1-9 所示。

表 1-9　砂类土的分类

土类	粒组含量		土类代号	土类名称
砂	细粒含量 < 5%	级配 $C_u \geqslant 5, 1 \leqslant C_c \leqslant 3$	SW	级配良好砂
		级配:不同时满足上述要求	SP	级配不良砂
含细粒土砂	5% ≤ 细粒含量 < 15%		SF	含细粒土砂
细粒土质砂	15% ≤ 细粒含量 < 50%	细粒组中粉粒含量不大于 50%	SC	黏土质砂
		细粒组中粉粒含量大于 50%	SM	粉土质砂

(三)细粒类土的分类

试样中粒径小于 0.075 mm 的细粒组质量大于或等于总质量的 50% 的土称为细粒类土。细粒类土应按下列规定划分:

(1)试样中粗粒组质量小于或等于总质量的 25% 的土称为细粒土;

(2)试样中粗粒组质量为总质量的 25% ~50% 的土称为含粗粒的细粒土;

(3)试样中有机质含量为总质量的 5% ~10% 的土称为有机质土。

细粒土可按塑性图进一步细分,塑性图的横坐标为土的液限(w_L),纵坐标为塑性指数(I_P)。取质量为 76 g、锥角为 30°的液限仪锥尖入土深度为 17 mm 对应的含水量为液限,按塑性图 1-22进行分类。

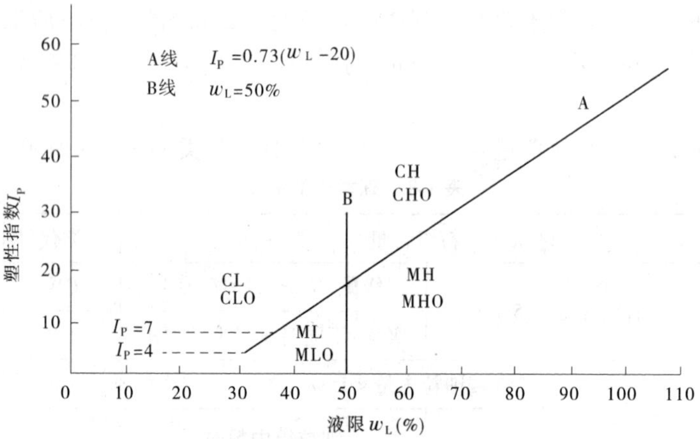

图 1-22　17 mm 液限所对应的塑性图

若土的液限和塑性指数落在图中 A 线以上,且 I_P 大于或等于 7,表示土的塑性高,属黏土或有机质黏土;若土的液限和塑性指数落在 A 线以下,或 I_P 小于 4,表示土的塑性低,属粉土或有机质粉土;若落在虚线之间区域,为黏土和粉土过渡区,可按相邻土层的类别细分。由于土的液限的高低可间接反映土的压缩性高低,即土的液限高,它的压缩性也高;反之,液限低,压缩性也低,因此该分类方法又用一条竖线 B 把黏土和粉土各细分为两类。土的具体定名和代号见表1-10。

表1-10　细粒土的分类(17 mm 液限)

塑性指数 I_P	液限 w_L	土代号	土名称
$I_P \geqslant 0.73(w_L-20)$ 和 $I_P \geqslant 7$	≥50%	CH	高液限黏土
	<50%	CL	低液限黏土
$I_P < 0.73(w_L-20)$ 或 $I_P < 4$	≥50%	MH	高液限粉土
	<50%	ML	低液限粉土

【例1-7】　有A、B、C三种土,它们的粒径分布曲线如图1-23所示。已知C土的液限为47%,塑限为24%。试对这三种土进行分类。

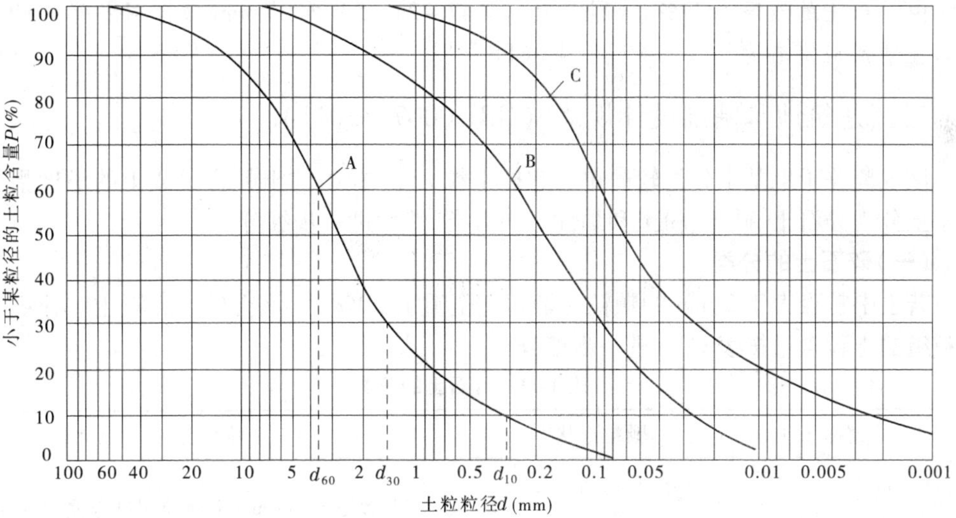

图1-23　例1-7附图

解:(1)对A土进行分类:

从图1-23曲线A查得粒径大于60 mm的巨粒含量为零,而粒径大于0.075 mm的粗粒含量为98%,大于50%,所以A土属于粗粒类土;

从图1-23中查得粒径大于2 mm的砾粒含量为63%,大于砂粒含量,所以A土属于砾类土;

细粒含量为2%,小于5%,该土属砾;

从图1-23中曲线查得d_{10}、d_{30}和d_{60}分别为0.32 mm、1.65 mm和3.55 mm,因此土的不均匀系数

$$C_u = \frac{d_{60}}{d_{10}} = \frac{3.55}{0.32} = 11.1$$

土的曲率系数

$$C_c = \frac{d_{30}^2}{d_{10}d_{60}} = \frac{1.65^2}{0.32 \times 3.55} = 2.40$$

由于 $C_u>5$，$C_c=1\sim3$，所以A土属于级配良好砾(GW)。

(2)对B土进行分类：

从图1-23的B曲线中查得粒径大于0.075 mm的粗粒含量为72%，大于50%，所以B土属于粗粒类土；

从图中查得粒径大于2 mm的砾粒含量为8%，小于砂粒含量，所以B土属于砂类土，但粒径小于0.075 mm的细粒含量为28%，介于15%～50%，因而B土属于细粒土质砂；

由于B土的细粒组中粉粒含量大于黏粒含量，故最后应定名为粉土质砂(SM)。

(3)对C土进行分类：

从图1-23的C曲线中查得粒径大于0.075 mm的粗粒含量为46%，介于25%～50%，所以C土属于含粗粒的细粒土；

从图1-23中查得粒径大于2 mm的砾粒含量为零，该土属于含砂细粒土；

由于C土的液限为47%，塑性指数 $I_P=47-24=23$，在17 mm塑性图上落在CL区，故C土最后应定名为含砂低液限黏土(CLS)。

三、《建筑地基基础设计规范》(GB 50007—2011)

该规范关于地基土分类较简单。它按土粒大小、粒组的土粒含量或土的塑性指数把地基土分为碎石土、砂土、粉土和黏性土四大类，然后进一步细分。

(一)碎石土的分类

若土中粒径大于2 mm的颗粒含量超过全重的50%，则该土属于碎石土。碎石土根据粒组的土粒含量按表1-11进一步细分。

表1-11　碎石土的分类

土的名称	颗粒形状	粒组含量
漂石	圆形及亚圆形为主	粒径大于200 mm的颗粒超过全重的50%
块石	棱角形为主	
卵石	圆形及亚圆形为主	粒径大于20 mm的颗粒超过全重的50%
碎石	棱角形为主	
圆砾	圆形及次圆形为主	粒径大于2 mm的颗粒超过全重的50%
角砾	棱角形为主	

(二)砂土的分类

若土中粒径大于2 mm的颗粒含量不超过全重的50%，且粒径大于0.075 mm的颗粒超过全重的50%，则该土属于砂土。砂土根据粒组的土粒含量按表1-12进一步细分。

(三)粉土

若土的塑性指数小于或等于10，且粒径大于0.075 mm的颗粒含量不超过总量的50%，则该土属于粉土。

(四)黏性土的分类

若土的塑性指数大于10，且粒径大于0.075 mm的颗粒含量不超过总量的50%，则该土属于黏性土。黏性土根据塑性指数按表1-13细分。进一步地，将在静水或缓慢的流水环境中沉积，经生物化学形成，其天然含水量大于液限、天然孔隙比大于或等于1.5的黏性土称为淤泥。天然孔隙比小于1.5，但大于或等于1.0的黏性土或粉土称为淤泥质土。

表1-12　砂土的分类

土的名称	粒组含量
砾砂	粒径大于2 mm的颗粒含量占全重的25%～50%
粗砂	粒径大于0.5 mm的颗粒含量超过全重的50%
中砂	粒径大于0.25 mm的颗粒含量超过全重的50%
细砂	粒径大于0.075 mm的颗粒含量超过全重的85%
粉砂	粒径大于0.075 mm的颗粒含量超过全重的50%

注：分类时应根据粒组含量由大到小以最先符合者确定。

表1-13　黏性土分类

土的名称	塑性指数(I_P)的范围
黏土	$I_P>17$
粉质黏土	$10<I_P\leq17$

四、细粒土的活性指数

如前所述，细粒土按液限w_L和塑性指数I_P分类，实际上是根据全部土颗粒吸附结合水的能力分类的。按塑性图，虽然可以把细粒土分成黏土和粉土，但是仍然不能充分反映土中所包含的黏土矿物吸附结合水的能力，或者说不能充分反映黏土矿物的表面活性的高低。同样的结合水含量，可能是由大量的吸水能力不甚高的矿物（例如高岭石）所引起的，也可能是由含量较少但吸水能力很强的矿物（例如蒙脱石）所引起的。区别这一点对于鉴定某些土的工程性质也是很重要的。当然，实验室可以通过矿物分析试验来进行鉴定。但是，这类试验比较复杂，不是一般土工实验室所具备的。斯开普顿（A. W. Skempton）建议用土的活性指数A以衡量土中黏土矿物吸附结合水的能力，其定义为

$$A=\frac{I_P}{p_{0.002}} \tag{1-31}$$

式中　I_P——土的塑性指数；

$p_{0.002}$——粒径<0.002 mm颗粒的质量占土总质量的百分比。

根据活性指数A的大小，黏性土可以分成如下三类：

非活性黏土　$A<0.75$

正常黏土　$A=0.75\sim1.25$

活性黏土　$A>1.25$

非活性黏土中的矿物成分以高岭石等吸水能力较差的矿物为主，而活性黏土的矿物成分则以吸水能力很强的蒙脱石等矿物为主。表1-14表示某些黏土的活性指数，可以作

为参考。

表 1-14 黏土的活性指数

黏土类别	活性指数范围	土的名称	黏粒部分(<0.002 mm)的矿物成分	活性指数 A
Ⅰ. 不活动的	<0.5	高岭土	高岭石	0.39
		冰期后湖成黏土	云母、伊利石、方解石、少量的石英和蒙脱石	0.49
Ⅱ. 不活动的	0.5 ~ 0.75	白垩纪湖成黏土	伊利石、高岭石、少量的蛭石	0.63
Ⅲ. 正常的	0.75 ~ 1.25	冰期后海成黏土	伊利石、少量的叙永石	0.88
		上石炭世黏土	伊利石	0.90
		伦敦始新世海成黏土	伊利石、少量的高岭石和蒙脱石	0.95
		白垩纪海成黏土	伊利石、高岭石、少量的蒙脱石	0.96
Ⅳ. 活动的	1.25 ~ 2.0	冰期后三角洲黏土	伊利石、少量的高岭石	1.33
Ⅴ. 活动的	>2.0	墨西哥城的膨润土	蒙脱石	4.3
		怀俄明(Wyoming)膨润土	蒙脱石	6.3

习 题

1-1 有 A、B 两个土样,通过室内试验测得其粒径与小于该粒径的土粒质量如表 1-15、表 1-16 所示,试绘制出它们的级配曲线,并求出 C_u 和 C_c 的值。

表 1-15 A 土样试验资料(总质量 500 g)

粒径 d(mm)	5	2	1	0.5	0.25	0.1	0.075
小于该粒径的质量(g)	500	460	310	185	125	75	30

表 1-16 B 土样试验资料(总质量 30 g)

粒径 d(mm)	0.075	0.05	0.02	0.01	0.005	0.002	0.001
小于该粒径的质量(g)	30	28.8	26.7	23.1	15.9	5.7	2.1

1-2 从地下水位以下某黏土层中取出一土样做试验,测得其质量为 15.3 g,烘干后质量为 10.6 g,土粒比重为 2.70。求试样的含水量、孔隙比、孔隙率、饱和密度、浮密度、干密度及其相应的重度。

1-3 某土样的含水量为 6.0%,密度为 1.60 g/cm^3,土粒比重为 2.70,若设孔隙比不变,为使土样完全饱和,问 100 cm^3 土样中应加多少水?

1-4　有土料 1 000 g,它的含水量为 6.0%,若使它的含水量增加 16%,问需加多少水?

1-5　有一砂土层,测得其天然密度为 1.77 g/cm^3,天然含水量为 9.8%,土粒比重为 2.70,烘干后测得最小孔隙比为 0.46,最大孔隙比为 0.94。试求天然孔隙比 e、饱和含水量和相对密实度 D_r,并判别该砂土层处于何种密实状态。

1-6　试从基本定义证明:

(1)干密度　$\rho_d = \dfrac{G_s\rho_w}{1+e} = G_s\rho_w(1-n)$

(2)湿密度　$\rho = \dfrac{G_s + S_r e}{1+e}\rho_w$

(3)浮密度　$\rho' = \dfrac{G_s - 1}{1+e}\rho_w$

1-7　某辗压土坝的土方量为 20 万 m^3,设计填筑干密度为 1.65 g/cm^3。料场土的含水量为 12.0%,天然密度为 1.70 g/cm^3,液限为 32.0%,塑限为 20.0%,土粒比重为 2.72。问:

(1)为满足填筑土坝需要,料场至少要有多少立方米土料?

(2)如每日坝体的填筑量为 3 000 m^3,该土的最优含水量为塑限的 95%,为达到最佳碾压效果,每天共需加水多少?

(3)土坝填筑后的饱和度是多少?

第二章 土的渗透性与渗流问题

第一节 概 述

土是一种由土颗粒、水和空气三相组成的多孔介质,其孔隙在空间互相连通。在饱和土中,水充满整个孔隙,当土中不同位置存在水位差时,土中水就会在水位差作用下,从水位高的位置向水位低的位置流动。图2-1所示为土坝蓄水后,由于存在水位差,水从上游透过坝体填土孔隙流向下游。

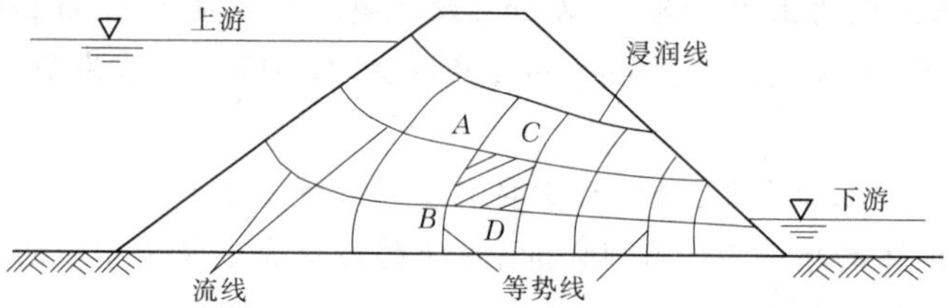

图2-1 土坝渗流

水在土孔隙中流动的现象称为渗透或渗流,土具有被水透过的性质称为土的渗透性或透水性。在非饱和土中,土中水的流动会受到气相的影响,与土的饱和度有很大关系,问题较复杂。本章主要研究饱和土的渗透性及相关渗流问题。

土木工程领域内的许多工程实践都与土的渗透性密切相关,由于渗流而产生的工程问题归纳起来主要包括以下两类:

(1)渗流量与渗流速率问题。基坑、隧道等开挖工程中普遍存在地下水的渗出而涉及降水、排水的量和时间等问题,土坝、渠道等工程的建造涉及蓄水防渗的量和时间等问题,如图2-2所示。土中水的渗流量和渗流速率将直接关系到工程的经济效益。

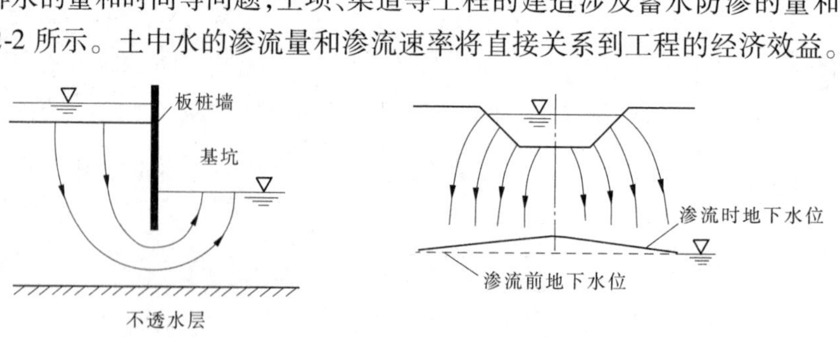

(a)基坑渗流　　(b)渠道渗流

图2-2 土木工程中的渗流问题

(2)渗透变形问题。流经土体的水流会对土颗粒施加作用力,称为渗透力(亦称渗流力)。当渗透力过大时就会引起土颗粒的移动,产生渗透变形,甚至渗透破坏,如地面隆起、细颗粒被水带出等现象。我国1998年长江抗洪抢险的统计资料显示,由渗透破坏造成的险情占险情总数的 70%。另外,近年来高层建筑基坑失稳事故、边坡失稳事故有不少也是由渗透破坏引起的。

此外,土的渗透性的强弱,对土体的固结、强度、变形以及工程施工都有非常重要的影响。为此,须对土的渗透性质、水在土中的渗透规律及其与工程的关系进行研究。

第二节　土的渗流理论

一、土体渗流的基本概念

由水力学知识知道,液体流动除要满足连续性原理外,还必须满足液流的能量方程,即伯努利(D. Bernoulli)方程。土体孔隙中的水流,也应遵循水力学的这一基本方程。为了研究方便,常用水头的概念来研究水体流动中的势能和动能。所谓水头,是指单位重量水体所具有的能量。按照伯努利方程,水流中一点的总水头即总能量 h,可用位置水头 z、压力水头 $\frac{u}{\gamma_w}$ 和流速水头 $\frac{v^2}{2g}$ 之和表示,即

$$h = z + \frac{u}{\gamma_w} + \frac{v^2}{2g} \tag{2-1}$$

式中　h——总水头(代表单位重量水体所具有的总机械能),m;

z——位置水头(代表单位重量水体所具有的位置势能),m;

u——孔隙水压力(将其除以水的重度 γ_w 后,$\frac{u}{\gamma_w}$ 代表相应孔隙水压力的水柱高度,称 $\frac{u}{\gamma_w}$ 为压力水头),kPa;

v——渗流速度($\frac{v^2}{2g}$ 代表单位重量水体所具有的动能,称 $\frac{v^2}{2g}$ 为流速水头),m/s。

不难看出,式(2-1)中各项的物理意义均代表单位重量水体所具有的各种机械能,而其量纲都是长度。

图 2-3 表示渗流在土中流经 A、B 位置时,各种水头的相互关系。由式(2-1),A、B 位置处的总水头可表示为

$$h_1 = z_A + \frac{u_A}{\gamma_w} + \frac{v_A^2}{2g}$$

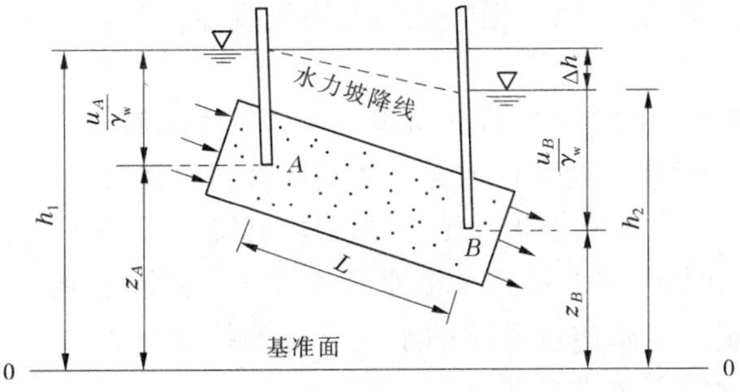

图 2-3　渗流中的位置、压力和水头

$$h_2 = z_B + \frac{u_B}{\gamma_w} + \frac{v_B^2}{2g}$$

$$\Delta h = h_1 - h_2$$

Δh 为 A、B 两位置的总水头差,代表单位重量水体从 A 点向 B 点流动时,为克服土颗粒对水流的阻力而损失的能量。实际应用时,常将位置水头与压力水头之和 $z + \frac{u}{\gamma_w}$ 称为测压管水头。这是因为将测压管安装后,测压管中的水面将会升至 $z + \frac{u}{\gamma_w}$ 标高处。所以,测压管水头代表的是单位重量水体所具有的总势能。

应该指出的是,土体中两点之间是否会出现渗流,完全取决于两点间的总水头差 Δh。只有当 $\Delta h > 0$ 时,才会发生水从总水头高的位置向总水头低的位置流动。另外,由于土中的孔隙一般非常微小,水在土体中流动时的黏滞阻力很大,其流速一般都比较小,因此由速度引起的水头可以忽略不计,故渗流中任一点的总水头就可用测压管水头来代替,式(2-1)可简化为

$$h = z + \frac{u}{\gamma_w} \tag{2-2}$$

在图 2-3 中,A、B 两点的测压管水头连接起来,得到测压管水头线,又称水力坡降线。由于渗流过程中存在能量损失,测压管水头线沿渗流方向下降。A、B 两点间的水头损失,也可用无量纲的形式表示为

$$i = \frac{\Delta h}{L} = \frac{h_A - h_B}{L} = \frac{1}{L}\left[\left(z_A + \frac{u_A}{\gamma_w}\right) - \left(z_B + \frac{u_B}{\gamma_w}\right)\right] \tag{2-3}$$

这里,i 称为水力梯度(或水力坡降),L 为 A、B 两点间的渗流途径,也就是使水头损失 Δh 的渗流长度,所以水力梯度的意义为沿渗流方向单位距离的水头损失。

二、达西定律

在水力学中,层流是指相邻两个水分子运动的轨迹相互平行而不混掺,而紊流是指相邻两个水分子运动的轨迹相互混交,呈不规则运动。土体中的孔隙通道一般微小且很曲折,渗流过程中黏滞阻力很大,所以多数情况下流速缓慢,其流动状态大多属于层流。

1856 年法国工程师达西(Henri Darcy)采用如图 2-4 所示的试验装置对均匀砂进行了大量渗透试验,得出了层流条件下,土中水渗流速度与能量(水头)损失之间的渗流规律,即达西定律。

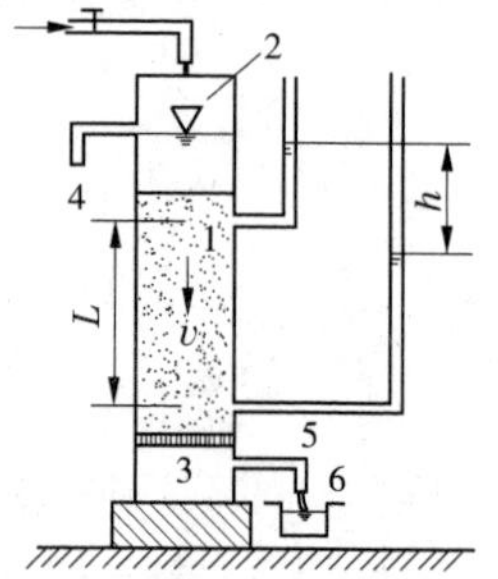

图 2-4　达西渗透试验装置

达西渗透试验装置中的 2 是横截面面积为 A 的直立圆筒,其上端开口,在圆筒侧壁装有两支相距为 L 的测压管。筒底以上一定距离处装一多孔滤板 3,滤板上填放颗粒均匀的砂土样。水由上端进水口注入圆筒,多余的水从溢水管 4 溢出,使筒内的水位维持一个恒定值。渗透过砂层的水从下部的排泄管 5 流入量杯 6 中,并以此来计算渗流量 q。

当圆筒的上部水面保持恒定以后，通过砂土的渗流是恒定值，测压管中的水面将恒定不变。h 为通过渗流流径 L 的水头损失。达西通过大量试验发现，无论圆筒的尺寸和土样的类型及长度如何不同，单位时间内的渗出水量 q 与试样两端水面间的水位差 h 和圆筒截面面积 A 成正比，而与渗径长度 L 成反比，且与土的透水性质有关，即

$$q \propto A \frac{h}{L} \tag{2-4}$$

具体的表达式可写为

$$q = kA \frac{h}{L} = kiA \tag{2-5}$$

也可用渗流速度表示为

$$v = \frac{q}{A} = k \frac{h}{L} = ki \tag{2-6}$$

式中　v——渗流速度，cm/s 或 m/s；

q——渗流量，cm^3/s 或 m^3/s；

i——水力梯度，它是沿渗流方向单位距离的水头损失，无因次；

h——试样两端的水位差，cm 或 m，即水头损失，$h = h_1 - h_2$，h_1、h_2 分别为试样上、下游面水头；

L——渗径长度，cm 或 m；

k——渗透系数，cm/s 或 m/s，其物理意义是当水力梯度等于 1 时的渗透速度；

A——试样截面面积，cm^2 或 m^2。

式(2-5)或式(2-6)为达西定律表达式。

需要指出的是，在式(2-6)中渗流速度定义为 $v = q/A$，指的是通过整个断面的平均意义上的流速，并不是孔隙中水的实际平均流速。因为上述公式中的断面 A 是整个断面面积，其中包括了土骨架所占的面积在内。显然，土颗粒本身是不能透水的，故真实的过水面积应为孔隙所占据部分面积 A_v。因此，水在土体中的实际平均流速 v_s 要比式(2-6)所求得的数值大，它们之间的关系为

$$v_s = \frac{vA}{A_v} = \frac{v}{n} = \frac{v(1+e)}{e}$$

不过，由于土体中的孔隙形状和大小非常复杂，要直接测定实际的平均流速比较困难，从工程应用角度而言，也没有这种必要。对于解决实际工程问题，最关心的是，在某一范围内宏观渗流的平均效果。因而，在渗流计算中广泛采用的流速是假想平均流速 v。因此，下面所述的渗流速度均指这种流速。

三、达西定律的适用条件

达西定律是特定水力条件下的试验结果，它是描述层流状态下渗流速度与水头损失关系的规律，即渗流速度 v 与水力梯度 i 成正比。进一步的研究表明，在某些条件下，渗流规律并不一定符合达西定律，总体说来，对于砂土，达西定律是适用的，但对于致密黏土或颗粒较粗的砾类土会发生偏离现象，流速与水力梯度之间不再是简单的线性关系，超出达西定律的适用范围，称之为非达西流。非达西流表现为两类：一类为发生在黏性很强的

致密黏土等低渗透率下的渗流,另一类是纯砾以上的很粗的土中的高渗透率下的渗流。

砂土的渗流速度与水力梯度呈线性关系,如图2-5(a)所示。对于密实的黏土,由于表面存在较厚的吸着水膜,占据了土体内的过水通道,具有较大的黏滞阻力,因此只有当水力梯度达到某一数值时,克服了吸着水膜的黏滞阻力以后,才能发生渗透。我们将这一开始发生渗透时的水力梯度称为黏性土的起始水力梯度。试验资料表明,黏性土不但存在起始水力梯度,而且当水力梯度超过起始水力梯度后,渗流速度与水力梯度的规律还偏离达西定律而呈非线性关系,如图2-5(b)中的实线所示。但是,为了使用方便,常用图2-5(b)中的虚直线来描述密实黏土的渗流速度与水力梯度的关系,这时达西定律可以表示为

$$v = \begin{cases} k(i - i_0) & (i > i_0) \\ 0 & (i \leqslant i_0) \end{cases}$$

式中　i_0——密实黏土的起始水力梯度;

其余符号意义同前。

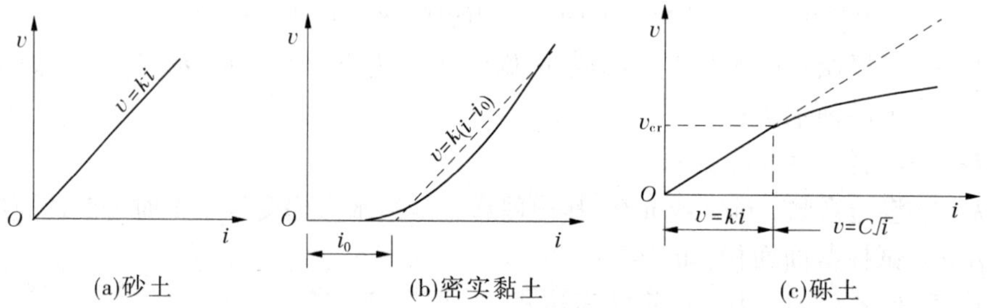

图2-5　土的渗流速度与水力梯度的关系

另外,试验也表明,在粗粒土(如砾、卵石等)中,只有在小的水力梯度下,渗流速度与水力梯度才呈线性关系,而在较大的水力梯度下,水在土中的流动即进入紊流状态,渗流速度与水力梯度呈非线性关系,此时达西定律同样不能适用,如图2-5(c)所示。层流进入紊流的界限,就是达西定律适用的上限。关于上限值,目前尚无明确的确定方法。不少学者曾主张用临界雷诺数 Re 作为确定达西定律上限的指标。根据水的密度 ρ_w、流速 v、水的黏滞系数 η、土粒平均粒径 d,可以算出雷诺数 Re:

$$Re = \frac{\rho_w v d}{\eta} \tag{2-7}$$

从层流转换为紊流时的 Re 一般为0.1~7.5,而一般认为在土的孔隙内只要 $Re <$ 1.0,达西定律就可以满足。因此,达西定律的适用界限可以表示为

$$\rho_w v d/\eta \leqslant 1.0 \tag{2-8}$$

在式(2-8)中,如果考虑水的密度 $\rho_w = 1.0\ g/cm^3$,水温10 ℃时水的黏滞系数 $\eta =$ 0.013 g/(s·cm),而一般的流速可以考虑为 $v = 0.25$ cm/s,可以算出满足达西定律的土的平均粒径 d:

$$d \leqslant \eta Re/(\rho_w v) \leqslant 0.52\ \text{mm}$$

也就是说,对于比粗砂更细的土来说,达西定律一般是适用的。

第三节　渗透系数的测定

在前面提到,渗透系数 k 是当水力梯度等于 1 时的渗流速度。渗透系数 k 是一个代表土的透水性强弱的定量指标,也是渗流计算的一个基本参数。但它不能由计算求出,只能通过试验直接测定。

渗透系数的测定方法主要分为实验室内测定和野外现场测定两大类。一般而言,现场试验比室内试验所得到的成果要准确可靠。因此,对重大工程常需进行现场测定。

一、室内试验测定渗透系数

室内测定土的渗透系数的仪器和方法较多,但就其原理而言,可分为常水头试验和变水头试验两种。前者适用于透水性强的无黏性土,后者适用于透水性弱的黏性土。下面将分别介绍这两种方法的基本原理。

(一)常水头法

常水头法就是在整个试验过程中保持水头为一常数,从而水头差也是常数。其试验装置如图 2-6 所示。

设试样的厚度即渗径长度为 L,截面面积为 A,试验时的水位差为 h,这三者在试验前可以直接量出或控制。试验中只要用量筒和秒表测出在某一时段 t 内流经试样的渗水量 V,即可求出该时段内通过土体的流量:

$$q = \frac{V}{t} \tag{2-9}$$

将式(2-9)代入式(2-6)中,便可得到土的渗透系数:

$$k = \frac{VL}{Aht} \tag{2-10}$$

(二)变水头法

黏性土由于渗透系数很小,流经试样的水量很少,难以直接准确量测,因此应采用变水头法。

变水头法在整个试验过程中,水头是随着时间而变化的,其试验装置如图 2-7 所示。试样的一端与细玻璃管相接,在试验过程中测出某一时段内细玻璃管中水位的变化,就可根据达西定律,求出土的渗透系数。

设细玻璃管的内截面面积为 a,试验开始以后任一时刻 t 的水位差为 h,经时段 $\mathrm{d}t$,细玻璃管中水位下落 $\mathrm{d}h$,则在时段 $\mathrm{d}t$ 内流经试样的水量:

$$\mathrm{d}V = -a\mathrm{d}h \tag{2-11}$$

式中,负号表示渗水量随 h 的减小而增加。根据达西定律,在时段 $\mathrm{d}t$ 内流经试样的水量又可表示为

$$\mathrm{d}V = k\frac{h}{L}A\mathrm{d}t \tag{2-12}$$

根据水流连续原理,令式(2-11)等于式(2-12),可以得到

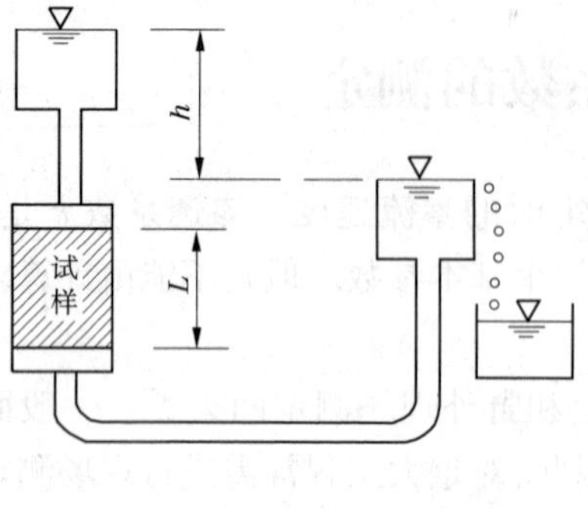

图 2-6　常水头试验装置示意图

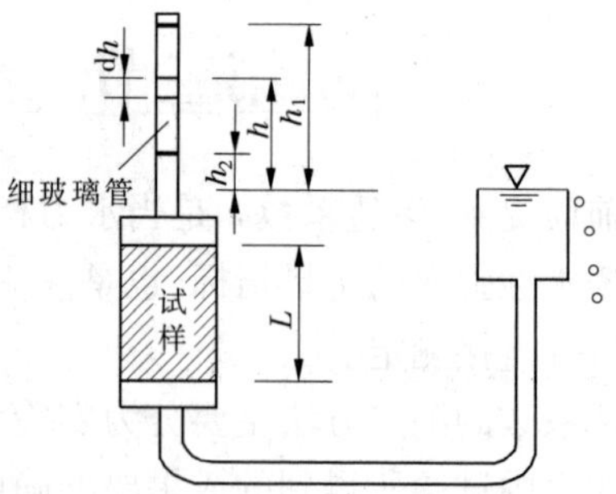

图 2-7　变水头试验装置示意图

$$dt = \frac{-aL}{kA}\frac{dh}{h}$$

将上式两边积分

$$\int_{t_1}^{t_2} dt = -\int_{h_1}^{h_2} \frac{aL}{kA}\frac{dh}{h}$$

即可得到土的渗透系数

$$k = \frac{aL}{A(t_2 - t_1)}\ln\frac{h_1}{h_2} \tag{2-13}$$

如用常用对数表示,则式(2-13)可写成

$$k = 2.3\frac{aL}{A(t_2 - t_1)}\lg\frac{h_1}{h_2} \tag{2-14}$$

式(2-14)中的 a、L、A 为已知,试验时只要测出与时刻 t_1 和 t_2 对应的水位 h_1 和 h_2,就可求出渗透系数。

【例 2-1】　假设做变水头渗透试验时,黏土试样的截面面积为 30 cm^2,厚度为 4 cm,渗透仪细玻璃管的内径为 0.4 cm,试验开始时的水位差为 145 cm,经过 7 min 25 s 的观察,水位差为 130 cm,试验时的水温为 20 ℃。试求试样的渗透系数。

解:已知试样的截面面积 $A=30\ cm^2$,渗径长度 $L=4$ cm,细玻璃管的内截面面积 $a=0.126\ cm^2$,$h_1=145$ cm,$h_2=130$ cm,$t_1=0$,$t_2=445$ s。由式(2-14)可得试样在 20 ℃时的渗透系数:

$$k = 2.3\frac{aL}{A(t_2 - t_1)}\lg\frac{h_1}{h_2} = 2.3\times\frac{0.126\times 4}{30\times 445}\times\lg\frac{145}{130} = 4.12\times 10^{-6}(\mathrm{cm/s})$$

二、现场测定渗透系数

室内试验测定渗透系数 k 的优点是设备简单,费用较省。但是,由于土的渗透性与土的结构有很大的关系,地层中水平方向和垂直方向的渗透性往往不一样;加之取样时的扰动,不易取得具有代表性的原状土样,特别是砂土。因此,室内试验测出的 k 值常常不能够很好地反映现场中土的实际渗透性质。为了量测地基土层的实际渗透系数,可直接在现场进行 k 值的原位测试。

现场测定渗透系数的方法较多,常用的有现场井孔注水试验和井孔抽水试验。这里仅介绍抽水试验确定 k 值的方法。

图 2-8 所示为一现场井孔抽水试验示意图。在现场打一口试验井，贯穿要测定 k 值的砂土层，并在距井中心不同距离处设置一个或两个观测孔。然后自井中以不变的速率连续进行抽水。抽水造成井周围的地下水位逐渐下降，形成一个以井孔为轴心的降落漏斗状的地下水面。测定试验井和观测孔中的稳定水位，可以画出测压管水位变化图。假定水流是水平流向，则流向水井的渗流过水断面应是一系列的同心圆柱面。待出水量和井中的动水位稳定一段时间后，若测得的抽水量为 q，观测孔距井轴线的距离分别为 r_1 和 r_2，孔内的水位高度为 h_1 和 h_2，通过达西定律即可求出土层的平均 k 值。

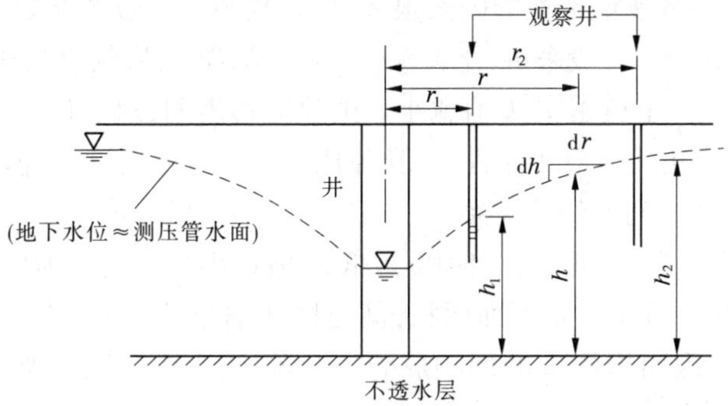

图 2-8　井孔抽水试验示意图

现围绕井轴取一过水断面（圆柱面），该断面距井中心的距离为 r，水面高度为 h，则过水断面面积 A 为

$$A = 2\pi rh$$

假设该过水断面上各处水力梯度为常数，且等于地下水位线在该处的坡度，则

$$i = \frac{\mathrm{d}h}{\mathrm{d}r}$$

根据达西定律，单位时间井内抽水的水量，即单位渗水量 q 为

$$q = Aki = 2\pi rh \cdot k\frac{\mathrm{d}h}{\mathrm{d}r}$$

$$q\frac{\mathrm{d}r}{r} = 2\pi kh \cdot \mathrm{d}h$$

等式两边积分

$$q\int_{r_1}^{r_2}\frac{\mathrm{d}r}{r} = 2\pi k\int_{h_1}^{h_2}h\mathrm{d}h$$

得

$$q\ln\frac{r_2}{r_1} = \pi k(h_2^2 - h_1^2)$$

从而得到土的渗透系数

$$k = \frac{q}{\pi}\frac{\ln\frac{r_2}{r_1}}{h_2^2 - h_1^2}$$

或用常用对数表示，则为

$$k = 2.3\frac{q}{\pi}\frac{\lg\frac{r_2}{r_1}}{h_2^2 - h_1^2}$$

前面提到，现场测定渗透系数可以获得场地较为可靠的平均渗透系数，但试验费用较高，故要根据工程规模和勘察要求，确定是否做这个试验。

三、影响渗透系数的因素

影响土的渗透系数或渗透性的因素很多，也较复杂。一般规律如下：

(1)土的粒度成分。一般来讲，土粒愈粗、大小愈均匀、形状愈圆滑，k 值也就愈大。

(2)土的密实度。土愈密实，k 值愈小。试验资料表明，对于砂土，k 值大致上与土的孔隙比 e 的二次方成正比。对于黏性土，孔隙比 e 对 k 的影响更大，但由于涉及结合水膜厚薄而难以建立二者之间的经验关系。

(3)土的饱和度。一般情况下饱和度愈低，k 值愈小。这是因为低饱和度土的孔隙中存在较多气泡，从而会减小过水断面面积，甚至堵塞细小孔道。同时，由于气体因孔隙水压力的变化而胀缩，因而饱和度的影响成为一个不定因素。为此，要求试样必须充分饱和，以保持试验的精度。

(4)土的结构。细粒土在天然状态下具有复杂结构，结构一旦被扰动，原有的过水通道的形状、大小及其分布就会全都改变，因而值也就不同。扰动土样与击实土样的值通常均比同一密度原状土样的 k 值小。

(5)水的温度。试验表明，渗透系数 k 与渗流水体的重度 γ_w 及黏滞度 η 有关。水温不同时，γ_w 相差不多，但 η 变化较大。水温愈高，η 愈低，k 值愈大。

(6)土的构造。土的构造对 k 值的影响也很大。例如，在黏性土层中有很薄的砂土夹层的层理构造，会使土在水平方向的 k 值比垂直方向的 k 值大许多倍，甚至几十倍。

几种土的渗透系数参考值见表2-1。

表2-1　几种土的渗透系数

土类	渗透系数 k (cm/s)	渗透性
纯砾	$>10^{-1}$	高渗透性
纯砂与砾混合物	$10^{-3} \sim 10^{-1}$	中渗透性
极细砂	$10^{-5} \sim 10^{-3}$	低渗透性
粉土、砂与黏土混合物	$10^{-7} \sim 10^{-5}$	极低渗透性
黏土	$<10^{-7}$	几乎不透水

四、成层土的等效渗透系数

天然沉积土往往由渗透性不同的土层所组成。对于与土层层面平行和垂直的简单渗流情况，当各土层的渗透系数和厚度为已知时，可求出整个土层与层面平行和垂直的平均渗透系数，作为进行渗流计算的依据。为简单起见，常常把几个土层等效为厚度等于各土层之和、渗透系数为等效渗透系数的单一土层。

（一）与层面平行的渗流情况

图 2-9(a) 为在渗流场中截取的渗径长度为 L 的一段与层面平行的渗流区域，各土层的水平向渗透系数分别为 $k_1, k_2, \cdots, k_n$，厚度分别为 $H_1, H_2, \cdots, H_n$，总厚度为 H。若通过各土层的渗流量为 $q_{1x}, q_{2x}, \cdots, q_{nx}$，则通过整个土层的总渗流量 q_x 应为各土层渗流量之总和，即

$$q_x = q_{1x} + q_{2x} + \cdots + q_{nx} = \sum_{i=1}^{n} q_{ix} \tag{2-15a}$$

根据达西定律，总渗流量又可表示为

$$q_x = k_x iH \tag{2-15b}$$

式中　k_x——与层面平行的土层等效渗透系数；

i——土层的平均水力梯度。

对于这种条件下的渗流，通过各土层相同距离的水头损失均相等。因此，各土层的水力梯度以及整个土层的平均水力梯度亦应相等。于是任一土层的渗流量为

$$q_{ix} = k_i iH_i \tag{2-15c}$$

将式(2-15b)和式(2-15c)代入式(2-15a)后可得

$$k_x iH = \sum_{i=1}^{n} k_i iH_i$$

因此，最后得到整个土层与层面平行的等效渗透系数为

$$k_x = \frac{1}{H}\sum_{i=1}^{n} k_i H_i \tag{2-16}$$

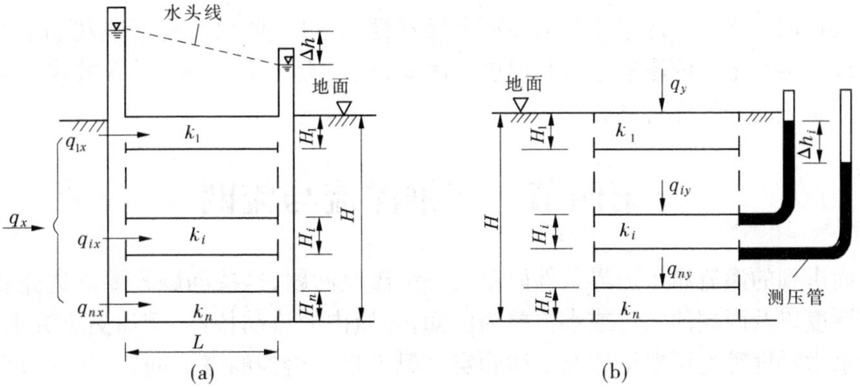

图 2-9　成层土的渗流情况

（二）与层面垂直的渗流情况

对于与层面垂直的渗流情况如图 2-9(b) 所示，可用类似的方法求解。设通过各土层的渗流量为 $q_{1y}, q_{2y}, \cdots, q_{ny}$，根据水流连续原理，通过整个土层的渗流量 q_y 必等于通过各土层的渗流量，即

$$q_y = q_{1y} = q_{2y} = \cdots = q_{ny} \tag{2-17a}$$

设渗流通过任一土层的水头损失为 Δh_i,水力梯度 i_i 为 $\Delta h_i/H_i$,则通过整个土层的水头总损失 h 应为 $\sum \Delta h_i$,总的平均水力梯度 i 应为 h/H。由达西定律,通过整个土层的总渗流量为

$$q_y = k_y \frac{h}{H} A \tag{2-17b}$$

式中　k_y——与层面垂直的土层等效渗透系数;

　　A——渗流截面面积。

通过任一土层的渗流量为

$$q_{iy} = k_i \frac{\Delta h_i}{H_i} A = k_i i_i A \tag{2-17c}$$

将式(2-17b)和式(2-17c)代入式(2-17a),消去 A 后可得

$$k_y \frac{h}{H} = k_i i_i \tag{2-18a}$$

而整个土层的水头损失又可表示为

$$h = i_1 H_1 + i_2 H_2 + \cdots + i_n H_n = \sum_{i=1}^{n} i_i H_i \tag{2-18b}$$

将式(2-18b)代入式(2-18a),经整理后即可得到整个土层与层面垂直的等效渗透系数为

$$k_y = \frac{H}{\dfrac{H_1}{k_1} + \dfrac{H_2}{k_2} + \cdots + \dfrac{H_n}{k_n}} = \frac{H}{\sum\limits_{i=1}^{n} \dfrac{H_i}{k_i}} \tag{2-19}$$

由式(2-16)和式(2-19)可知,对于成层土,当各土层的厚度大致相近,而渗透性却相差悬殊时,与层向平行的等效渗透系数将取决于最透水土层的厚度和渗透性,并可近似地表示为 $k'H'/H$,式中 k' 和 H' 分别为最透水土层的渗透系数和厚度;而与层面垂直的等效渗透系数将取决于最不透水土层的厚度和渗透性,并可近似地表示 $k''H/H''$,式中 k'' 和 H'' 分别为最不透水土层的渗透系数和厚度。因此,成层土与层面平行的等效渗透系数总大于与层面垂直的等效渗透系数。

第四节　二维渗流与流网

前面讲到的渗流属于边界条件简单的一维渗流问题,这些问题只要渗透介质的渗透系数和厚度以及两端的水位或水位差为已知,介质内的流动特性,例如测压管水头、渗流速度和水力梯度等均可根据达西定律确定。但工程上遇到的渗流问题,往往边界条件较复杂,水流形态往往是二维或三维的。例如,常见的土坝的渗流,如图 2-1 所示,其流线都是弯曲的,不能再视为一维渗流。这时,介质内的流动特性在每个位置均不同,并且只能以微分方程的形式表示,然后根据边界条件进行求解。下面仅简要地讨论二维渗流。

一、二维稳定渗流的基本方程

假定从稳定渗流场中任取一微小的土单元体,其面积为 $dxdy$,如图 2-10 所示。若单

位时间内在 x 方向流入的水量为 q_x，流出的水量为 $(q_x+\frac{\partial q_x}{\partial x}dx)$；在 y 方向流入的水量为 q_y，流出的水量为 $(q_y+\frac{\partial q_y}{\partial y}dy)$。假定在渗流作用下单元体的体积保持不变，水又是不可压缩的，则单位时间内流入单元体的总水量必等于流出的总水量，即

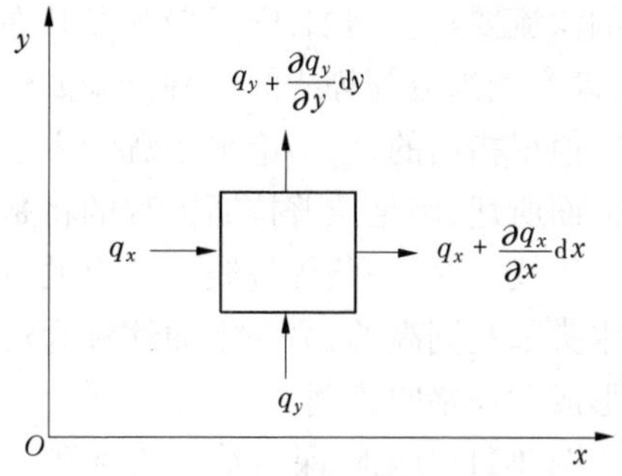

图 2-10　二维渗流的连续条件

$$q_x+q_y=(q_x+\frac{\partial q_x}{\partial x}dx)+(q_y+\frac{\partial q_y}{\partial y}dy)$$

或

$$\frac{\partial q_x}{\partial x}dx+\frac{\partial q_y}{\partial y}dy=0 \tag{2-20}$$

根据达西定律，$q_x=k_xi_xdy$，$q_y=k_yi_ydx$，其中 x 方向和 y 方向的水力梯度分别为 $i_x=\frac{\partial h}{\partial x}$，$i_y=\frac{\partial h}{\partial y}$。将上列关系式代入式(2-20)，化简后可得

$$k_x\frac{\partial^2 h}{\partial x^2}+k_y\frac{\partial^2 h}{\partial y^2}=0 \tag{2-21}$$

式中　k_x、k_y——x 方向、y 方向的渗透系数；

　　h——总水头或测压管水头。

式(2-21)即为各向异性土在稳定渗流时的连续方程。如果土是各向同性的，即 $k_x=k_y$，则式(2-21)可改写成

$$\frac{\partial^2 h}{\partial x^2}+\frac{\partial^2 h}{\partial y^2}=0 \tag{2-22}$$

式(2-22)即为著名的拉普拉斯(Laplace)方程，它是描述各向同性土稳定渗流的基本方程式。

二、流网及其特征

由式(2-22)可知，渗流场内任一点的水头是其坐标的函数，而一旦渗流场中各点的水头为已知，其他流动特性也就可以通过计算得出。因此，作为求解渗流问题的第一步，一般就是先确定渗流场内各点的水头，亦即求解渗流基本微分方程式(2-22)。

对拉普拉斯方程的求解，常用的方法有三种：

(1)数学解析法。是根据具体边界条件，以解析法求解微分方程。一般通解较容易得到。由水力学或流体力学知识可知，满足拉普拉斯微分方程的是两个共轭调和函数，即势函数和流函数，该函数描绘出两组相互正交的曲线，即等势线和流线。该方法的缺点是，当边界条件复杂时，很难求得定解。

(2)数值解法。是一种近似方法。常用的数值解法如有差分法和有限元法，能够求解边界条件复杂的渗流问题。

(3)试验法。即采用一定比例的模型来模拟真实的渗流场，用试验手段测定渗流场

中的渗流要素。例如,曾经应用最广的电拟法,就是利用渗流与电流现象存在的比拟关系,来实测渗流等势线的一种试验方法。

值得指出的是,不论采用哪种方法求解渗流微分方程,其最后结果均可用流网表示。如前面所述,满足拉普拉斯方程的将是两组彼此正交的曲线,就渗流问题来说,一组曲线是等势线,在任一条等势线上各点的总水头是相等的,或者说,在同一条等势线上的测压管水头都是同高的;另一组曲线称为流线,它们代表渗流的方向。等势线和流线交织在一起形成的网格叫流网。

图 2-11 为无限深坝基中的流网,对于各向同性的渗透介质,流网具有下列特征:

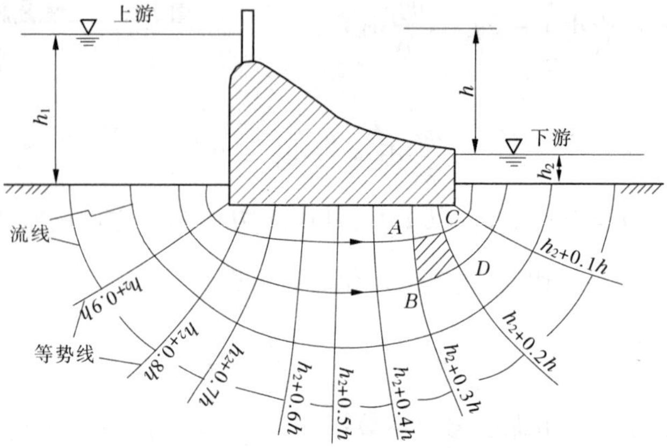

图 2-11 无限深坝基的流网

(1)流线与等势线彼此正交。

(2)每个网格的长宽比为常数,为了方便常取 1,这时的网格就为正方形或曲边正方形。

(3)相邻等势线间的水头损失相等。

(4)各流槽的渗流量相等。

流网一经绘出,就可以从流网图形上直观地获得流动特性的总轮廓。如图 2-11 所示,愈接近坝底,流线愈密集,表明该处的水力梯度愈大,渗流速度也愈大;而离坝底愈远,流线愈稀疏,则水力梯度愈小。根据流网还可以定量地确定渗流场中的水头、孔隙水压力和水力梯度等。

第五节 渗透力与渗透变形

水在土孔隙中流动时,会受到土颗粒的阻力,从而引起水头的损失。相反,根据作用力与反作用力,在渗流过程中,土颗粒会受到水流的拖曳力。当这种拖曳力达到一定值时,土体将产生变形,甚至发生土颗粒被水流裹挟带出而破坏、失稳。

一、渗透力

先从一个试验现象开始。图 2-12 所示为一定水头试验装置,土样长度为 L,截面面积

$A=1$,土样两端各安装一测压管,其测管水头相对0—0基准面分别为 h_1 与 h_2。当 $h_1=h_2$ 时,土中水处于静止状态,无渗流发生。若将左侧的连通贮水器向上提升,使 $h_1>h_2$,则由于存在水头差,土中将产生向上的渗流。水头差 Δh 是渗流穿过 L 长土体时所损失的能量。能量损失,说明土粒对水流给以阻力;反之,渗流必然对每个土颗粒有推动、摩擦和拖曳的作用力,如图2-13所示。

由渗流在单位体积土体内土颗粒上产生的作用力,称为渗透力,亦称为渗流力、动水压力,用 j 表示。为了研究渗透力的大小和性质,可以对图2-12所示土体进行受力分析。

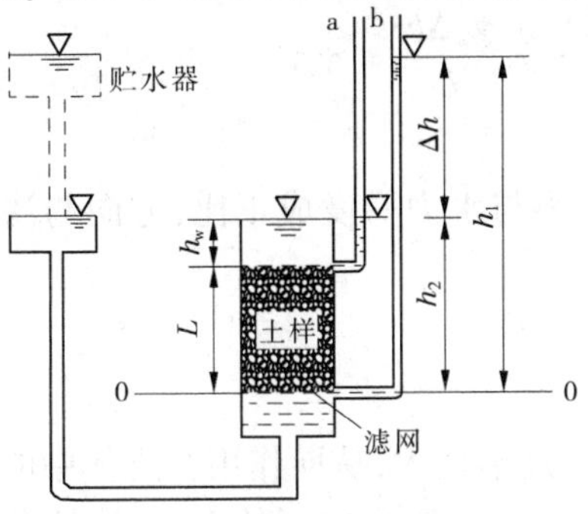

图2-12　渗透破坏试验示意图

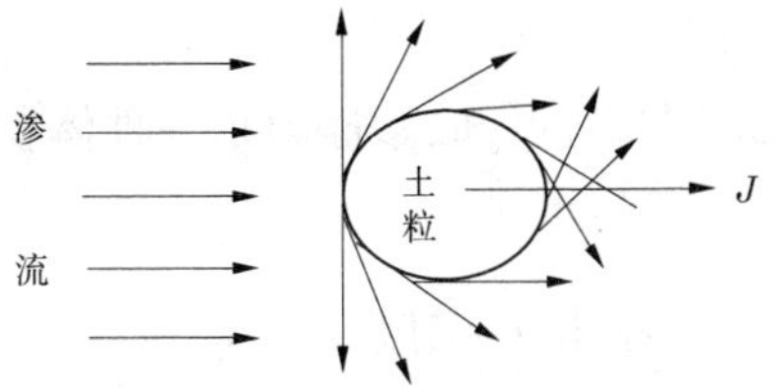

图2-13　渗透力概念示意图

把土骨架和水分开作为隔离体,则受力如图2-14所示。对于土骨架,沉浸在水中,将会受到浮力作用,其值等于排开的同体积的水重,故计算时应用浮重度。另外,由于将土骨架与水体分开,则土骨架上受到的水流作用力——渗透力,即成为外力。因此,作用在土骨架上的力有:

(1)土骨架有效自重 W',$W'=\gamma' L$;

(2)总渗透力 J,方向竖直向上;

(3)滤网支承力 R。

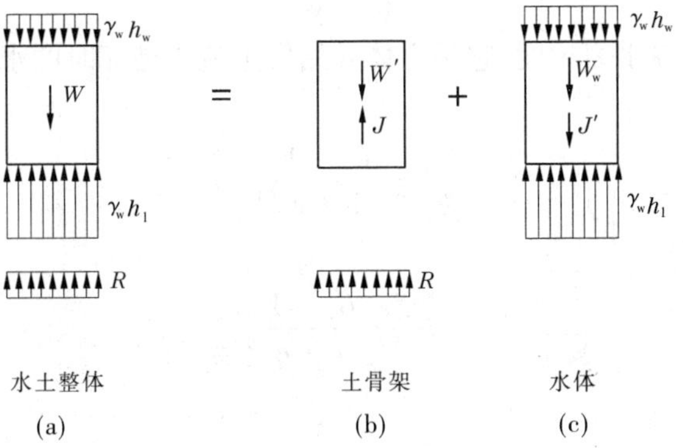

图2-14　土体受力分析

对于土体中的孔隙水,作用在其上的力有:

(1)孔隙水的自重与土骨架浮力的反力之和,后者等于土骨架同体积的水重,故

$$W_w = V_v\gamma_w + V_s\gamma_w = V\gamma_w = L\gamma_w$$

(2)水柱上、下两端的边界水压力 $\gamma_w h_w$ 和 $\gamma_w h_1$;

(3)土骨架对水流的阻力,其与渗透力大小相等、方向相反,阻力 $J' = J$,方向竖直向下。

考虑水体隔离体,其平衡条件为

$$\gamma_w h_w + W_w + J' = \gamma_w h_1$$

则

$$J = J' = \gamma_w (h_1 - h_w - L)$$

由于渗透力 j 是单位体积土体内的作用力,所以总渗透力 $J = Vj = Lj$,则

$$j = \frac{J}{L} = \frac{\gamma_w (h_1 - h_w - L)}{L} = \frac{\gamma_w \Delta h}{L} = \gamma_w i$$

故渗透力

$$j = \gamma_w i \tag{2-23}$$

由式(2-23)可知,渗透力是一种体积力,其大小与水力梯度成正比,方向与渗流方向一致。

二、临界水力梯度

若将图 2-12 中左侧的贮水器不断上提,则 Δh 逐渐增大,从而作用在土体中的渗透力也逐渐增大。当 Δh 增大到某一数值时,向上的渗透力克服了向下的重力,土体就要发生浮起或受到破坏,俗称流土。下面研究土体处于流土的临界状态时的水力梯度 i_{cr} 值。

分析图 2-14 中土骨架隔离体的平衡状态,当发生流土时,土柱压在滤网上的压力 $R = 0$,故

$$W' - J = R = 0$$

即

$$\gamma' L - jL = 0$$

所以

$$\gamma' = j = \gamma_w i_{cr}$$

从而

$$i_{cr} = \frac{\gamma'}{\gamma_w} \tag{2-24}$$

式(2-24)中的 i_{cr} 为临界水力梯度,它是土体开始发生流土破坏时的水力梯度。

已知土的浮重度

$$\gamma' = \frac{G_s - 1}{1 + e}\gamma_w$$

将其代入式(2-24),则

$$i_{cr} = \frac{G_s - 1}{1 + e} \tag{2-25}$$

三、渗透变形

土工建筑物及地基土由于渗流作用而出现的变形或破坏,称为渗透变形或渗透破坏,如土层剥落、地面隆起、土颗粒被水带出等。渗透变形是基坑工程、水工建筑物等发生破坏的重要原因之一。

(一)渗透变形的类型

土的渗透变形有两种基本表现形式:流土和管涌。

流土指的是在向上渗流作用下,表层局部土体表面隆起,或土粒群同时移动的现象。任何土,只要水力梯度达到一定值,都会发生流土破坏。

实践表明,流土常发生在堤坝下游渗流逸出处无保护的情况下。图 2-15 表示一座建筑在双层地基土上的堤坝,地基表层为渗透系数较小的黏性土层,且较薄;下层为渗透系数较大的无黏性土层,且 $k_1 \ll k_2$。当渗流经过双层地基时,水头将主要损失在上游水流渗入和下游水流渗出薄黏性土层的流程中,在砂层的流程损失很小,因此造成下游逸出处渗透梯度较大。当渗透梯度大于临界水力梯度时,就会在下游坝脚处出现土表面隆起、裂缝开展、砂粒涌出,以致整块土体被渗透水流抬起的现象,这就是典型的流土破坏。

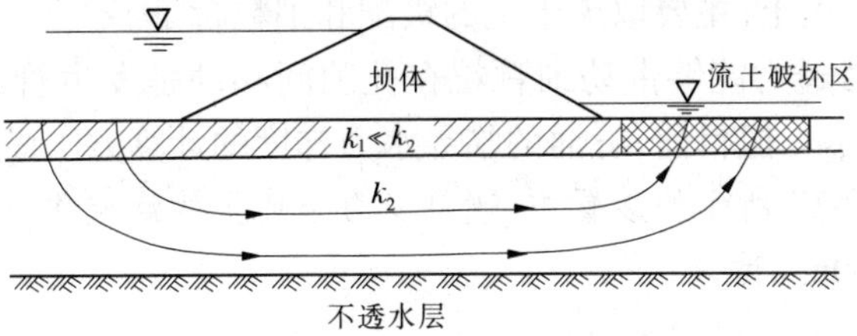

图 2-15　堤坝下游逸出处的流土破坏

管涌是指在渗透水流作用下,土中的细颗粒在粗颗粒形成的孔隙中移动并被带出的现象。随着细颗粒不断流失,土的孔隙不断扩大,渗流速度不断增大,较粗的颗粒也被水流带出,最终导致土体内形成贯通的渗流管道,如图 2-16 所示。可见,管涌破坏是一种渐近性质的破坏。管涌一般发生在一定级配的无黏性土中,发生的部位可以在渗流逸出处,也可以在土体内部。

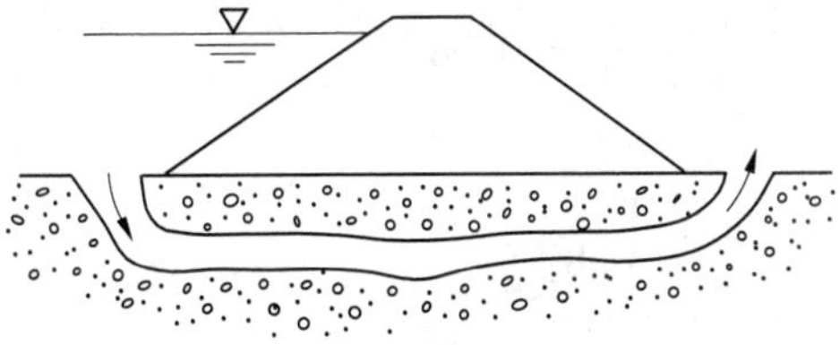

图 2-16　管涌示意图

(二)渗透变形类型的判别

土的渗透变形的发生和发展过程有其内因和外因。内因是土的颗粒组成和结构,即常说的几何条件;外因是水力条件,即作用于土体的渗透力的大小。

1. 流土可能性判别

在自下而上的渗流逸出处,任何土,包括黏性土和无黏性土,只要满足渗透梯度大于临界水力梯度这一水力条件,均会发生流土。因此,可以按照下列条件,判别流土的可能性:

若 $i < i_{cr}$,土体处于稳定状态;

若 $i = i_{cr}$,土体处于临界状态;

若 $i > i_{cr}$,土体处于流土状态。

由于流土将造成地基破坏、建筑物倒塌等灾害,工程设计上为了保证一定的安全系数,把逸出处渗透梯度限制在允许梯度$[i]$以内,即

$$i \leqslant [i] = i_{cr}/F_s$$

式中　F_s——流土安全系数。

2. 管涌可能性判别

土是否发生管涌,首先取决于土的性质,一般黏性土(分散性黏土除外)只会发生流土而不会发生管涌。无黏性土中发生管涌须具备两个条件:

(1)几何条件。土中粗颗粒所构成的孔隙直径必须大于细颗粒的直径,才能让细颗粒在其中移动。对于不均匀系数 $C_u<10$ 的较均匀土,颗粒粗细差不多,细颗粒不能在孔隙中移动,因此不可能发生管涌。对于 $C_u>10$ 的不均匀砂砾石土,大量试验证明,既可能发生管涌,也可能发生流土,主要取决于土的级配和细粒含量。

(2)水力条件。渗透力能够带动细颗粒在孔隙间移动是发生管涌的水力条件,可用管涌的水力梯度来表示。但目前,管涌的临界水力梯度的计算方法尚不成熟。

【例2-2】　在图2-17所示的装置中,砂样受自下而上的渗流作用,已知砂样厚度 $L=25$ cm,水头差 $h=20$ cm。试求:

(1)作用在砂样上渗透力的大小;

(2)若砂土的孔隙比为0.72,比重为2.68,该砂样是否会发生流砂现象;

(3)若砂样发生流砂,所需的最小水头差。

解:(1)作用在砂样上的渗透力为

$$j = \gamma_w i = \gamma_w \frac{h}{L} = 9.8 \times \frac{20}{25} = 7.84(\text{kN/m}^3)$$

(2)由已知得砂样的临界水力梯度为

$$i_{cr} = \frac{G_s - 1}{1 + e} = \frac{2.68 - 1}{1 + 0.72} = 0.98$$

而实际的水力梯度为

$$i = \frac{h}{L} = \frac{20}{25} = 0.8$$

因为 $i<i_{cr}$,所以不会发生流砂。

(3)若发生流砂,则需 $i=i_{cr}$,即

$$\frac{h_1}{L} = 0.98$$

$$h_1 = 0.98L = 0.98 \times 25 = 24.5(\text{cm})$$

所以,若要砂样发生流砂,最小水头差需为24.5 cm。

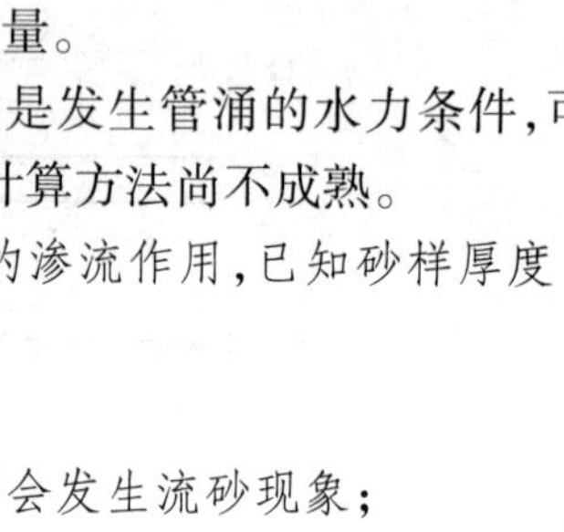

图2-17　例2-2图

习　题

2-1　图2-18所示为一简单的常水头渗透试验装置,试样的截面面积为120 cm^2,若经过10 s,由量筒测得流经试样的水量为150 cm^3,试问试样的渗透系数为多少?

2-2　如图2-19所示,有A、B、C三种土体,装在断面为10 cm×10 cm的方形管中,其渗透系数分别为 $k_A=2\times10^{-3}$ cm/s,$k_B=5\times10^{-3}$ cm/s,$k_C=5\times10^{-3}$ cm/s,问:

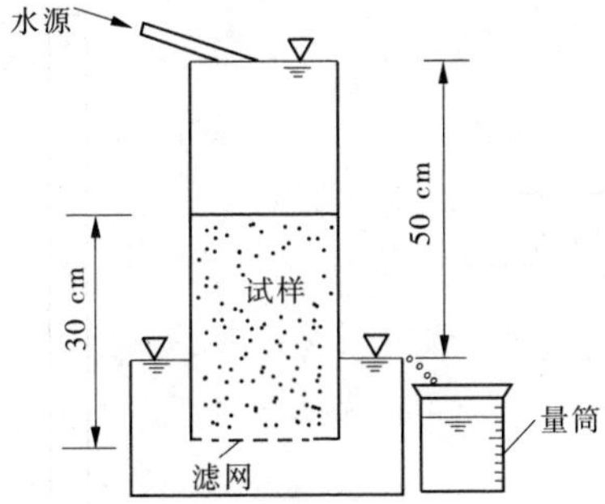

图 2-18　习题 2-1 附图

(1)渗流经过 A 土后的水头降落值 Δh；

(2)若要保持上下水头差 $h=35$ cm，需要每秒加多少水？

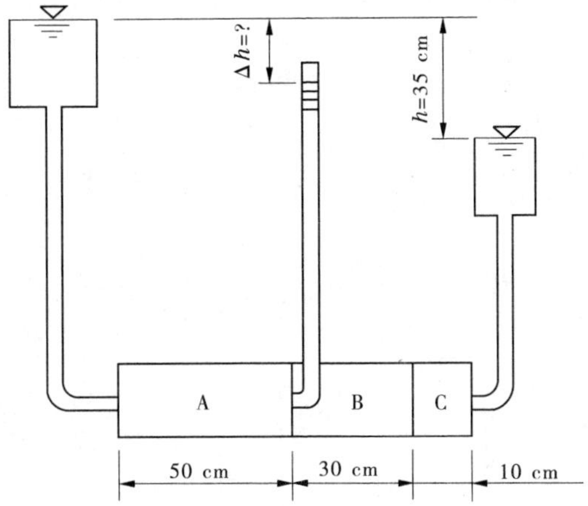

图 2-19　习题 2-2 附图

2-3　某细砂地基上开挖基坑时采用不透水的钢板桩支护，设开挖后基坑中的水位与基坑底面齐平，已知细砂的比重 $G_s=2.65$，孔隙比 $e=0.85$，地下水位位置如图 2-20 所示，试验算基坑底面的细砂是否可能发生流砂（流土的一种现象）？

2-4　某渗透试验装置如图 2-21 所示。砂Ⅰ的渗透系数为 2×10^{-2} cm/s，砂Ⅱ的渗透系数为 1×10^{-2} cm/s，砂样截面面积为 200 cm^2。试求：

(1)若砂Ⅰ与砂Ⅱ分界处安装一测压管，则测压管中水面将升至右端水面以上多高？

(2)砂Ⅰ与砂Ⅱ界面处的单位渗水量 q 多大？

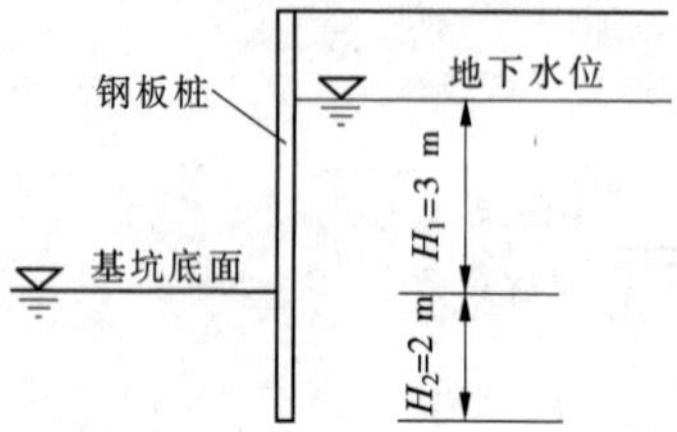

图 2-20　习题 2-3 附图

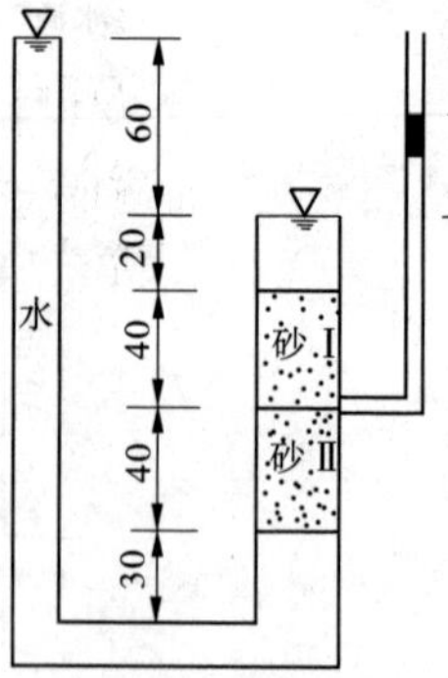

图 2-21　习题 2-4 附图　（单位:cm）

第三章　土体中的应力计算

第一节　概　述

地基土体可以承受外部荷载,同时因其自重较大,自身也是一种荷载,在荷载作用下土体内部产生应力和变形。应力计算的目的,一方面用于计算土体变形量,比如建筑物的沉降,另一方面用于验算土体的稳定。

支撑建(构)筑物荷载的土层称为地基。基础是指建筑底部与地基接触的承重构件,它的作用是把建筑上部的荷载传给地基,使地基产生应力和变形。土体中的应力是指在自重荷载及附加荷载作用下地基土体中的应力,按照起因可分为自重应力和附加应力;按土体中土骨架和土中孔隙(水、气)的应力承担或应力传递方式可分为有效应力和孔隙压力。对于饱和土体,孔隙压力就是孔隙水压力,简称孔压。

有效应力指的是由土骨架传递(或承担)的应力。之所以称为“有效”,是因为只有当土骨架承担应力以后,土体颗粒才会移动产生变形,同时提高了土体的强度。

孔隙压力指的是由土中孔隙水和气体传递(或承担)的应力。对于饱和土体而言,由于孔隙压力是通过土中孔隙水来传递的,因而它不会使土体产生变形,土体的强度也不会改变。根据受力状态,孔隙压力分为静孔隙压力和超静孔隙压力,孔隙压力与有效应力之和称为总应力,如保持总应力不变,有效应力和孔隙压力可以相互转化。

自重应力指的是由土体自身重量所产生的应力。自重应力是指土粒骨架承担的由土体自重引起的有效应力部分,一般情况下指的都是有效自重应力。

附加应力是指由外荷载(动荷载或静荷载)引起的土中应力。广义地讲,在土体原有应力之外新增加的应力都可以称为附加应力,它是地基土体产生变形和强度变化的主要原因。

一、应力应变关系的假定

真实土的应力应变关系是非常复杂的,目前在计算地基中的附加应力时,常把土当成线弹性体,即假定其应力与应变呈线性关系,服从广义虎克定律,从而可直接应用弹性理论得出应力的解析解。

(一)关于连续介质问题

弹性理论要求:受力体是连续介质。而土是由三相物质组成的碎散颗粒集合体,不是连续介质。为此,假设土体是连续体,从平均应力的概念出发,用一般材料力学的方法来定义土中的应力。

(二)关于线弹性体问题

理想弹性体的应力与应变呈正比直线关系,且应力卸除后变形可以完全恢复。土体则是弹塑性物质,它的应力应变关系是呈非线性的和弹塑性的,且应力卸除后,应变也不能完全恢复。为此,假设土的应力应变关系为直线,以便直接用弹性理论求土中的应力分布,但对沉降有特殊要求的建筑物,这种假设误差过大。

(三)关于均质、等向问题

理想弹性体应是均质的各向同性体。而天然地基往往是由成层土组成的,为非均质各向异性体。为此,进行假设,天然地基作为均质的各向同性体。

二、地基中的几种应力状态

计算地基应力时,一般将地基当作半无限空间弹性体来考虑,即把地基看做是一个具有水平界面、深度和广度都无限大的空间弹性体。

常见的地基中的应力状态有如下三种。

(一)三维应力状态

荷载作用下,地基中的应力状态均属三维应力状态。每一点的应力都是坐标 x、y、z 的函数,每一点的应力状态都有9个应力分量:σ_{xx},σ_{yy},σ_{zz},τ_{xy},τ_{yx},τ_{yz},τ_{zy},τ_{xz},τ_{zx},写成矩阵形式则为

$$\boldsymbol{\sigma}_{ij}=\begin{bmatrix}\sigma_{xx} & \tau_{xy} & \tau_{xz}\\ \tau_{yx} & \sigma_{yy} & \tau_{yz}\\ \tau_{zx} & \tau_{zy} & \sigma_{zz}\end{bmatrix}$$

根据剪应力互等原理,有 $\tau_{xy}=\tau_{yx}$,$\tau_{yz}=\tau_{zy}$,$\tau_{xz}=\tau_{zx}$,因此该单元体只有6个独立应力分量,即 σ_{xx},σ_{yy},σ_{zz},τ_{xy},τ_{xz},τ_{yz}。

(二)二维应变状态(平面应变状态)

二维应变状态是指地基中的每一点应力分量只是两个坐标(x,z)的函数,因为天然地面可看作一个平面,并且沿 y 方向的应变 $\varepsilon_y=0$,由于对称性,$\tau_{yx}=\tau_{yz}=0$,这时,每一点的应力状态有5个应力分量:σ_{xx},σ_{yy},σ_{zz},τ_{xz},τ_{zx}。应力矩阵可表示为

$$\boldsymbol{\sigma}_{ij}=\begin{bmatrix}\sigma_{xx} & 0 & \tau_{xz}\\ 0 & \sigma_{yy} & 0\\ \tau_{zx} & 0 & \sigma_{zz}\end{bmatrix}$$

(三)侧限应力状态

侧限应力状态是指侧向两个方向的应变为零的一种应力状态;土体只发生竖直向的变形。

由于任何竖直面都是对称面,故在任何竖直面和水平面上都不会有剪应力存在,即 $\tau_{xy}=\tau_{yz}=\tau_{zx}=0$,应力矩阵为

$$\boldsymbol{\sigma}_{ij}=\begin{bmatrix}\sigma_{xx} & 0 & 0\\ 0 & \sigma_{yy} & 0\\ 0 & 0 & \sigma_{zz}\end{bmatrix}$$

由 $\varepsilon_x=\varepsilon_y=0\Rightarrow\sigma_{xx}=\sigma_{yy}$,并与 σ_{zz}成正比。

三、土力学中应力符号的规定

在进行土中应力计算时,应力符号的规定法则与弹性力学相同,但正负与弹性力学相反。即当某一截面上的外法线是沿着坐标轴的正方向时,这个截面称为正面;正面上的应力分量以沿坐标轴正方向为负,沿坐标轴负方向为正。

第二节　有效应力原理

计算土中应力的目的是研究土体受力后的变形和强度问题,但是土的体积变化和强度大小并不是直接取决于土体所受的全部应力(以下称为总应力)。这是因为土是一种由三相物质构成的碎散材料,受力后存在着:①外力如何由三种成分分担?②它们是如何传递与相互转化的?③它们和材料的变形与强度有什么关系等问题。太沙基(Terzaghi K)在1923年发现并研究了这些问题,提出了土力学中最重要的饱和土体的有效应力原理和固结理论(详见第四章),可以说,有效应力原理的提出和应用阐明了多孔碎散颗粒材料与连续固体材料在应力应变关系上的重大区别,是使土力学成为一门独立学科的重要标志。

一、饱和土中的两种应力

饱和土是由固体颗粒构成的骨架和充满其间的水组成的两相体。所谓土骨架,是土体中相互接触的固体颗粒所形成的构架,它可以传递力,并具有土体的全部体积和全部截面面积。当外力作用于土体后,一部分由土骨架承担,并通过颗粒之间的接触面进行力的传递,称为粒间力:另一部分则由孔隙中的水来承担,水虽然不能承担剪应力,但却能承受各向等压的法向应力,并且可以通过连通的孔隙水传递,这部分水压力称为孔隙水压力。有效应力原理就是研究饱和土中这两种应力的不同性质和它们与总应力的关系。

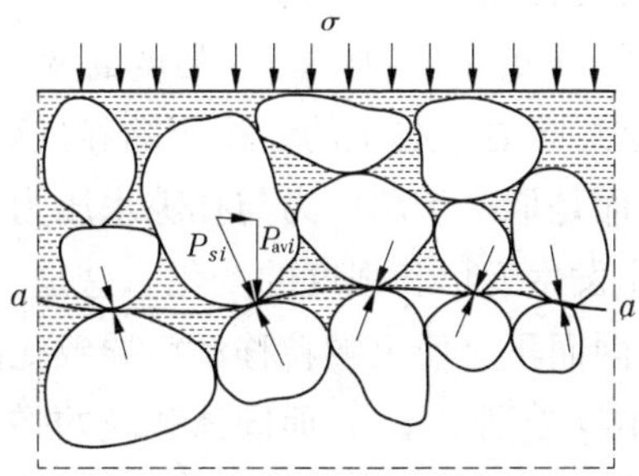

图3-1　有效应力概念

图3-1表示饱和土体中某一放大了的横截面 $a—a$,总水平投影面积为 A,假设 $a—a$ 面都通过了土颗粒的接触点。由于颗粒所有接触点的面积在水平面上的投影之和 A_s 很小,故面积 A 中绝大部分都是孔隙水所占据的面积 A_w($A_w = A - A_s$)。若在该截面每单位水平投影面积上作用有竖直总应力 σ,则在 $a—a$ 面上的孔隙水处将作用有孔隙水压力 u,在第 i 个颗粒接触处将存在粒间作用力 P_{si}。P_{si} 的大小和方向都是随机的,现将其分解为竖直向和水平向两个分力,竖直向分力为 P_{svi},而当颗粒接触点足够多时,其水平分力之和为0。设共有 n 个接触点,考虑 $a—a$ 面的竖向力平衡可知

$$\sigma A = \sum_{i=1}^{n} P_{svi} + uA_w$$

两边均除以面积 A,则

$$\sigma = \frac{\sum_{i=1}^{n} P_{svi}}{A} + u\frac{A_w}{A} \tag{3-1}$$

式中,右端第一项 $\frac{\sum_{i=1}^{n} P_{svi}}{A}$ 为全部粒间作用力的竖向分量之和除以水平投影面积 A,它代表全面积 A 上土骨架的平均竖直向应力,并定义有效应力,习惯上用 σ' 表示。右端第二项中的 A_w/A,根据研究颗粒接触点面积 A_s 一般不超过 $0.03A$,故 $A_w/A \sim 1$。由此,式(3-1)可简化为

$$\sigma = \sigma' + u \tag{3-2}$$

式中　σ——作用在饱和土中任意面上的总应力;

σ'——有效应力,作用于同一平面的土骨架上;

u——孔隙水压力,作用于同一平面的孔隙水上。

这就是土力学中著名的有效应力原理表达式。可见所谓有效应力,是由土颗粒接触点传递的应力,它是由土骨架承担的,是单位面积土骨架(亦即单位面积土体)上所有颗粒的接触力在总应力 σ 方向上的分量之和。可见,有效应力是一个虚拟的应力,是很多力之和被总面积除。

二、有效应力原理

有效应力原理主要内容可归纳为如下两点:

(1)饱和土体内任一平面上受到的总应力可分为由土骨架承受的有效应力和由孔隙水承受的孔隙水压力两部分,二者间关系总是满足式(3-2)。

(2)土的变形(压缩)与强度的变化都只取决于有效应力的变化。

这意味着引起土的体积压缩和抗剪强度变化的原因,并不取决于作用在土体上的总应力,而是取决于总应力与孔隙水压力之间的差值——有效应力。孔隙水压力本身并不能使土发生变形和强度的变化。这是因为水压力各方向相等,均衡地作用于每个土颗粒周围,因而不会使土颗粒移动而导致孔隙体积变化。它除使土颗粒受到浮力外,只能使土颗粒本身受到水压力,而固体颗粒的弹性模量 E 很大,本身的压缩可以忽略不计。另外,水不能承受剪应力,因此孔隙水压力自身的变化也不会引起土的抗剪强度的变化(有关土的抗剪强度将在第五章中阐述),正因为如此,孔隙水压力也被称为中性应力。但值得注意的是,当总应力 σ 保持常数时,孔压 u 发生变化将直接引起有效应力 σ' 发生变化,从而使土体的体积和强度发生变化。

第三节　自重应力

自重应力是由地基土体本身的有效重量而产生的。研究地基的自重应力是为了确定地基土体的初始应力状态。计算地基中的自重应力时，一般将地基作为半无限弹性体来考虑，由半无限体的边界条件可知，地基中的自重应力状态属于侧限应力状态，其内部任一水平面和垂直面上，均只有正应力而无剪应力，即 σ_{cz}，$\sigma_{cx}=\sigma_{cy}$，而剪应力 $\tau_{xy}=\tau_{yz}=\tau_{zx}=0$。

一、竖向自重应力 σ_{cz}

设地基中某单元距地面的距离为 z，如图 3-2 所示，土的重度为 γ，则该单元上的竖向自重应力等于其单位面积上土柱的有效重量，即

$$\sigma_{cz}=\gamma z \tag{3-3}$$

单位以 kPa 计。

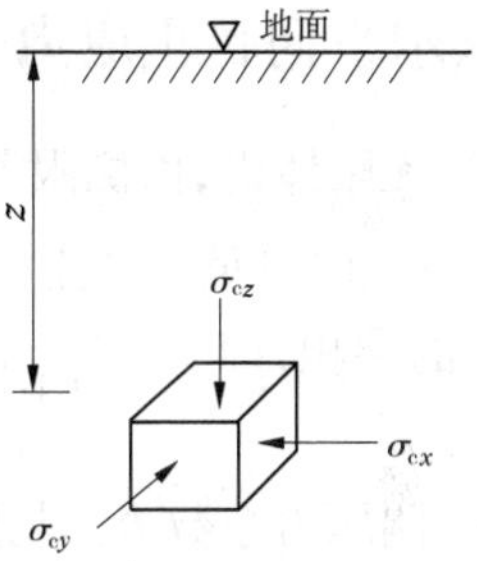

图 3-2　均质土中自重应力计算

从式(3-3)很容易得出，竖向自重应力随深度的增加而加大。在均质地基中，竖向自重应力沿某一铅垂线上的分布是一条向下倾斜的直线，如图 3-3 所示。

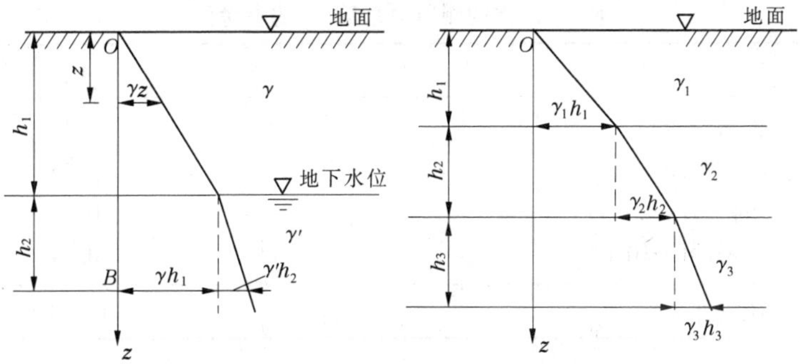

(a)均质含水层地基　(b)成层土地基

图 3-3　地基土体中自重应力分布图

若计算点在地下水位以下，由于水对土体有浮力作用，水下部分土柱的有效重量应采用土的浮重度 γ' 计算。如图 3-3(a)中位于地下水位以下的某点，在水位以下深度为 h_2，其竖向自重应力为

$$\sigma_{cz}=\gamma h_1+\gamma' h_2 \tag{3-4}$$

式中，浮重度为

$$\gamma'=\gamma_{sat}-\gamma_w \tag{3-5}$$

分析式(3-4)可知，自重应力的分布仍为直线，在地下水位处发生转折，分布图见图 3-3(a)。

当地基是由几种不同重度的土层组成时，如图 3-3(b)所示，则任意深度 z 处的自重

应力为

$$\sigma_{cz} = \gamma_1 h_1 + \gamma_2 h_2 + \cdots = \sum_{i=1}^{n} \gamma_i h_i \tag{3-6}$$

式中 n——地基中土的层数；

γ_i——第 i 层土的重度，kN/m^3；

h_i——第 i 层土的厚度，m。

成层土地基自重应力沿铅垂线的分布图见图 3-3(b)，它是一条折线，其转折点位于各不同重度土层的分界面上。

二、水平向自重应力 σ_{cx}，σ_{cy}

在半无限体内，由侧限条件可知，土不可能发生侧向变形($\varepsilon_x = \varepsilon_y = 0$)，在地面以下深度 z 处，由土的自重而产生的水平向应力，大小等于该点土的竖向自重应力与土的侧压力系数 K_0 的乘积，即

$$\sigma_{cx} = \sigma_{cy} = K_0 \sigma_{cz} \tag{3-7}$$

土的侧压力系数 K_0 是指土体在无侧向变形条件下，水平向有效应力与垂直向有效应力的比值，亦称静止土压力系数。土质不同，侧压力系数也不同，具体数值可由试验测定，$K_0 = \mu/(1-\mu)$，μ 是土的泊松比。K_0 与土层应力历史及土的类型有关。当无试验资料时，表 3-1 为某些土的侧压力系数 K_0 的参考值。

表 3-1 土的侧压力系数 K_0 的参考值

土的种类	K_0
饱和松砂	0.46
饱和密砂	0.36
干松砂($e=0.8$)	0.64
干密砂($e=0.6$)	0.49
压密性黏土	0.42~0.66

在实际工程中，人们多关心的是竖向自重应力，故通常说的自重应力即指竖向自重应力。

三、稳定渗流下自重应力的计算

由于在稳定渗流中，孔隙水压力不随时间变化，所以这时土中的孔隙水压力也属于静孔隙水压力。现在分析当土中发生向上或向下的稳定渗流时，土中孔隙水压力和自重应力的计算。图 3-4(a)为厚度 H 的饱和黏土层，上层地下水位位于黏性土的表面，下面为砂层，砂层中有承压水，在黏性土层与砂层的层界面 A 处安装一测压管，得知稳定水位高出黏性土层面 Δh，所以黏性土层中将有向上的稳定渗流发生。试计算 A 点 z 方向的 σ_z、u、σ_z'。

土体受力分析中，取隔离体有两种方法，一种是以土－水整体作为隔离体，另一种是

以土骨架作为隔离体。这里可以按两种方法分别进行分析。

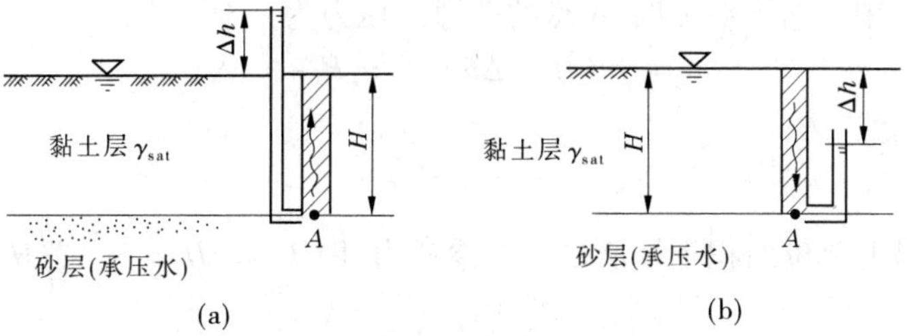

图 3-4　稳定渗流情况下的 u、σ' 计算

(一)取土－水整体为隔离体

A 点的总应力 σ_z 就是 A 点处单位面积上饱和土柱的总重量,故

$$\sigma_z = \gamma_{sat}H \tag{3-8a}$$

A 点处的孔隙水压力 u 为

$$u = \gamma_w(H + \Delta h) = \gamma_w H + \gamma_w \Delta h \tag{3-8b}$$

故 A 点处的有效应力 σ_z',亦即自重应力 σ_{cz} 为

$$\begin{aligned}\sigma_{cz} &= \sigma_z' = \sigma_z - u = \gamma_{sat}H - \gamma_w(H + \Delta h) = H(\gamma_{sat} - \gamma_w) - \gamma_w\Delta h \\ &= \gamma' H - \gamma_w \Delta h\end{aligned} \tag{3-8c}$$

将上述结果与静水条件下的 σ_z'、u 相比较可知,在发生向上渗流时,孔隙水压力 u 增加了 $\gamma_w\Delta h$,有效应力则相应减少了 $\gamma_w\Delta h$。

如果发生向下渗流,如图 3-4(b)所示,Δh 为承压水低于地面的高度,但黏土层地下水位与地面齐平,这时 A 点的总应力不变,仍为

$$\sigma_z = \gamma_{sat}H \tag{3-9a}$$

A 点处的孔隙水压力 u 为

$$u = \gamma_w(H - \Delta h) = \gamma_w H - \gamma_w\Delta h \tag{3-9b}$$

故 A 点处的有效应力 σ_z',亦即自重应力 σ_{cz} 为

$$\sigma_{cz} = \sigma_z' = \gamma_{sat}H - \gamma_w H + \gamma_w\Delta h = \gamma' H + \gamma_w\Delta h \tag{3-9c}$$

将式(3-9c)与静水条件下的 σ_z' 相比较可以看出,向下渗流将使自重应力增加。

(二)取土骨架为隔离体

在图 3-4(a)中向上渗流时,A 点处的孔隙水压力为

$$u = \gamma_w(H + \Delta h) = \gamma_w H + \gamma_w\Delta h$$

A 点处的有效应力为

$$\sigma_{cz} = \sigma_z' = \gamma' H + J_A$$

J_A 为 A 点以上单位面积土柱所受的总渗透力,如果体积力以向下为正,则在 A 点 $j = \gamma_w \dfrac{\Delta h}{H}$, $J_A = jH = \gamma_w \dfrac{\Delta h}{H} H = \gamma_w\Delta h$,所以

$$\sigma_z' = \gamma' H - \gamma_w\Delta h$$

故 A 点的总应力 σ_z 为

$$\sigma_z = \sigma_z' + u = \gamma' H - \gamma_w\Delta h + \gamma_w(H + \Delta h) = \gamma_{sat}H$$

可见,取土骨架为隔离体与取土 - 水整体为隔离体结果完全一致。

在图 3-4(b)中的向下渗流时,A 点的孔隙水压力为

$$u = \gamma_w (H - \Delta h) = \gamma_w H - \gamma_w \Delta h$$

A 点的有效应力为

$$\sigma'_z = \gamma' H + J_A$$

J_A 为 A 点以上单位面积土柱所受的总渗透力,即 $J_A = jH = \gamma_w \dfrac{\Delta h}{H} H = \gamma_w \Delta h$,故

$$\sigma'_z = \gamma' H + \gamma_w \Delta h$$

A 点的总应力则为

$$\sigma_z = \sigma'_z + u = \gamma' H + \gamma_w \Delta h + \gamma_w (H - \Delta h) = \gamma_{sat} H$$

这也同样表明与取土 - 水整体为隔离体的计算结果完全一致。一般讲,取土 - 水整体为隔离体,先计算总自重应力和孔隙水压力,再计算有效自重应力更为简明。

应当指出,上述竖向渗流情况是指天然地基中存在多层地下水,其地下水分布处于长期、稳定的自然状态,这时的有效应力才属于自重应力。如果由于人工抽水等造成地下水下降,使地基土的有效应力增加,发生土体压缩,地面沉降的期间,这种增加的竖向有效应力就属于荷载或附加应力了。

第四节　基底压力与基底附加压力

建筑系统由上部结构、基础及地基土三部分组成。基础是上部结构与地基土的连接部分,建筑物荷载传到基础上,基础再把这一荷载传给地基土,产生了基础与地基土之间的基底压力。换句话说,基底压力既是基础对地基的作用力也是地基对基础的反作用力。基底附加压力是指基底压力扣除因基础埋深所开挖土的自重应力之后,在基底处施加于地基上的单位面积压力,亦称基底净压力,是引起地基中附加应力的作用于基底表面的荷载。

一、基底压力的分布特征

基底压力的分布受多种因素影响,包括上部建筑物的刚度、尺寸和大小,基础性质,埋深和土的性质。而基础性质对基底压力的分布起重要作用。这里只讨论基础性质对基底压力分布的影响。

(一)柔性基础

实测资料表明,对于刚度很小的基础和柔性基础,由于它能够适应地基土的变形,所以基底压力的分布与作用在基础上的荷载分布完全一致,荷载均布时,基底压力(常用基底反力形式表示,下同)也将是均布的,如图 3-5(a)所示。当荷载为梯形分布时,基底压力也为梯形分布,如图 3-5(b)所示。实际工程中并没有完全柔性基础,常把土坝等视为柔性基础,因此在计算土坝底部的接触压力分布时,可认为与土坝的外形轮廓相同,其大小等于各点以上的土柱重量,如图 3-5(b)所示,与梯形荷载时的基底压力分布相同。

(二)刚性基础

一些刚度很大不能适应地基变形的基础可视为刚性基础。对于刚性基础而言,基底

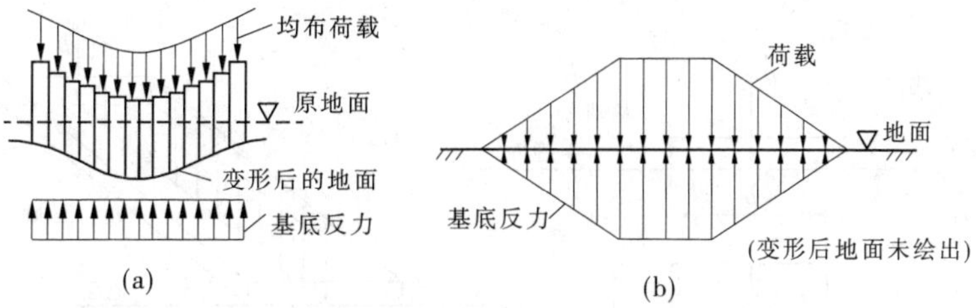

图 3-5　柔性基础基底压力分布

压力的分布形式与作用在它上面的荷载分布形式不相一致。

实测资料表明,刚性基础底面上的压力,在外荷载较小时,接近弹性理论解,分布形状如图 3-6(a)所示;荷载增大后,基底压力呈马鞍形,如图 3-6(b)所示。当荷载继续增大时,基底压力分布变为抛物线,如图 3-6(c)所示。

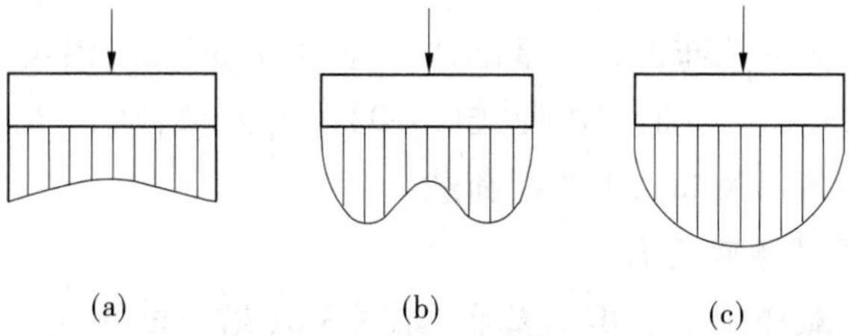

图 3-6　实测刚性基础底面上的压力分布

综上所述,基底压力的分布形式十分复杂,但由于基底压力都是作用在地表面附近,根据弹性理论圣维南原理,其具体分布形式对地基中应力计算的影响将随深度的增加而减小,至一定深度后,地基中应力分布几乎与基底压力的分布形状无关,而只取决于荷载合力的大小和位置。因此,目前在地基计算中,常采用材料力学的简化方法,即假定基底压力按直线分布。由此引起的误差在工程计算中是允许的,也是工程中经常采用的计算方法。下面将应用这一假定计算基底压力。

二、基底压力的简化计算

(一)中心荷载下的基底压力

中心荷载作用下的基础上,上部结构荷载 F 与基础自重 G 的合力 P 通过基底形心,基底压力为均匀分布,如图 3-7 所示。基底压力用如下公式表示:

$$p = \frac{F+G}{lb} = \frac{P}{A} \quad (\text{kPa}) \tag{3-10}$$

式中 P——上部结构荷载 F 与基础自重 G 的合力;

F——上部结构传至设计地面的荷载;

G——基础与其上回填土的总重,$G=\gamma_G Ad$,γ_G 为基础与回填土的平均重度(一般取 20 kN/m^3),d 为基础埋深(以设计地面起算);

A——基础底面面积,对于矩形基底,$A=lb$,l 和 b 分别为基底面积的长度和宽度。

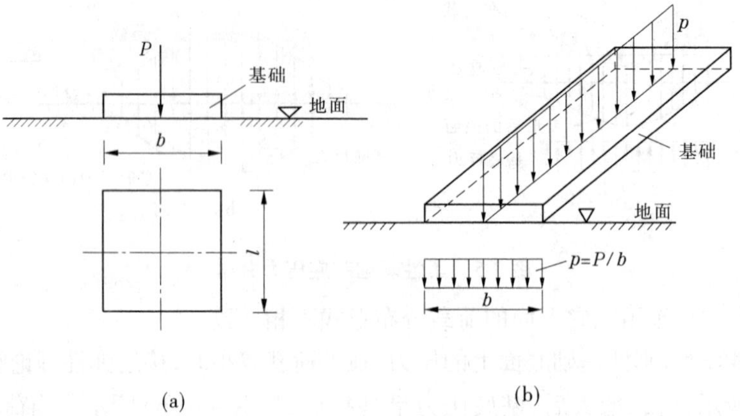

图 3-7　中心荷载基底压力分布

对于荷载沿长度方向均布的条形基础,则应视为平面问题,沿长度方向截取一单位长度(1 延米)计算基底压力。此时只需使式(3-10)中的 $l=1$,则 $A=b$,同时,F 和 G 对应地取单位长度内的相应值(kN/m),即为线荷载。

(二)偏心荷载下的基底压力

对于单向偏心荷载作用下的矩形基底,如图 3-8(a)、(b)所示。为增加基础抗倾稳定,常将基底长边取与偏心方向一致。两端边缘最大压力 p_{max} 与最小压力 p_{min} 可按材料力学偏心受压公式计算,即

$$p_{\substack{max \\ min}} = \frac{F+G}{lb} \pm \frac{M}{W} \tag{3-11}$$

式中　M——作用于矩形基底的力矩;

W——矩形基底面的抗弯截面系数,$W=bl^2/6$。

引用荷载偏心距 $e=M/P$,则式(3-11)成为

$$p_{\substack{max \\ min}} = \frac{P}{lb}\left(1 \pm \frac{6e}{l}\right) \tag{3-12}$$

在这种条件下,根据材料力学知识,基底压力随偏心距 e 而变化。

当偏心距小于 $l/6$ 时,基底压力呈梯形分布,p_{max} 和 p_{min} 均为正值,如图 3-8(c)所示。

当偏心距等于 $l/6$ 时,基底压力呈三角形分布,如图 3-8(d)所示。

当偏心距大于 $l/6$ 时,p_{min} 是负值,如图 3-8(e)所示。这种情况在设计中应尽量避免,但有时高耸结构物下的基底压力可能出现此种情况。实际上在土与基础之间不可能存在拉力,故基础底面下的压力将重新分布。根据基底压力与偏心荷载相平衡的条件,三角形反力分布图如图 3-8(e)中的实线所示的形心应在 $F+G$ 的合力 P 作用线上,由此可计算基础边缘的最大压力 p_{max} 为

$$p_{max} = \frac{2P}{3kb} \tag{3-13}$$

式中　k——单向偏心荷载作用点至具有最大压力的基底边缘的距离,$k=l/2-e$。

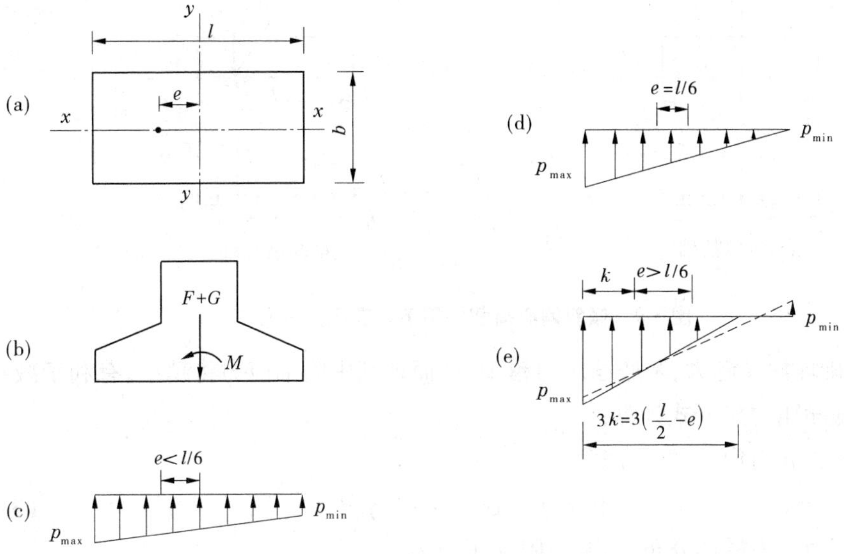

图 3-8　单向偏心荷载作用下矩形基础基底压力分布

若条形基础受偏心荷载作用,同样可在长度方向取 1 m 计算,则基底宽度方向两端的压力为

$$p_{\min}^{\max} = \frac{P}{b}\left(1 \pm \frac{6e}{b}\right) \tag{3-14}$$

式中　P——沿长度方向取 1 m,作用于基础上的总荷载。

(三)倾斜荷载作用下的基底压力

工程实际中,承受水压力或侧向土压力的建筑物,基础常常受到倾斜荷载的作用,如图 3-9所示。倾斜荷载除引起竖直向基底压力外,还会引起水平向应力。计算时,可将斜向荷载 R 分解为竖直向荷载 P_v 和水平向荷载 P_h,其中 $P_v = R\cos\beta, P_h = R\sin\beta$。$\beta$ 为倾斜荷载与竖向线之间的夹角,如图 3-9 所示。由 R 引起的基底水平应力一般假定为均匀分布于整个基础底面,故对于矩形基础:

$$p_h = \frac{P_h}{A} = \frac{P_h}{lb} \tag{3-15}$$

对于条形基础:

$$p_h = \frac{P_h}{b} \tag{3-16}$$

式中符号意义同前。

(四)基底附加压力——基底净压力

建筑物在建造前,地基土的自重应力早已存在,一般的天然地基在自重应力作用下地基变形早已完成,而只有建筑物荷载引起的地基中附加应力才能导致地基发生新的变形,实际工程中,基础总是埋置在天然地面以下一定的深度,势必要进行基坑开挖,这样就意味着加了一个负荷载。因此,计算基底净压力时,应在基底压力中扣除基底标高处原有土的自重应力,才是基础底面下真正施加于地基的压力,称为基底附加压力或基底净压力

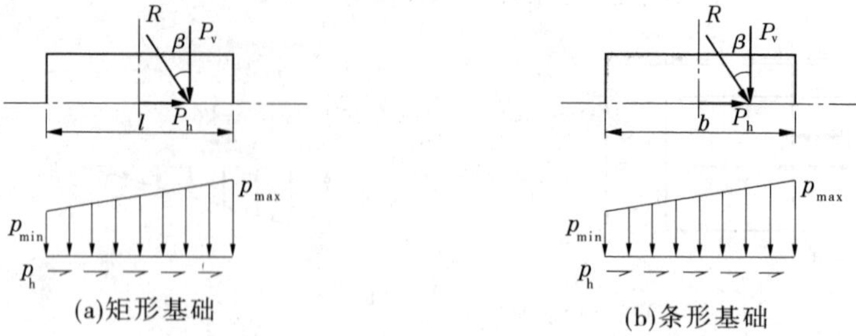

图 3-9　倾斜偏心荷载作用下基底压力分布

p_n。显然,基础埋深 d 越大,基底净压力越小,从而地基中附加应力将越小,有利于减小基础沉降。基底净压力按下式计算:

当基底压力 p 为均布时,基底附加压力为

$$p_n = p - \sigma_{cz} = p - \gamma_0 d \tag{3-17}$$

当基底压力 p 为梯形分布时,基底附加压力为

$$(p_n)_{max} = p_{max} - \gamma_0 d$$

$$(p_n)_{min} = p_{min} - \gamma_0 d$$

将其分为均布和三角形分布两部分,可得

$$\left.\begin{aligned} p_n &= p_{min} - \gamma_0 d \\ p_t &= p_{max} - p_{min} \end{aligned}\right\} \tag{3-18}$$

式中　γ_0——基础底面以上天然土层平均重度;

d——从天然地面起算的基础埋深(基坑深度);

p_n——基底附加压力(均布部分);

p_t——三角形分布部分的最大一侧边缘的基底附加压力值。

第五节　地基中的附加应力计算

地基附加应力是指建筑物荷载在土体中引起的附加于原有自重应力之上的应力。其计算方法一般假定地基土是各向同性的、均质的线性变形体,而且在深度和水平方向上都是无限延伸的,即把地基看成是均质的线性变形半无限空间体,这样就可以直接采用弹性力学中关于弹性半空间的理论解答。

按照弹性力学,地基附加应力计算分为空间问题和平面问题两类。本节先介绍属于空间问题的集中力、矩形荷载和圆形荷载作用下的解答,然后介绍属于平面问题的线荷载和条形荷载作用下的解答。

一、竖向集中力作用下的附加应力

在弹性半空间表面上作用一个竖向集中力时,半空间内任意点处所引起的应力和位

移的弹性力学解答是由法国布辛奈斯克(J. Boussinesq,1885)做出的。如图 3-10 所示,在

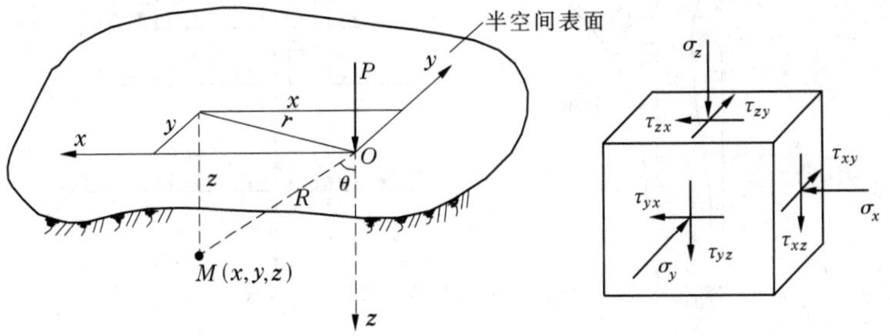

(a)半空间受力体系 (b)M点处的微单元体

图 3-10 竖向集中力作用下地基中一点附加应力状态

半空间中任一点 $M(x,y,z)$ 处的六个应力分量的解答如下:

$$\left.\begin{aligned}
\sigma_z &= \frac{3P}{2\pi}\frac{z^3}{R^5} = \frac{3P}{2\pi R^2}\cos^3\theta \\
\sigma_y &= \frac{3P}{2\pi}\left\{\frac{y^2 z}{R^5} + \frac{1-2\mu}{3}\left[\frac{1}{R(R+z)} - \frac{(2R+z)y^2}{(R+z)^2R^3} - \frac{z}{R^3}\right]\right\} \\
\sigma_x &= \frac{3P}{2\pi}\left\{\frac{x^2 z}{R^5} + \frac{1-2\mu}{3}\left[\frac{1}{R(R+z)} - \frac{(2R+z)x^2}{(R+z)^2R^3} - \frac{z}{R^3}\right]\right\} \\
\tau_{xy} &= \tau_{yx} = \frac{3P}{2\pi}\left[\frac{xyz}{R^5} - \frac{1-2\mu}{3}\frac{(2R+z)xy}{(R+z)^2R^3}\right] \\
\tau_{zy} &= \tau_{yz} = \frac{3P}{2\pi}\frac{yz^2}{R^5} \\
\tau_{zx} &= \tau_{xz} = \frac{3P}{2\pi}\frac{xz^2}{R^5}
\end{aligned}\right\} \tag{3-19}$$

式(3-19)即为著名的 J. Boussinesq 解答。这是求解地基中附加应力的基本公式。

在上述六个应力分量中,对地基沉降意义最大的是竖向应力分量。下面主要讨论竖向应力的计算及其分布规律。

利用图 3-10 中的几何关系 $R^2 = r^2 + z^2$,式(3-19)中的第一式可以改写成下列形式:

$$\sigma_z = \frac{3P}{2\pi}\frac{z^3}{R^5} = \frac{3}{2\pi}\frac{1}{\left[1+\left(\frac{r}{z}\right)^2\right]^{5/2}}\frac{P}{z^2} = K\frac{P}{z^2} \tag{3-20}$$

$$K = \frac{3}{2\pi}\frac{1}{\left[1+\left(\frac{r}{z}\right)^2\right]^{5/2}}$$

式中 K——竖向集中力作用下的附加应力分布系数,无因次,是 r/z 的函数。

由式(3-20)可知,在集中力作用线上,附加应力 σ_z 随着深度 z 的增加而递减,离集中力作用线某一距离 r 时,在地表面的附加应力 σ_z 为零,随着深度的增加,σ_z 逐渐递增,但到某一深度后,σ_z 又随深度 z 的增加而减小,如图 3-11(a)所示;在某一深度 z 处,在同一水平面上,附加应力 σ_z 随着 r 的增大而减小,如图 3-11(b)所示。

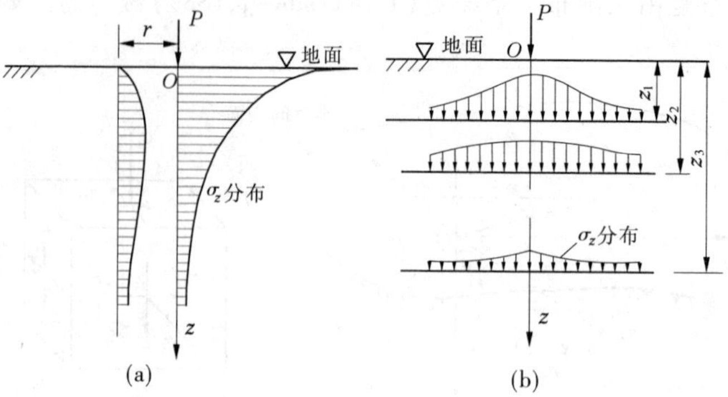

图 3-11　集中力作用下土中附加应力分布

当地基表面作用有几个集中力时,可分别算出各集中力在地基中引起的附加应力,然后根据弹性力学的应力叠加原理求出附加应力的总和。

二、空间问题条件下的地基附加应力

任何建筑物都要通过一定尺寸的基础把荷载传给地基。基础的形状和基础底面上的压力分布各不相同,但都可以利用前述集中荷载引起的应力计算方法和弹性体中的应力叠加原理,计算地基内任意点的附加应力。矩形基础是最常用的基础,以下讨论矩形分布荷载在地基中引起的附加应力计算。

(一)矩形基底受竖直均布荷载作用时角点下的附加应力

地基内各角点下的附加应力,是指图 3-12(a)中 O、A、C、D 四个角点下任意深度的应力。只要深度相同,则四个角点下的应力即相同。将坐标原点取在角点 O 上,在荷载面积内任取微分面积 $\mathrm{d}A=\mathrm{d}x\mathrm{d}y$,并将其上作用的荷载以 $\mathrm{d}P$ 代替,则 $\mathrm{d}P=p\mathrm{d}A=p\mathrm{d}x\mathrm{d}y$。利用式(3-20)可求出该集中力在角点 O 以下深度 z 处 M 点所引起的竖直向附加应力:

$$\mathrm{d}\sigma_z=\frac{3\mathrm{d}P}{2\pi}\frac{z^3}{R^5}=\frac{3p}{2\pi}\frac{z^3}{(x^2+y^2+z^2)^{5/2}}\mathrm{d}x\mathrm{d}y \tag{3-21}$$

将式(3-21)沿整个矩形面积 $OACD$ 积分,即可得矩形面积上竖直均布荷载 p 在 M 点引起的附加应力:

$$\begin{aligned}\sigma_z&=\int_0^l\int_0^b\frac{3p}{2\pi}\frac{z^3}{(x^2+y^2+z^2)^{5/2}}\mathrm{d}x\mathrm{d}y\\&=\frac{p}{2\pi}\left[\arctan\frac{m}{n\sqrt{1+m^2+n^2}}+\frac{mn}{\sqrt{1+m^2+n^2}}\left(\frac{1}{m^2+n^2}+\frac{1}{1+n^2}\right)\right]\\&=K_\mathrm{s}p\end{aligned} \tag{3-22}$$

式中,$m=l/b$,$n=z/b$,l 为矩形的长边,b 为矩形的短边;K_s 为矩形基底受竖直均布荷载作用时角点下的附加应力系数,$K_\mathrm{s}=f(m,n)$,其值可从表 3-2 中查得。

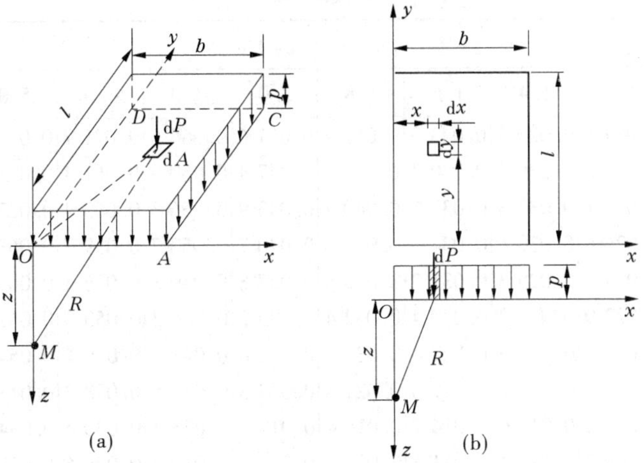

图 3-12 矩形基底受竖直均布荷载作用时角点下的应力分布

表 3-2 矩形基底受竖直均布荷载作用时角点下的附加应力系数 K_s

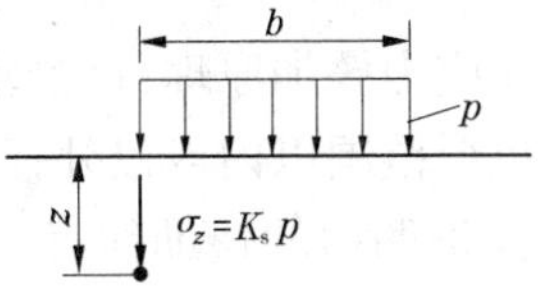

$n=z/b$	$m=l/b$										
	1.0	1.2	1.4	1.6	1.8	2.0	3.0	4.0	5.0	6.0	10.0
0.0	0.250 0	0.250 0	0.250 0	0.250 0	0.250 0	0.250 0	0.250 0	0.250 0	0.250 0	0.250 0	0.250 0
0.2	0.248 6	0.248 9	0.249 0	0.249 1	0.249 1	0.249 1	0.249 2	0.249 2	0.249 2	0.249 2	0.249 2
0.4	0.240 1	0.242 0	0.242 9	0.243 4	0.243 7	0.243 9	0.244 2	0.244 3	0.244 3	0.244 3	0.244 3
0.6	0.222 9	0.227 5	0.230 0	0.231 5	0.232 4	0.232 9	0.233 9	0.234 1	0.234 2	0.234 2	0.234 2
0.8	0.199 9	0.207 5	0.212 0	0.214 7	0.216 5	0.217 6	0.219 6	0.220 0	0.220 2	0.220 2	0.220 2
1.0	0.175 2	0.185 1	0.191 1	0.195 5	0.198 1	0.199 9	0.203 4	0.204 2	0.204 4	0.204 5	0.204 6
1.2	0.151 6	0.162 6	0.170 5	0.175 8	0.179 3	0.181 8	0.187 0	0.188 2	0.188 5	0.188 7	0.188 8
1.4	0.130 8	0.142 3	0.150 8	0.156 9	0.161 4	0.164 4	0.171 2	0.173 0	0.173 5	0.173 8	0.174 0
1.6	0.112 3	0.124 1	0.132 9	0.143 6	0.144 5	0.148 2	0.156 7	0.159 0	0.159 8	0.160 1	0.160 4
1.8	0.096 9	0.108 3	0.117 2	0.124 1	0.129 4	0.133 4	0.143 4	0.146 3	0.147 4	0.147 8	0.148 2
2.0	0.084 0	0.094 7	0.103 4	0.110 3	0.115 8	0.120 2	0.131 4	0.135 0	0.136 3	0.136 8	0.137 4
2.2	0.073 2	0.083 2	0.091 7	0.098 4	0.103 9	0.108 4	0.120 5	0.124 8	0.126 4	0.127 1	0.127 7
2.4	0.064 2	0.073 4	0.081 2	0.087 9	0.093 4	0.097 9	0.110 8	0.115 6	0.117 5	0.118 4	0.119 2
2.6	0.056 6	0.065 1	0.072 5	0.078 8	0.084 2	0.088 7	0.102 0	0.107 3	0.109 5	0.110 6	0.111 6
2.8	0.050 2	0.058 0	0.064 9	0.070 9	0.076 1	0.080 5	0.094 2	0.099 9	0.102 4	0.103 6	0.104 8
3.0	0.044 7	0.051 9	0.058 3	0.064 0	0.069 0	0.073 2	0.087 0	0.093 1	0.095 9	0.097 3	0.098 7
3.2	0.040 1	0.046 7	0.052 6	0.058 0	0.062 7	0.066 8	0.080 6	0.087 0	0.090 0	0.091 6	0.093 3
3.4	0.036 1	0.042 1	0.047 7	0.052 7	0.057 1	0.061 1	0.074 7	0.081 4	0.084 7	0.086 4	0.088 2
3.6	0.032 6	0.038 2	0.043 3	0.048 0	0.052 3	0.056 1	0.069 4	0.076 3	0.079 9	0.081 6	0.083 7

续表 3-2

$n=z/b$	$m=l/b$										
	1.0	1.2	1.4	1.6	1.8	2.0	3.0	4.0	5.0	6.0	10.0
3.8	0.029 6	0.034 8	0.039 5	0.043 9	0.047 9	0.051 6	0.064 5	0.071 7	0.075 3	0.077 3	0.079 6
4.0	0.027 0	0.031 8	0.036 2	0.040 3	0.044 1	0.047 4	0.060 3	0.067 4	0.071 2	0.073 3	0.075 8
4.2	0.024 7	0.029 1	0.033 3	0.037 1	0.040 7	0.043 9	0.056 3	0.063 4	0.067 4	0.069 6	0.072 4
4.4	0.022 7	0.026 8	0.030 6	0.034 3	0.037 6	0.040 7	0.052 7	0.059 7	0.063 9	0.066 2	0.069 2
4.6	0.020 9	0.024 7	0.028 3	0.031 7	0.034 8	0.037 8	0.049 3	0.056 4	0.060 6	0.063 0	0.066 3
4.8	0.019 3	0.022 9	0.026 2	0.029 4	0.032 4	0.035 2	0.046 3	0.053 3	0.057 6	0.060 1	0.063 5
5.0	0.017 9	0.021 2	0.024 3	0.027 4	0.030 2	0.032 8	0.043 5	0.050 4	0.054 7	0.057 3	0.061 0
6.0	0.012 7	0.015 1	0.017 4	0.019 6	0.021 8	0.023 8	0.032 5	0.038 8	0.043 1	0.046 0	0.050 6
7.0	0.009 4	0.011 2	0.013 0	0.014 7	0.016 4	0.018 0	0.025 1	0.030 6	0.034 6	0.037 6	0.042 8
8.0	0.007 3	0.008 7	0.010 1	0.011 4	0.012 7	0.014 0	0.019 8	0.024 6	0.028 3	0.031 1	0.036 7
9.0	0.005 8	0.006 9	0.008 0	0.009 1	0.010 2	0.011 2	0.016 1	0.020 2	0.023 5	0.026 2	0.031 9
10.0	0.004 7	0.005 6	0.006 5	0.007 4	0.008 3	0.009 2	0.013 2	0.016 7	0.019 8	0.022 2	0.028 0

利用角点下的应力计算公式和应力叠加原理,可推求地基中任意点的附加应力,这一方法称为角点法。利用角点法求矩形范围以内或以外任意点 M' 下的竖向附加应力时,如图 3-13 所示,通过 M' 点作平行于矩形两边的辅助线,使 M' 点成为几个小矩形的共角点,利用应力叠加原理,即可求得 M' 点的附加应力。

若 M' 点在矩形内,如图 3-13(a)所示,则 M' 点以下任意深度 z 处的附加应力为Ⅰ、Ⅱ、Ⅲ、Ⅳ四个小基底对 M' 点所产生的附加应力之和,即

$$\sigma_{zM'} = (K_{s\text{I}} + K_{s\text{II}} + K_{s\text{III}} + K_{s\text{IV}})p \tag{3-23}$$

若 M' 点在矩形以外,如图 3-13(b)所示,则 M' 点以下任意深度 z 处的附加应力为四个基底($M'hbe$, $M'fce$, $M'hag$, $M'fdg$)对 M' 点所产生的附加应力的代数和,即

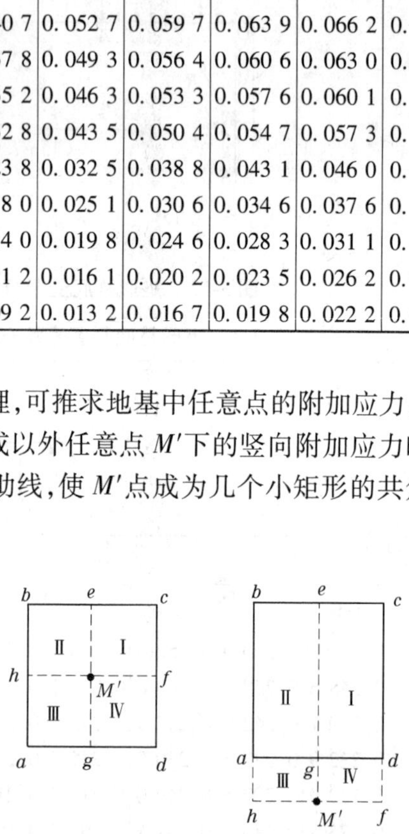

(a)　　(b)

图 3-13　用角点法求 M' 点以下的附加应力

$$\sigma_{zM'} = (K_{s\text{I}} + K_{s\text{II}} - K_{s\text{III}} - K_{s\text{IV}})p \tag{3-24}$$

【例 3-1】　如图 3-14 所示,矩形面积受竖直均布荷载作用,求荷载面积上角点 A、边点 E、中心点 O 以及荷载面积外 G 点等各点深度 $z=1$ m 处的附加应力。

解:(1)A 点下的附加应力。因 A 点是矩形 $ABCD$ 的角点,且 $m=l/b=2/1=2.0$, $n=z/b=1/1=1.0$,查表 3-2 得 $K_s=0.199\,9$,故

$$\sigma_{zA} = K_s p = 0.199\,9 \times 100 = 20.04(\text{kN/m}^2)$$

(2)E 点下的附加应力。通过 E 点将矩形荷载面积分成两个相等矩形 $AEID$ 和 $EBCI$,且两个矩形在 E 点下的应力相等,E 点下的应力是这两个矩形对 E 点应力的叠加。对 $AEID$, $m=l/b=1.0$, $n=z/b=1.0$,查表 3-2 得 $K_s=0.175\,2$,故

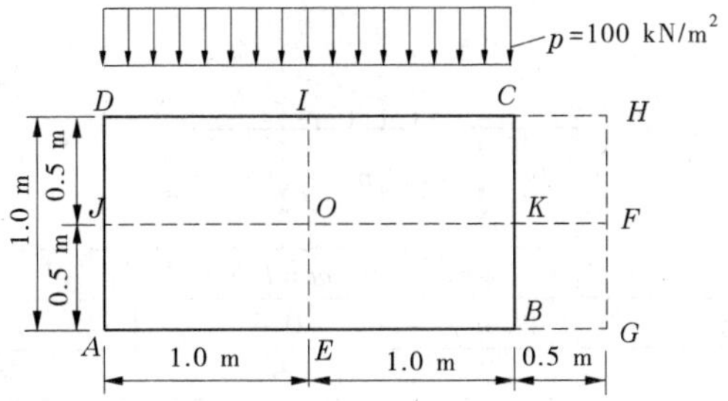

图 3-14　例 3-1 附图

$$\sigma_{zE} = 2K_sp = 2 \times 0.175\,2 \times 100 = 35.04(\text{kN/m}^2)$$

(3)O 点下的附加应力。通过 O 点将原矩形分割成四个相等的矩形 $AEOJ$、$JOID$、$EBKO$和 $OKCI$,且四个矩形在 O 点下的应力相等,O 点下的应力是四个矩形在 O 点的叠加。对 $AEOJ$,$m = l/b = 1/0.5 = 2.0$,$n = z/b = 1/0.5 = 2.0$,查表 3-2 得 $K_s = 0.120\,2$,故

$$\sigma_{zO} = 4K_sp = 4 \times 0.120\,2 \times 100 = 48.08(\text{kN/m}^2)$$

(4)G 点下的应力通过 G 点作矩形 $AGHD$ 和 $BGHC$,角点应力系数分别设为 K_{s1} 和 K_{s2}。

对 $AGHD$,$m = l/b = 2.5/1 = 2.5$,$n = z/b = 1/1 = 1.0$,查表 3-2 得 $K_{s1} = 0.201\,6$。

对 $BGHC$,$m = l/b = 1/0.5 = 2$,$n = z/b = 1/0.5 = 2$,查表 3-2 得 $K_{s2} = 0.120\,2$。

因此

$$\sigma_{zG} = (K_{s1} - K_{s2})p = (0.201\,6 - 0.120\,2) \times 100 = 8.14(\text{kN/m}^2)$$

(二)矩形基底受竖直三角形分布荷载作用时角点下的附加应力

如图 3-15 所示,在矩形面积上作用着竖直三角形分布荷载,最大荷载强度为 p_t,把荷载强度为零的角点 O 作为坐标原点,利用式(3-20)和积分的方法求角点 O 下任意深度的附加应力。在受荷面积内,任取微小面积 $dA = dxdy$,以集中力 $dP = \frac{p_t x}{b}dxdy$ 代替作用在其上的分布荷载,则 dP 在 O 点下任意点 M 处引起的竖直附加应力为

$$d\sigma_z = \frac{3p_t}{2\pi b}\frac{xz^3}{(x^2 + y^2 + z^2)^{5/2}}dxdy \tag{3-25}$$

将式(3-25)沿矩形面积积分后,可得出整个矩形基底受竖直三角形分布荷载作用时在角点 O 下任意深度 z 处所引起的竖直附加应力:

$$\sigma_z = K_t p_t \tag{3-26}$$

$$K_t = \frac{mn}{2\pi}\left[\frac{1}{\sqrt{m^2 + n^2}} - \frac{n^2}{(1 + n^2)\sqrt{1 + m^2 + n^2}}\right] \tag{3-27}$$

式中,K_t 为矩形基底受竖直三角形分布荷载作用时角点下的应力分布系数,$K_t = f(m,n)$,其值可由表 3-3 查得;$m = l/b$,$n = z/b$,b 是沿三角形荷载变化方向的矩形边长。此外,表 3-3给出的是角点 O 下不同深度处的附加应力系数,若求荷载面积内其他角点下的应力,如图 3-13中角点 O'下的应力,可用竖直均布荷载与竖直三角形分布荷载叠加而得。

表 3-3　矩形基底受竖直三角形分布荷载作用时角点下的附加应力系数 K_{t1} 和 K_{t2}

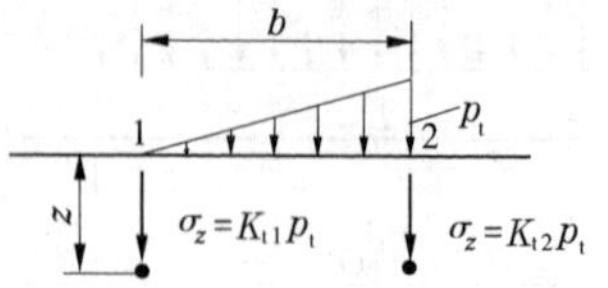

$n = z/b$	$m = l/b$									
	0.2		0.4		0.6		0.8		1.0	
	点									
	1	2	1	2	1	2	1	2	1	2
0.0	0.000 0	0.250 0	0.000 0	0.250 0	0.000 0	0.250 0	0.000 0	0.250 0	0.000 0	0.250 0
0.2	0.022 3	0.182 1	0.028 0	0.211 5	0.029 6	0.216 5	0.030 1	0.217 8	0.030 4	0.218 2
0.4	0.026 9	0.109 4	0.042 0	0.160 4	0.048 7	0.178 1	0.051 7	0.184 4	0.053 1	0.187 0
0.6	0.025 9	0.070 0	0.044 8	0.116 5	0.056 0	0.140 5	0.062 1	0.152 0	0.065 4	0.157 5
0.8	0.023 2	0.048 0	0.042 1	0.085 3	0.055 3	0.109 3	0.063 7	0.123 2	0.068 8	0.131 1
1.0	0.020 1	0.034 6	0.037 5	0.063 8	0.050 8	0.085 2	0.060 2	0.099 6	0.066 6	0.108 6
1.2	0.017 1	0.026 0	0.032 4	0.049 1	0.045 0	0.067 3	0.054 6	0.080 7	0.061 5	0.090 1
1.4	0.014 5	0.020 2	0.027 8	0.038 6	0.039 2	0.054 0	0.048 3	0.066 1	0.055 4	0.075 1
1.6	0.012 3	0.016 0	0.023 8	0.031 0	0.033 9	0.044 0	0.042 4	0.054 7	0.049 2	0.062 8
1.8	0.010 5	0.013 0	0.020 4	0.025 4	0.029 4	0.036 8	0.037 1	0.045 7	0.043 5	0.053 4
2.0	0.009 0	0.010 8	0.017 6	0.021 1	0.025 5	0.030 4	0.032 4	0.038 7	0.038 4	0.045 6
2.5	0.006 3	0.007 2	0.012 5	0.014 0	0.018 3	0.020 5	0.023 6	0.026 5	0.028 4	0.031 8
3.0	0.004 6	0.005 1	0.009 2	0.010 0	0.013 5	0.014 8	0.017 6	0.019 2	0.021 4	0.023 3
5.0	0.001 8	0.001 9	0.003 6	0.003 8	0.005 4	0.005 6	0.007 1	0.007 4	0.008 8	0.009 1
7.0	0.000 9	0.001 0	0.001 9	0.001 9	0.002 8	0.002 9	0.003 8	0.003 8	0.004 7	0.004 7
10.0	0.000 5	0.000 4	0.000 9	0.001 0	0.001 4	0.001 4	0.001 19	0.001 9	0.002 3	0.002 4

$n = z/b$	$m = l/b$									
	1.2		1.4		1.6		1.8		2.0	
	点									
	1	2	1	2	1	2	1	2	1	2
0.0	0.000 0	0.250 0	0.000 0	0.250 0	0.000 0	0.250 0	0.000 0	0.250 0	0.000 0	0.250 0
0.2	0.030 5	0.218 4	0.030 5	0.218 5	0.030 6	0.218 5	0.030 6	0.218 5	0.030 6	0.218 5
0.4	0.053 9	0.188 1	0.054 3	0.188 6	0.054 5	0.188 9	0.054 6	0.189 1	0.054 7	0.189 2
0.6	0.067 3	0.160 2	0.068 4	0.161 6	0.069 0	0.162 5	0.069 4	0.163 0	0.069 6	0.163 3
0.8	0.072 0	0.135 5	0.073 9	0.138 1	0.075 1	0.139 6	0.075 9	0.140 5	0.076 4	0.141 2
1.0	0.070 8	0.114 3	0.073 5	0.117 6	0.075 3	0.120 2	0.076 6	0.121 5	0.077 4	0.122 5
1.2	0.066 4	0.096 2	0.069 8	0.100 7	0.072 1	0.103 7	0.073 8	0.105 5	0.074 9	0.106 9
1.4	0.060 6	0.081 7	0.064 4	0.086 4	0.067 2	0.089 7	0.069 2	0.092 1	0.070 7	0.093 7
1.6	0.054 5	0.069 6	0.058 6	0.074 3	0.061 6	0.078 0	0.063 9	0.080 6	0.065 6	0.082 6
1.8	0.048 7	0.059 6	0.052 8	0.064 4	0.056 0	0.068 1	0.058 5	0.070 9	0.060 4	0.073 0
2.0	0.043 4	0.051 3	0.047 4	0.056 0	0.050 7	0.059 6	0.053 3	0.062 5	0.055 3	0.064 9
2.5	0.032 6	0.036 5	0.036 2	0.040 5	0.039 3	0.044 0	0.041 9	0.046 9	0.044 0	0.040 5
3.0	0.024 9	0.027 0	0.028 0	0.030 3	0.030 7	0.033 3	0.033 1	0.035 9	0.035 2	0.038 0
5.0	0.010 4	0.010 8	0.012 0	0.012 3	0.013 5	0.013 9	0.014 8	0.015 4	0.016 1	0.016 7
7.0	0.005 6	0.005 6	0.006 4	0.006 6	0.007 3	0.007 4	0.008 1	0.008 3	0.008 9	0.009 1
10.0	0.002 8	0.002 8	0.003 3	0.003 2	0.003 7	0.003 7	0.004 1	0.004 2	0.004 6	0.004 6

续表 3-3

$n=z/b$	$m=l/b$									
	3.0		4.0		6.0		8.0		10.0	
	点									
	1	2	1	2	1	2	1	2	1	2
0.0	0.000 0	0.250 0	0.000 0	0.250 0	0.000 0	0.250 0	0.000 0	0.250 0	0.000 0	0.250 0
0.2	0.030 6	0.218 6	0.030 6	0.218 6	0.030 6	0.218 6	0.030 6	0.218 6	0.030 6	0.218 6
0.4	0.054 8	0.189 4	0.054 9	0.189 4	0.054 9	0.189 4	0.054 9	0.189 4	0.054 9	0.189 4
0.6	0.070 1	0.163 8	0.070 2	0.163 9	0.070 2	0.164 0	0.070 2	0.164 0	0.070 2	0.164 0
0.8	0.077 3	0.142 3	0.077 6	0.142 4	0.077 6	0.142 6	0.077 6	0.142 6	0.077 6	0.142 6
1.0	0.079 0	0.124 4	0.079 4	0.124 8	0.079 5	0.125 0	0.079 6	0.125 0	0.079 6	0.125 0
1.2	0.077 4	0.109 6	0.077 9	0.110 3	0.078 2	0.110 5	0.078 3	0.110 5	0.078 3	0.110 5
1.4	0.073 9	0.097 3	0.074 8	0.098 2	0.075 2	0.098 6	0.075 2	0.098 7	0.075 3	0.098 7
1.6	0.069 7	0.087 0	0.070 8	0.088 2	0.071 4	0.088 7	0.071 5	0.088 8	0.071 5	0.088 9
1.8	0.065 2	0.078 2	0.066 6	0.079 7	0.067 3	0.080 5	0.067 5	0.080 6	0.067 5	0.080 8
2.0	0.060 7	0.070 7	0.062 4	0.072 6	0.063 4	0.073 4	0.063 6	0.073 6	0.063 6	0.073 8
2.5	0.050 4	0.055 9	0.052 9	0.058 5	0.054 3	0.060 1	0.054 7	0.060 4	0.054 8	0.060 5
3.0	0.041 9	0.045 1	0.044 9	0.048 2	0.046 9	0.050 4	0.047 4	0.050 9	0.047 6	0.051 1
5.0	0.021 4	0.022 1	0.024 8	0.025 6	0.028 3	0.029 0	0.029 6	0.030 3	0.030 1	0.030 9
7.0	0.012 4	0.012 6	0.015 2	0.015 4	0.018 6	0.019 0	0.020 4	0.020 7	0.021 2	0.021 6
10.0	0.006 6	0.006 6	0.008 4	0.008 3	0.011 1	0.011 1	0.012 8	0.013 0	0.013 9	0.014 1

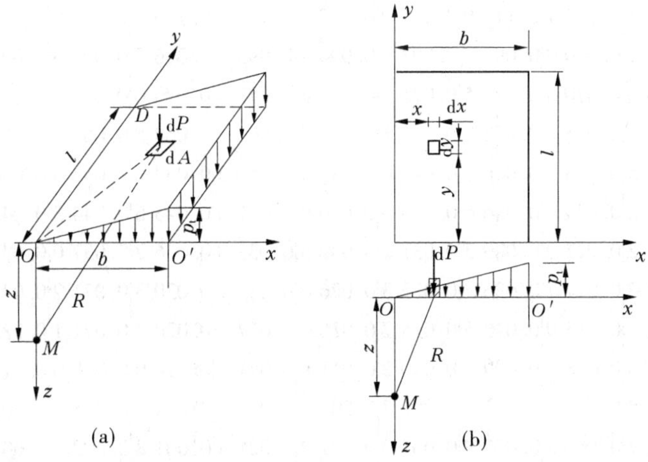

图 3-15　矩形基底受竖直三角形分布荷载作用时角点下的应力分布

(三)矩形基底受水平均布荷载作用时角点下的附加应力

如图 3-16 所示,当矩形面积上作用有水平均布荷载 p_h 时,角点下任意深度 z 处的竖

向附加应力为

$$\sigma_z = \pm K_h p_h \tag{3-28}$$

$$K_h = \frac{m}{2\pi}\left[\frac{1}{\sqrt{m^2+n^2}} - \frac{n^2}{(1+n^2)\sqrt{1+m^2+n^2}}\right]$$

式中,K_h 称为矩形基底受水平均布荷载时角点下的附加应力系数,可从表 3-4 中查得;$m=l/b$,$n=z/b$,且 b 规定为平行于水平荷载作用方向的边长,l 为垂直于水平荷载作用方向的边长。式(3-28)中,当计算点在水平均布荷载作用方向的终止端以下时取“+”号;当计算点在水平均布荷载作用方向的起始端以下时取“-”号。

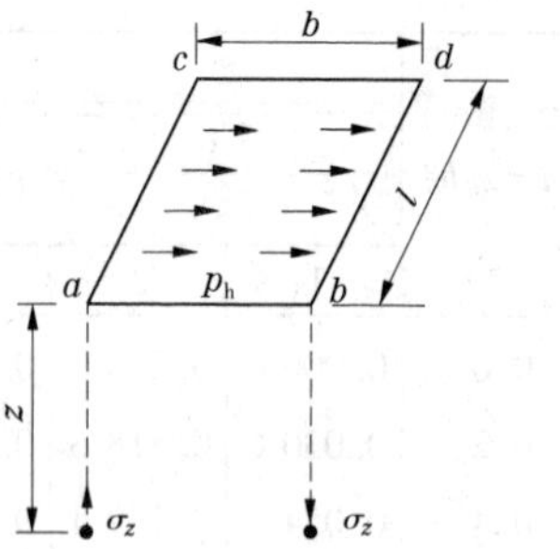

图 3-16 矩形基底受水平均布荷载作用时角点下的应力分布

当计算点在荷载面积范围内(或外)任意位置时,同样可以利用“角点法”和叠加原理进行计算。

表 3-4 矩形基底受水平均布荷载作用时角点下的附加应力系数 K_h

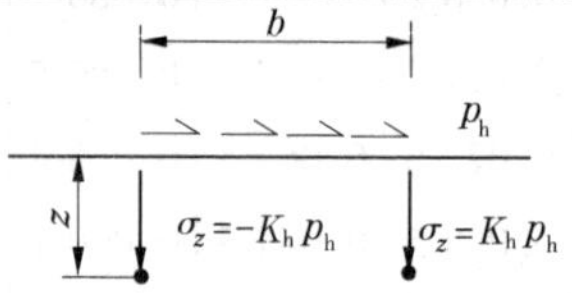

$n=z/b$	$m=l/b$ 1.0	1.2	1.4	1.6	1.8	2.0	3.0	4.0	5.0	6.0	10.0
0.0	0.159 2	0.159 2	0.159 2	0.159 2	0.159 2	0.159 2	0.159 2	0.159 2	0.159 2	0.159 2	0.159 2
0.2	0.151 8	0.152 3	0.152 6	0.152 8	0.152 9	0.152 9	0.153 0	0.153 0	0.153 0	0.153 0	0.153 0
0.4	0.132 8	0.134 7	0.135 6	0.136 2	0.136 5	0.136 7	0.137 1	0.137 2	0.137 2	0.137 2	0.137 2
0.6	0.109 1	0.112 1	0.113 9	0.115 0	0.115 6	0.116 0	0.116 8	0.116 9	0.117 0	0.117 0	0.117 0
0.8	0.086 1	0.090 0	0.092 4	0.093 9	0.094 8	0.095 5	0.096 7	0.096 9	0.097 0	0.097 0	0.097 0
1.0	0.066 6	0.070 8	0.073 5	0.075 3	0.076 6	0.077 4	0.079 0	0.079 4	0.079 5	0.079 6	0.079 6
1.2	0.051 2	0.055 3	0.058 2	0.060 1	0.061 5	0.062 4	0.064 5	0.065 0	0.065 2	0.065 2	0.065 2
1.4	0.039 5	0.043 3	0.046 0	0.048 0	0.049 4	0.050 5	0.052 8	0.053 4	0.053 7	0.053 7	0.053 8
1.6	0.030 8	0.034 1	0.036 6	0.038 5	0.040 0	0.041 0	0.043 6	0.044 3	0.044 6	0.044 7	0.044 7
1.8	0.024 2	0.027 0	0.029 3	0.031 1	0.032 5	0.033 6	0.036 2	0.037 0	0.037 4	0.037 5	0.037 5
2.0	0.019 2	0.021 7	0.023 7	0.025 3	0.026 6	0.027 7	0.030 3	0.031 2	0.031 7	0.031 8	0.031 8
2.5	0.011 3	0.013 0	0.014 5	0.015 7	0.016 7	0.017 6	0.020 2	0.021 1	0.021 7	0.021 9	0.021 9
3.0	0.007 0	0.008 3	0.009 3	0.010 2	0.011 0	0.011 7	0.014 0	0.015 0	0.015 6	0.015 8	0.015 9
5.0	0.001 8	0.002 1	0.002 4	0.002 7	0.003 0	0.003 2	0.004 3	0.005 0	0.005 7	0.005 9	0.006 0
7.0	0.000 7	0.000 8	0.000 9	0.001 0	0.001 2	0.001 3	0.001 8	0.002 2	0.002 7	0.002 9	0.003 0
10.0	0.000 2	0.000 3	0.000 3	0.000 4	0.000 4	0.000 5	0.000 7	0.000 8	0.001 1	0.001 3	0.001 4

(四)圆形基底受竖直均布荷载作用时中心点下的附加应力

设圆形基底的半径为 r_0,作用于地基表面上的竖直均布荷载为 p_0,若以圆形荷载面的

中心点为坐标原点 O(见图3-17),并在荷载面积上取微面积 $dA=rd\theta dr$,以集中力 p_0dA 代替微面积上的分布荷载,则以积分法求得竖直均布圆形荷载中心点下任意深度 z 处 M 点的附加应力为

$$\sigma_z=\frac{3p_0z^3}{2\pi}\int_0^{2\pi}\int_0^{r_0}\frac{rdrd\theta}{(r^2+z^2)^{5/2}}=p_0\left[1-\frac{1}{\left(\frac{1}{z^2/r_0^2}+1\right)^{3/2}}\right]$$

$$=K_rp_0 \tag{3-29}$$

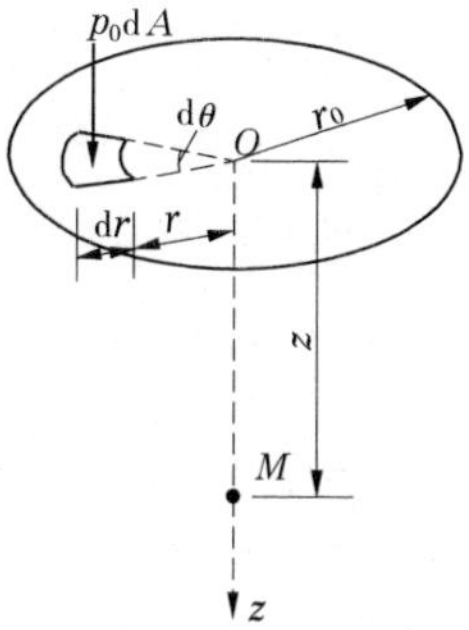

图3-17　圆形基底受竖直均布荷载作用时中心点下的附加应力推导

式中,$K_r=\left[1-\frac{1}{\left(\frac{1}{z^2/r_0^2}+1\right)^{3/2}}\right]$,为竖直均布圆形荷载中心点下的附加应力系数,可由表3-5查取。

表3-5　圆形基底受竖直均布荷载作用时中心点下的附加应力系数 K_r

z/r_0	K_r	z/r_0	K_r	z/r_0	K_r	z/r_0	K_r	z/r_0	K_r	z/r_0	K_r
0.0	1.000	0.8	0.756	1.6	0.390	2.4	0.213	3.2	0.130	4.0	0.087
0.1	0.999	0.9	0.701	1.7	0.360	2.5	0.200	3.3	0.124	4.2	0.079
0.2	0.992	1.0	0.646	1.8	0.332	2.6	0.187	3.4	0.117	4.4	0.073
0.3	0.976	1.1	0.595	1.9	0.307	2.7	0.175	3.5	0.111	4.6	0.067
0.4	0.949	1.2	0.547	2.0	0.285	2.8	0.165	3.6	0.106	4.8	0.062
0.5	0.911	1.3	0.502	2.1	0.264	2.9	0.155	3.7	0.101	5.0	0.057
0.6	0.864	1.4	0.461	2.2	0.246	3.0	0.146	3.8	0.096	6.0	0.040
0.7	0.811	1.5	0.424	2.3	0.229	3.1	0.138	3.9	0.091	10.0	0.015

三、平面问题条件下的地基附加应力

设在地基表面上作用有无限长的条形荷载,且荷载沿宽度可按任何形式分布,但沿长度方向则不变,此时地基中产生的应力状态属于平面问题。在工程建筑中,当然没有无限长的受荷面积,不过,当荷载面积的长宽比 $l/b\geqslant10$ 时计算的地基附加应力值与按 $l/b=\infty$ 时的解相比误差甚少。因此,对于条形基础,如墙基、挡土墙基础、路基、坝基等,常可按平面问题考虑。为了求算条形荷载下的地基附加应力,下面先介绍线荷载作用下的解答。

(一)竖直线荷载作用下的地基附加应力

线荷载是在半空间表面上一条无限长直线上的均布荷载。如图3-18所示,设一个竖向线荷载 $\bar{p}$(kN/m)作用在 y 坐标轴上,则沿 y 轴某微分段 dy 上的分布荷载以集中力 $P=\bar{p}dy$ 代替。此时,设 M 点位于与 y 轴垂直的 xOz 平面内,直线 $OM=R_1=\sqrt{x^2+z^2}$ 与 z 轴的夹角为 β,则 $\sin\beta=x/R_1$,$\cos\beta=z/R_1$。于是可以用下列积分求得 M 点处的 σ_z:

$$\sigma_z=\int_{-\infty}^{+\infty}\frac{3z^3\bar{p}dy}{2\pi R^5}=\frac{2\bar{p}z^3}{\pi R_1^4}=\frac{2\bar{p}}{\pi R_1}\cos^3\beta \tag{3-30}$$

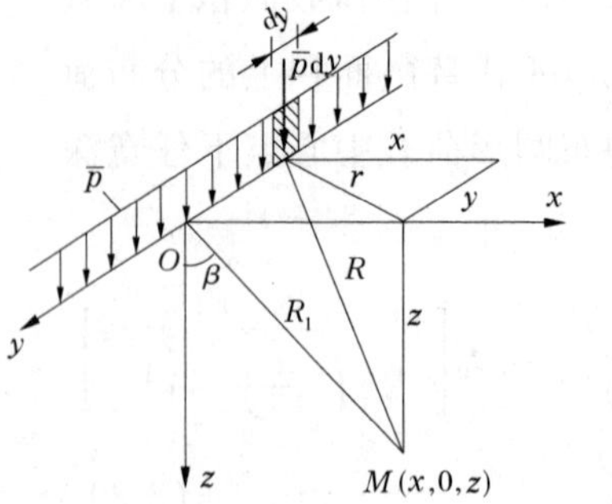

图3-18　竖直线荷载作用下任意点的附加应力

同理
$$\sigma_x = \frac{2\bar{p}x^2z}{\pi R_1^4} = \frac{2\bar{p}}{\pi R_1}\cos\beta\sin^2\beta \tag{3-31}$$

$$\tau_{xz} = \tau_{zx} = \frac{2\bar{p}xz^2}{\pi R_1^4} = \frac{2\bar{p}}{\pi R_1}\cos^2\beta\sin\beta \tag{3-32}$$

由于线荷载沿 y 坐标无限延伸,因此与 y 轴垂直即平行于 xOz 任何平面上的应力状态均完全相同,这种情况就属于弹性力学平面问题。此时

$$\tau_{xz} = \tau_{zx}$$
$$\tau_{yz} = \tau_{zy} = 0$$
$$\sigma_y = \mu(\sigma_x + \sigma_z)$$

也就是说,平面问题只有三个独立的应力分量,即 σ_x、σ_z 和 τ_{xz}。

(二)条形基底受竖直均布荷载作用时地基附加应力

如图3-19所示,当基底上作用着强度为 p 的竖直均布荷载时,首先利用式(3-30)求出微分宽度 $d\xi$ 上作用着的线均布荷载 $d\bar{p} = pd\xi$ 在任意点 M 所引起的竖向附加应力:

$$d\sigma_z = \frac{2p}{\pi}\frac{z^3 d\xi}{[(x-\xi)^2 + z^2]^2} \tag{3-33}$$

再将式(3-33)沿宽度 b 积分,即可得到条形基底受竖直均布荷载作用时的竖向附加应力为

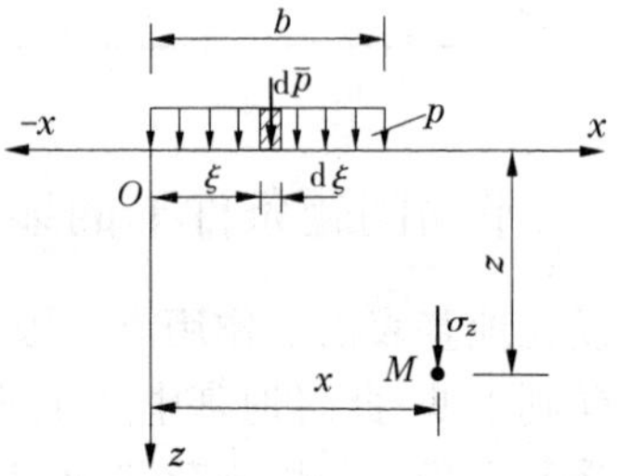

图3-19　条形基底受竖直均布荷载作用的情况

$$\begin{aligned}\sigma_z &= \int_0^b \frac{2p}{\pi}\frac{z^3 d\xi}{[(x-\xi)^2 + z^2]^2} \\ &= \frac{p}{\pi}\left[\arctan\frac{m}{n} - \arctan\frac{m-1}{n} + \frac{mn}{n^2+m^2} - \frac{n(m-1)}{n^2+(m-1)^2}\right] \\ &= K_s^z p\end{aligned} \tag{3-34}$$

式中　K_s^z——条形基底受竖直均布荷载作用时的附加应力系数,由表3-6查得,$m = x/b$,$n = z/b$,b 为基底的宽度。

条形均布荷载在地基内部引起的水平向应力 σ_x 和剪应力 τ_{xz} 也可以根据式(3-31)和

式(3-32)积分求得,并简化为

$$\sigma_x = K_s^x p \tag{3-35}$$

$$\tau_{xz} = K_s^\tau p \tag{3-36}$$

式中　K_s^x——条形基底受竖直均布荷载作用时的水平向应力分布系数;

K_s^τ——条形基底受竖直均布荷载作用时的剪应力分布系数。

K_s^x、K_s^τ 均为 $m = x/b$,$n = z/b$ 的函数,也可由表 3-6 查得。

表 3-6　条形基底受竖直均布荷载作用时的附加应力系数

图例

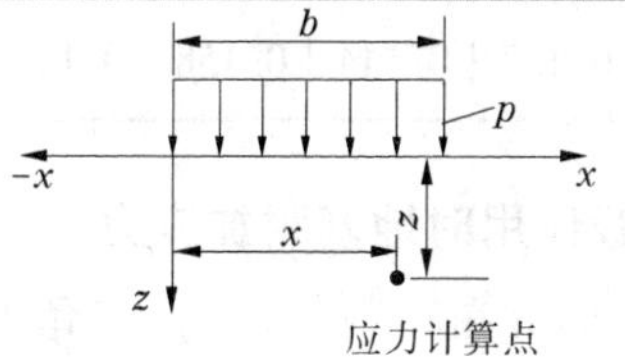

计算公式:$\sigma_x = K_s^x p$

$\sigma_z = K_s^z p$

$\tau_{xz} = K_s^\tau p$

$m = x/b$		$n = z/b$										
		0.01	0.1	0.2	0.4	0.5	0.6	0.8	1.0	1.2	1.4	2.0
-1.0	K_s^z	0.000	0.000	0.001	0.010	0.018	0.026	0.048	0.070	0.091	0.108	0.134
	K_s^x	0.004	0.032	0.060	0.017	0.0123	0.132	0.132	0.134	0.124	0.109	0.070
	K_s^τ	0.000	-0.003	-0.009	-0.032	-0.045	-0.058	-0.080	-0.095	-0.103	-0.106	-0.095
-0.5	K_s^z	0.000	0.002	0.011	0.056	0.084	0.111	0.155	0.186	0.202	0.210	0.205
	K_s^x	0.008	0.082	0.147	0.208	0.211	0.204	0.177	0.146	0.117	0.094	0.049
	K_s^τ	0.000	-0.011	-0.038	-0.103	-0.127	-0.144	-0.158	-0.157	-0.147	-0.133	-0.096
-0.25	K_s^z	0.000	0.011	0.058	0.174	0.213	0.243	0.276	0.288	0.287	0.279	0.243
	K_s^x	0.021	0.180	0.270	0.274	0.248	0.221	0.169	0.127	0.096	0.073	0.035
	K_s^τ	-0.001	-0.042	-0.116	-0.199	-0.211	-0.212	-0.197	-0.175	-0.153	-0.132	-0.085
0	K_s^z	0.500	0.499	0.498	0.489	0.479	0.68	0.440	0.409	0.375	0.348	0.275
	K_s^x	0.494	0.437	0.376	0.269	0.224	0.188	0.130	0.091	0.067	0.011	0.020
	K_s^τ	-0.318	-0.315	-0.306	-0.274	-0.255	-0.234	-0.194	-0.159	-0.131	-0.108	-0.064
0.25	K_s^z	0.999	0.988	0.936	0.797	0.734	0.679	0.586	0.511	0.450	0.401	0.298
	K_s^x	0.935	0.685	0.466	0.215	0.185	0.143	0.087	0.055	0.037	0.026	0.010
	K_s^τ	-0.001	-0.039	-0.103	-0.159	-0.157	-0.147	-0.121	-0.096	-0.078	-0.061	-0.034
0.5	K_s^z	0.999	0.997	0.978	0.881	0.818	0.756	0.642	0.549	0.478	0.420	0.306
	K_s^x	0.848	0.752	0.538	0.260	0.182	0.129	0.070	0.040	0.026	0.017	0.006
	K_s^τ	0.000	0.000	0.000	0.000	0.000	0.000	0.000	0.000	0.000	0.000	0.000
0.75	K_s^z	0.999	0.988	0.973	0.797	0.734	0.679	0.586	0.511	0.450	0.401	0.298
	K_s^x	0.935	0.685	0.469	0.215	0.185	0.143	0.087	0.055	0.037	0.026	0.010
	K_s^τ	0.001	0.039	0.103	0.159	0.157	0.147	0.121	0.096	0.078	0.061	0.034
1.0	K_s^z	0.500	0.499	0.498	0.489	0.479	0.468	0.440	0.409	0.375	0.348	0.275
	K_s^x	0.494	0.437	0.376	0.269	0.224	0.188	0.130	0.091	0.067	0.047	0.020
	K_s^τ	0.318	0.315	0.306	0.274	0.255	0.234	0.194	0.154	0.131	0.108	0.064

续表 3-6

$m=x/b$		$n=z/b$										
		0.01	0.1	0.2	0.4	0.5	0.6	0.8	1.0	1.2	1.4	2.0
1.25	K_s^z	0.000	0.011	0.058	0.174	0.213	0.243	0.276	0.288	0.287	0.279	0.242
	K_s^x	0.021	0.180	0.270	0.274	0.248	0.221	0.169	0.127	0.096	0.073	0.035
	K_s^τ	0.001	0.042	0.116	0.199	0.211	0.212	0.197	0.175	0.153	0.132	0.085
1.5	K_s^z	0.000	0.002	0.011	0.056	0.084	0.111	0.155	0.186	0.202	0.210	0.205
	K_s^x	0.008	0.082	0.147	0.208	0.211	0.204	0.177	0.146	0.117	0.094	0.049
	K_s^τ	0.000	0.011	0.038	0.103	0.127	0.144	0.158	0.157	0.147	0.133	0.096

(三)条形基底受竖直三角形分布荷载作用时地基附加应力

如图 3-20 所示,条形基底受竖直三角形分布荷载作用时(三角形分布的基底净压力,最大集度为 p_t),在微宽度 $d\xi$ 上作用的线荷载为$\frac{\xi p_t}{b}d\xi$,沿宽度 b 积分可得条形基底受竖直三角形分布荷载作用时地基中任意 M 点的附加应力如下:

$$\sigma_z = K_t^z p_t \tag{3-37}$$

$$\sigma_x = K_t^x p_t \tag{3-38}$$

$$\tau_{xz} = K_t^\tau p_t \tag{3-39}$$

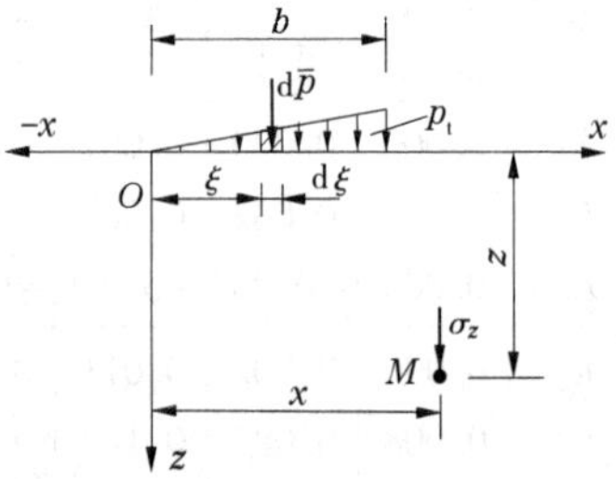

图 3-20　条形基底受竖直三角形分布荷载作用的情况

式中,K_t^z、K_t^x、K_t^τ 为条形基底受竖直三角形分布荷载作用时的附加应力系数,它们均是 $m=x/b$,$n=z/b$ 的函数,可直接查表 3-7。其具体表达式如下:

$$\left.\begin{aligned}
K_t^z &= \frac{1}{\pi}\left[m\left(\arctan\frac{m}{n}-\arctan\frac{m-1}{n}\right)-\frac{(m-1)n}{(m-1)^2+n^2}\right]\\
K_t^x &= \frac{1}{\pi}\left[m\left(\arctan\frac{m}{n}-\arctan\frac{m-1}{n}\right)+n\ln\frac{(m-1)^2+n^2}{m^2+n^2}-\frac{(m-1)n}{(m-1)^2+n^2}\right]\\
K_t^\tau &= \frac{1}{\pi}\left[n\left(\arctan\frac{m-1}{n}-\arctan\frac{m}{n}\right)+\frac{n^2}{(m-1)^2+n^2}\right]
\end{aligned}\right\} \tag{3-40}$$

求基底面($z=0$)的附加应力时直接用基底净压力集度。

(四)条形基底受水平均布荷载作用时的附加应力

当条形基底作用有水平均布荷载 p_h(作用于基底沿宽度 b 的水平切向力)时,如图 3-21所示,地基下任一点的附加应力同样可利用弹性力学中水平线荷载作用下的地基附加应力的基本公式,先求微单元上的均布荷载对任意点 M 引起的附加应力,然后沿整个宽度 b 积分,即得

表 3-7　条形基底受竖直三角形均布荷载作用时的附加应力系数

图例

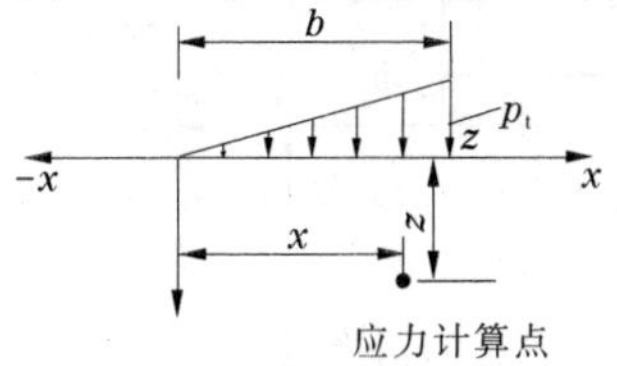

计算公式：$\sigma_z = K_t^z p_t$

$\sigma_x = K_t^x p_t$

$\tau_{\tau z} = K_t^{\tau} p_t$

$m=x/b$		$n=z/b$										
		0.01	0.1	0.2	0.4	0.5	0.6	0.8	1.0	1.2	1.4	2.0
−1.0	K_t^z	0.000	0.000	0.001	0.003	0.005	0.008	0.017	0.025	0.033	0.041	0.057
	K_t^x	0.001	0.012	0.024	0.043	0.050	0.056	0.061	0.062	0.059	0.053	0.038
	K_t^{τ}	−0.000	−0.001	−0.003	−0.011	−0.016	−0.021	−0.031	−0.039	−0.044	−0.047	−0.046
−0.5	K_t^z	0.000	0.000	0.002	0.014	0.022	0.031	0.049	0.065	0.076	0.084	0.089
	K_t^x	0.003	0.027	0.051	0.081	0.408 7	0.093	0.090	0.074	0.063	0.056	0.029
	K_t^{τ}	−0.000	−0.003	−0.011	−0.032	−0.041	−0.051	−0.063	−0.406 8	−0.067	−0.064	−0.050
−0.25	K_t^z	0.000	0.002	0.009	0.036	0.025	0.066	0.089	0.104	0.111	0.114	0.108
	K_t^x	0.025	0.049	0.084	0.114	0.112	0.108	0.091	0.074	0.058	0.045	0.022
	K_t^{τ}	−0.0	−0.008	−0.025	−0.060	−0.067	−0.080	−0.085	−0.083	−0.077	−0.069	−0.048
0	K_t^z	0.003	0.032	0.061	0.010	0.127	0.140	0.155	0.159	0.154	0.151	0.127
	K_t^x	0.026	0.116	0.146	0.142	0.128	0.114	0.085	0.061	0.047	0.033	0.015
	K_t^{τ}	−0.005	−0.044	−0.075	−0.108	−0.113	−0.112	−0.104	−0.091	−0.081	−0.066	−0.041
0.25	K_t^z	0.249	0.251	0.255	0.263	0.262	0.258	0.243	0.244	0.204	0.186	0.143
	K_t^x	0.249	0.233	0.219	0.148	0.120	0.096	0.062	0.041	0.028	0.019	0.008
	K_t^{τ}	−0.010	−0.078	−0.129	−0.138	−0.132	−0.123	−0.100	−0.079	−0.065	−0.051	−0.028
0.5	K_t^z	0.500	0.498	0.489	0.441	0.409	0.378	0.321	0.275	0.239	0.210	0.153
	K_t^x	0.487	0.376	0.269	0.130	0.091	0.065	−0.035	0.020	0.013	−0.008	0.003
	K_t^{τ}	−0.010	−0.075	−0.108	−0.104	−0.091	−0.077	−0.056	−0.040	−0.030	−0.023	−0.012
0.75	K_t^z	0.75	0.737	0.682	0.534	0.472	0.421	0.343	0.286	0.246	0.215	0.155
	K_t^x	0.718	0.452	0.259	0.099	0.065	0.046	0.025	0.013	0.009	0.007	0.002
	K_t^{τ}	−0.009	−0.040	−0.016	0.020	0.024	0.025	0.021	0.017	0.014	0.010	0.006
1.0	K_t^z	0.497	0.468	0.437	0.379	0.353	0.328	0.285	0.250	0.221	0.198	0.147
	K_t^x	0.467	0.321	0.230	0.127	0.097	0.074	0.046	0.029	0.020	0.014	0.005
	K_t^{τ}	0.313	0.272	0.231	0.167	0.142	0.122	1.090	0.068	0.053	0.042	0.023
1.25	K_t^z	0.000	0.010	0.050	0.137	0.161	0.177	0.188	0.184	0.176	0.165	0.134
	K_t^x	0.015	0.132	0.186	0.160	0.137	0.112	0.077	0.053	0.038	0.027	0.012
	K_t^{τ}	0.001	0.034	0.091	0.139	0.144	0.132	0.112	0.092	0.076	0.062	0.037
1.50	K_t^z	0.000	0.002	0.009	0.043	0.061	0.080	0.106	0.121	0.126	0.127	0.115
	K_t^x	0.006	0.054	0.097	0.128	0.124	0.116	0.093	0.072	0.048	0.042	0.019
	K_t^{τ}	0.000	0.008	0.028	0.071	0.085	0.093	0.096	0.089	0.080	0.070	0.046

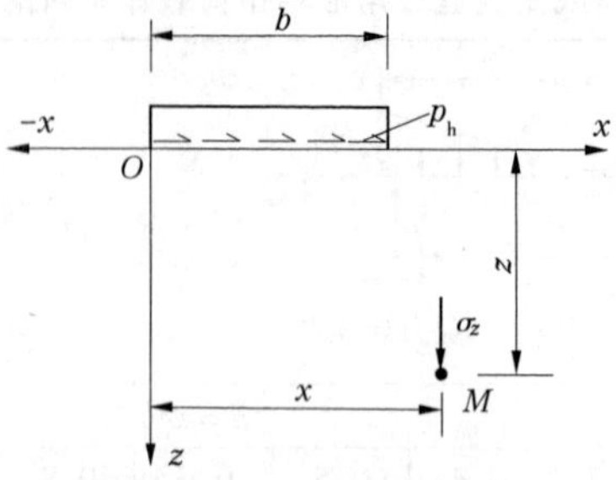

图 3-21　条形基底受水平均布荷载作用的情况

$$\sigma_z = K_h^z p_h \tag{3-41}$$

$$\sigma_x = K_h^x p_h \tag{3-42}$$

$$\tau_{xz} = K_h^\tau p_h \tag{3-43}$$

附加应力系数 K_h^z、K_h^x、K_h^τ 均为 $m = x/b, n = z/b$ 的函数,可直接查表 3-8。其具体表达式如下:

$$\left.\begin{aligned}
K_h^z &= \frac{1}{\pi}\left[\frac{n^2}{(m-1)^2+n^2} - \frac{n^2}{m^2+n^2}\right] \\
K_h^x &= \frac{1}{\pi}\left[\frac{n^2}{m^2+n^2} - \frac{n^2}{(m-1)^2+n^2} + \ln\frac{m^2+n^2}{(m-1)^2+n^2}\right] \\
K_h^\tau &= \frac{1}{\pi}\left[\frac{n(m-1)}{(m-1)^2+n^2} - \frac{mn}{m^2+n^2} - \arctan\frac{m-1}{n} + \arctan\frac{m}{n}\right]
\end{aligned}\right\} \tag{3-44}$$

表 3-8　条形基底受水平均布荷载作用时的附加应力系数

图例

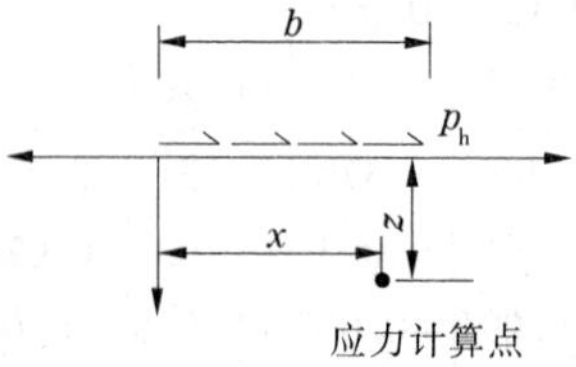

计算公式:$\sigma_z = K_h^z p_h$
$\sigma_x = K_h^x p_h$
$\tau_{\tau z} = K_h^\tau p_h$

$m = x/b$		$n = z/b$										
		0.01	0.1	0.2	0.4	0.5	0.6	0.8	1.0	1.2	1.4	2.0
-0.5	K_h^z	0.000	-0.011	-0.038	-0.103	-0.127	-0.144	-0.158	-0.157	-0.147	-0.133	-0.096
	K_h^x	-0.669	-0.677	-0.619	-0.467	-0.384	-0.319	-0.217	-0.147	-0.102	-0.072	-0.027
	K_h^τ	0.008	0.082	0.147	0.208	0.211	0.204	0.177	0.146	0.117	0.094	0.049
-0.25	K_h^z	-0.001	-0.042	-0.116	-0.199	-0.211	-0.212	-0.197	-0.175	-0.153	-0.132	-0.085
	K_h^x	-1.204	-0.935	-0.756	-0.453	-0.535	-0.270	-0.167	-0.105	-0.068	-0.045	-0.017
	K_h^τ	0.021	0.180	0.270	0.274	0.248	0.221	0.169	0.127	0.096	0.073	0.035
0	K_h^z	-0.318	-0.315	-0.306	-0.274	-0.255	-0.234	-0.194	-0.159	-0.131	-0.108	-0.064
	K_h^x	-2.645	-1.154	-0.734 1	-0.356	-0.258	-0.189	-0.105	-0.061	-0.037	-0.024	-0.007
	K_h^τ	0.494	0.437	0.376	0.269	0.224	0.188	0.130	0.091	0.067	0.047	0.020

续表 3-8

$m=x/b$		$n=z/b$										
		0.01	0.1	0.2	0.4	0.5	0.6	0.8	1.0	1.2	1.4	2.0
0.25	K_h^z	−0.001	−0.039	−0.103	−0.159	−0.157	−0.147	−0.121	−0.096	−0.078	−0.061	−0.034
	K_h^x	−0.697	−0.618	−0.459	−0.216	−0.147	−0.101	−0.050	−0.027	−0.013	−0.009	0.003
	K_h^τ	0.935	0.685	0.469	0.215	0.186	0.143	0.087	0.055	0.037	0.026	0.010
0.50	K_h^z	0.000	0.000	0.000	0.000	0.000	0.000	0.000	0.000	0.000	0.000	0.000
	K_h^x	0.000	0.000	0.000	0.000	0.000	0.000	0.000	0.000	0.000	0.000	0.000
	K_h^τ	0.848	0.752	0.538	0.260	0.182	0.129	0.070	0.040	0.026	0.017	0.006
0.75	K_h^z	0.001	0.039	0.103	0.109	0.157	0.147	0.121	0.096	0.078	0.061	0.034
	K_h^x	0.697	0.618	0.459	0.216	0.147	0.101	0.050	0.027	0.013	0.009	0.003
	K_h^τ	0.935	0.685	0.469	0.215	0.185	0.143	0.087	0.055	0.037	0.026	0.010
1.00	K_h^z	0.318	0.315	0.306	0.274	0.255	0.234	0.194	0.159	0.131	0.108	0.064
	K_h^x	2.645	1.154	0.731	0.356	0.259	0.189	0.105	0.061	0.037	0.024	0.007
	K_h^τ	0.494	0.437	0.376	0.269	0.224	0.188	0.130	0.091	0.067	0.047	0.020
1.25	K_h^z	0.001	0.042	0.116	0.199	0.211	0.212	0.197	0.175	0.153	0.132	0.085
	K_h^x	1.024	0.937	0.759	0.456	0.353	0.272	0.167	0.105	0.068	0.045	0.015
	K_h^τ	0.021	0.180	0.270	0.274	0.248	0.221	0.169	0.127	0.096	0.073	0.035
1.50	K_h^z	0.000	0.011	0.038	0.103	0.127	0.144	0.158	0.157	0.147	0.133	0.096
	K_h^x	0.699	0.677	0.619	0.461	0.384	0.319	0.217	0.147	0.102	0.072	0.027
	K_h^τ	0.008	0.082	0.147	0.208	0.211	0.024	0.177	0.146	0.177	0.094	0.049

前面介绍了竖直均布荷载、竖直三角形分布荷载及水平均布荷载作用下角点（空间问题）或任意点（平面问题）的附加应力计算。在实际工程中，基底上的合力常常是既偏心又倾斜。因此，竖直向的基底压力是梯形分布，水平荷载一般假定为均布。计算附加应力时，应先求出梯形分布的基底净压力，然后将梯形基底净压力分解为均布和三角形分布，再分别求地基附加应力，最后将上述几种荷载情况所引起的地基同一点的附加应力相加即可。

【例 3-2】 如图 3-22 所示的挡土墙，基础底面宽度为 6 m，埋置于地面下 1.5 m 处，每米墙自重及其上部其他竖向荷载 $P_v=2\,400$ kN/m，作用位置离墙基础前缘 A 点 3.2 m；因土压力等作用，墙背受到水平力 $P_h=400$ kN/m，其作用点距离基底面2.4 m。设地基土重度为 19 kN/m^3，若不计墙后填土对地基附加应力的影响，试求因 P_v、P_h 的作用基础中心点及前缘 A 点下深度 $z=7.2$ m 处 M 点、N 点的竖向附加应力。

解：(1) 求作用于基底面上的力及偏心距。将 P_h 移至基底面，根据静力等效，需加力矩。设合力作用点离基底前缘 A 点的水平距离为 x，利用合力矩定理，即

$$P_v x = P_v \times 3.2 - P_h \times 2.4$$

则

$$x = \frac{3.2P_v - 2.4P_h}{P_v} = 3.2 - 2.4 \times \frac{400}{2\,400} = 2.8(m)$$

于是合力偏心距 $e = \frac{b}{2} - 2.8 = 0.2(m)$；合力作用点位于基底面中点的左侧 0.2 m。

(2)求基底压力。这属于平面问题，应用式(3-14)，得竖直基底压力：

$$p_{\min}^{\max} = \frac{P_v}{b}\left(1 \pm \frac{6e}{b}\right) = \frac{2\,400}{6} \times \left(1 \pm \frac{6 \times 0.2}{6}\right) = \begin{matrix} 480(kPa) \\ 320(kPa) \end{matrix}$$

应用式(3-16)，得

$$p_h = \frac{P_h}{b} = \frac{400}{6} = 66.7(kPa)$$

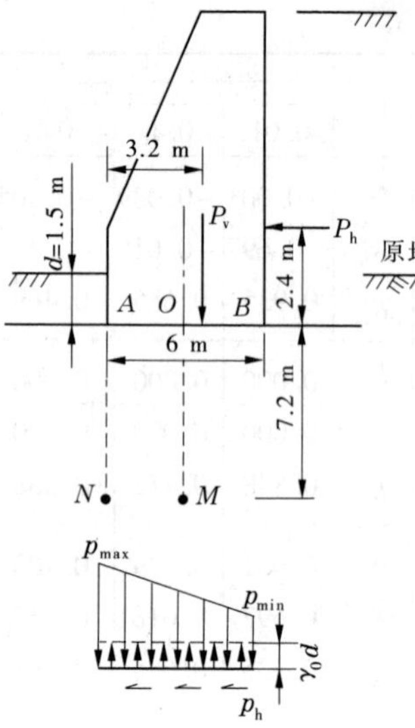

图 3-22　例 3-2 附图

(3)求基底净压力(基底附加压力)。对于梯形分布的竖直基底压力，求得基底净压力如下：

$$p_n = p_{\min} - \gamma_0 d = 320 - 19 \times 1.5 = 291.5(kPa)$$

$$p_t = p_{\max} - p_{\min} = 480 - 320 = 160(kPa)$$

(4)计算各种压力形式 p_n、p_t、p_h 引起的地基 M 点和 N 点的附加应力，为了清晰起见，可采用表 3-9 的方法进行。

表 3-9　例 3-2 表

压力形式	x		z		x/b		z/b		附加应力系数		附加应力	
	M 点	N 点	M 点	N 点	M 点	N 点	M 点	N 点	M 点	N 点	M 点	N 点
竖直均匀分布	3.0	6	7.2	7.2	0.5	1	1.2	1.2	0.478	0.375	139.34	109.31
竖直三角形分布	3.0	6	7.2	7.2	0.5	1	1.2	1.2	0.239	0.221	38.24	35.36
水平均匀分布	3.0	6	7.2	7.2	0.5	1	1.2	1.2	0	0.131	0	8.74
附加应力总和											177.58	153.41

注：x 的坐标原点取在 B 点处。

习　题

3-1　图 3-23 所示为一地基剖面图，各土层的重度如图所示，求土的自重应力并绘分布图。

3-2　图 3-24 所示为一矩形基础，长度 $l = 8$ m，宽度 $b = 4$ m，其上作用着竖直单向偏心荷载 $P = 6\,400$ kN，若偏心距 $e = 0.4$ m，试求图中 A 点以下 8 m 深度处的竖向附加应力。

3-3　图 3-25 所示为两栋整体基础的建筑物。已知甲基础上的竖直均布压力为 150

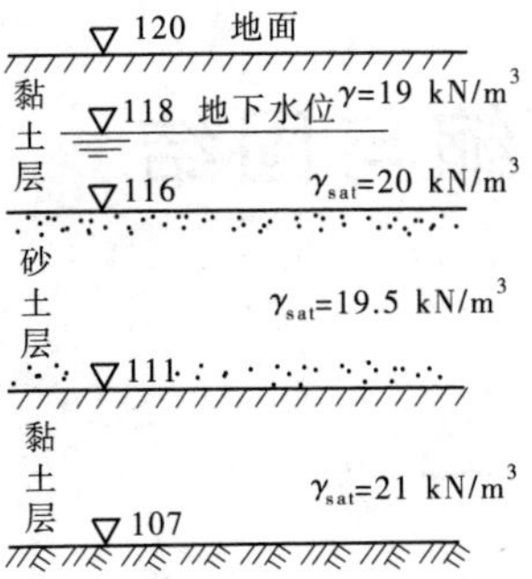

图 3-23　习题 3-1 附图

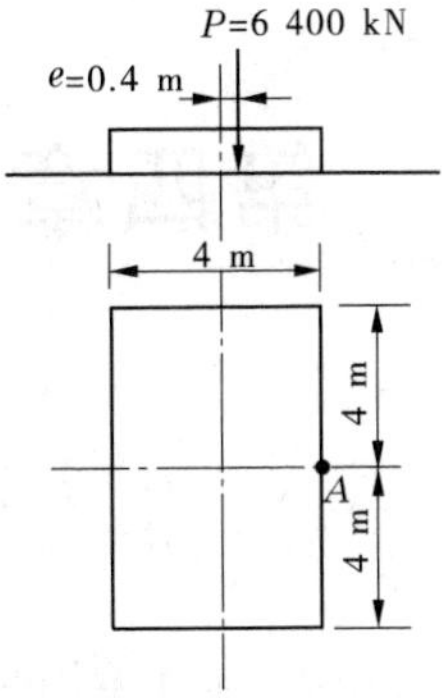

图 3-24　习题 3-2 附图

kN/m², 乙基础上的竖直均布压力为 200 kN/m², 试考虑相邻基础的影响, 求出甲基础 *A* 点以下 20 m 深度处的竖向附加应力。

3-4　设图 3-26 所示的基础底面上, 作用有强度 $p=200$ kN/m² 的竖直均布压力, 试求图中 *A*、*B* 两点以下 20 m 深度处的竖向附加应力。

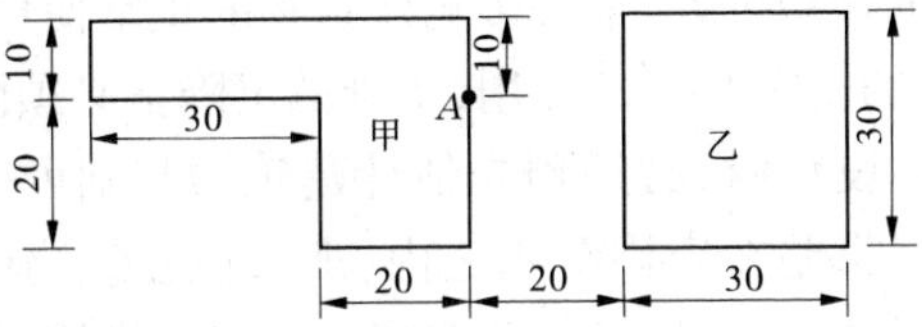

图 3-25　习题 3-3 附图　(单位:m)

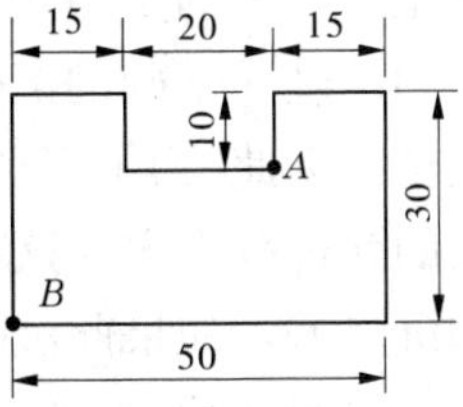

图 3-26　习题 3-4 附图　(单位:m)

3-5　混凝土挡土墙的断面尺寸和地基的土层情况如图 3-27 所示。若墙上作用着竖直线荷载(包括墙的自重在内) $\overline{P}=1\ 000$ kN/m, 其作用点离墙的前趾 *A* 点的距离为 3.83 m, 墙后的水平推力 $\overline{H}=350$ kN/m, 其作用点距基底 3.5 m。试求墙前趾 *A* 点以下 *M* 点和 *N* 点的竖向附加应力和竖向自重应力。

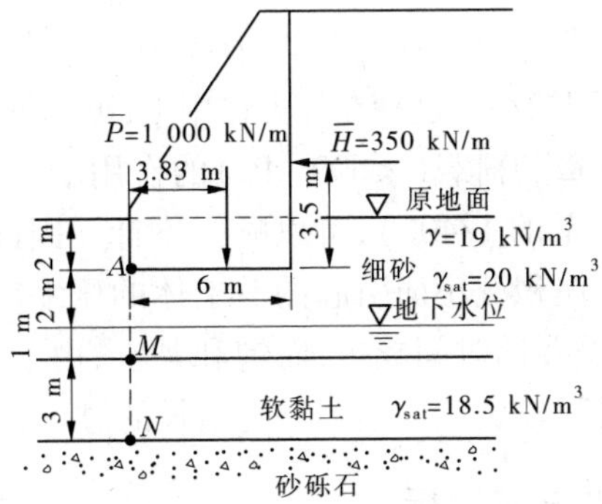

图 3-27　习题 3-5 附图

第四章　土的压缩与固结

第一节　概　述

由前述章节知道,地基土内各点承受土自重引起的自重应力,一般情况下,地基土在其自重应力作用下已经压缩稳定。但是,当建筑物通过其基础将荷载传给地基之后,将在地基中产生附加应力,这种附加应力会导致地基土体的压缩变形。土体变形有体积变形与形状变形之分,本章只讨论由正应力引起的体积变形,即由于外荷载导致地基内正应力增加,使得土体体积缩小。这种在附加应力作用下,地基土体将产生体积缩小,从而引起建筑物基础的竖直方向的位移(或下沉)称为沉降。

如果地基土各部分的竖向变形不同,则在基础的不同部位将会产生沉降差,使建筑物基础发生不均匀沉降。基础的沉降量或沉降差过大,常常影响建筑物的正常使用,甚至危及建筑物的安全。因此,为了保证建筑物的安全和正常使用,基础的沉降量必须限制在保证建筑物安全的允许范围内。这就要求在设计时,必须预先估计建筑物基础可能产生的最大沉降量和沉降差。如果此沉降量和沉降差在容许范围之内,那么该建筑物的安全和正常使用一般是有保证的;否则,将没有保证。这时,必须采取相应的工程措施,如进行地基处理或修改设计,以确保建筑物的安全和正常使用。

第二节　土的压缩特性

一、土的压缩与固结

土是散粒体结构材料,其颗粒间的孔隙与它所受到的外力的大小有关,外力增加,土颗粒将重新排列,导致土体体积缩小。这种在外力作用下,土体体积缩小的现象称为压缩。

研究表明,在建筑物自重和荷载(<600 kPa)的作用下,土粒本身和孔隙水的压缩量极其微小(不到土体总压缩量的1/400),可以略去不计。因此,土体发生变形,主要是孔隙水和气体被挤出,使孔隙体积减小而引起的。土体的压缩变形往往需要一定时间才能完成。无黏性土压缩过程需要的时间较短,而饱和黏土,由于透水性小,水被挤出的速度慢,因此压缩过程需要的时间较长。压缩随时间增长的过程称为固结。

二、侧限压缩试验和压缩指标

(一)侧限压缩试验

在实验室用压缩仪进行压缩试验来研究土的压缩性,图4-1是压缩仪示意图。用环刀(一般高为2 cm,面积为30 cm^2 或50 cm^2)切取原状土样,连同环刀一起装入侧限压缩仪刚性护环内,土样上、下面放透水石和滤纸,以便试样在压力作用下土中水的排出。由杠杆通过加压板向试样施加压力。由于刚性护环所限,增压或减压时土样只能在铅直方向产生变形,而不能产生侧向变形,故称侧限压缩试验或单向固结试验。

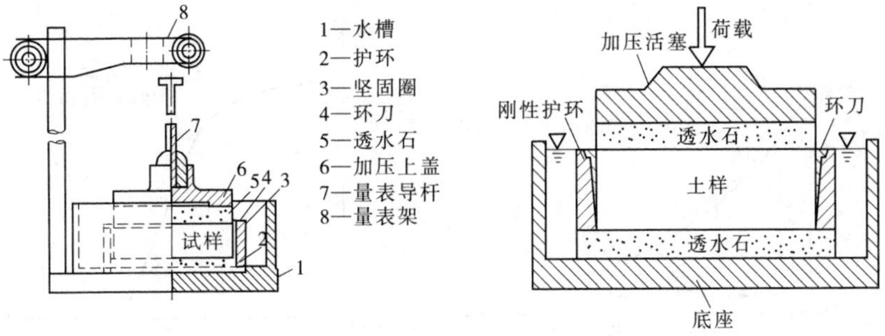

图 4-1　压缩仪示意图

试验时通过传压板由小到大逐级连续加荷,一般加压顺序是:50 kPa、100 kPa、200 kPa、300 kPa、400 kPa 等,每加一级荷载,待土样变形达到稳定,由量表读得相应的压缩变形量,再施加下一级荷载。由于试样土颗粒本身的压缩量很小,故常忽略不计,则土样的压缩变形便为孔隙体积的减小。因此,试样在各级压力 p_i 作用下的变形常用孔隙比 e 的变化来表示。试验成果用 e—p 曲线表示,如图 4-2 所示。

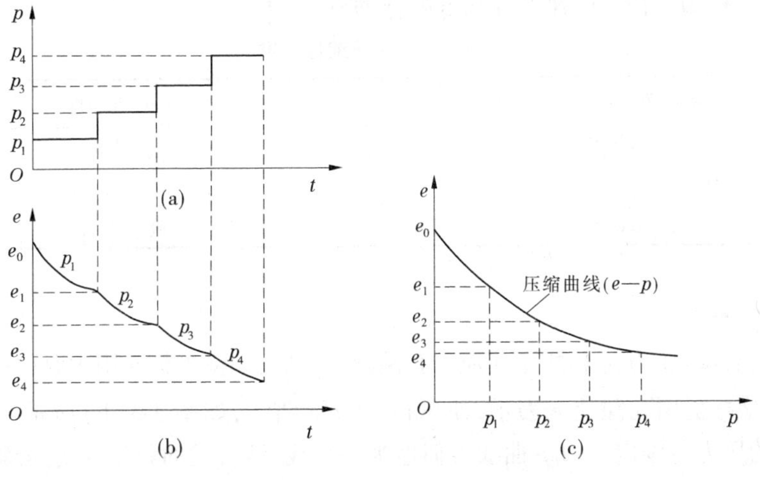

图 4-2　固结试验成果示意图

(二)压缩指标

1. 压缩系数

土的压缩曲线可以用图 4-3 中的割线 M_1M_2 表征。该直线的斜率即定义为压缩系数 a_v。

$$a_v = \frac{e_1 - e_2}{p_2 - p_1} = -\frac{\Delta e}{\Delta p} \tag{4-1}$$

式中　p_1、p_2——M_1、M_2 两点所对应的压力;

e_1、e_2——在 p_1、p_2 作用下压缩稳定时的孔隙比；

a_v——压缩系数，kPa^{-1} 或 MPa^{-1}；

负号表示 e 随 p 的增加而减小。

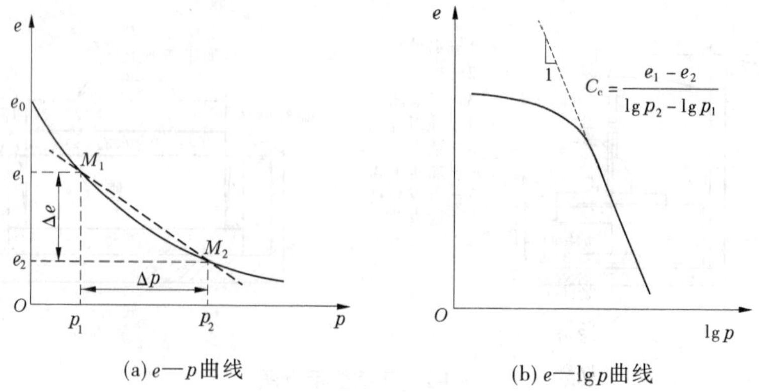

图 4-3　侧限压缩试验曲线

压缩系数 a_v 是表征土压缩性的重要指标之一。e—p 曲线愈陡，a_v 就愈大，土的压缩性愈高；反之，e—p 曲线愈平缓，a_v 就愈小，土的压缩性愈低。但对同一种土，由于压缩曲线不是直线，其压缩系数并不是一个常数，它取决于所取压力间隔(p_1-p_2)及该压力间隔的起始值 p_1 的大小。在工程实践中，为便于比较，取 $p_1=100$ kPa，$p_2=200$ kPa，所对应的压缩系数 a_{1-2} 作为评价土的压缩性高低的标准，见表 4-1。

表 4-1　土的压缩性标准

压缩系数(MPa^{-1})	土的压缩性
$a_{1-2}<0.1$	低压缩性
$0.1\leqslant a_{1-2}<0.5$	中压缩性
$a_{1-2}\geqslant 0.5$	高压缩性

2. 压缩指数

在测定出各级压力 p_i 作用下相应的孔隙比 e 之后，如横坐标 p 用对数比例表示，即用 $\lg p$ 表示，纵坐标仍用孔隙比 e 表示，便可得 e—$\lg p$ 曲线，如图 4-3(b)所示，由图可以看出，在较高的压力范围内 e—$\lg p$ 曲线近似地为一直线，该直线的斜率即为压缩指数 C_c，由式(4-2)确定

$$C_c=\frac{e_1-e_2}{\lg p_2-\lg p_1} \tag{4-2}$$

压缩指数 C_c 也是反映土的压缩性高低的一个指标，C_c 愈大，压缩曲线愈陡，土的压缩性就高；反之，则压缩性就低。对同一种土，C_c 值在较高压力范围内都是常量。

3. 压缩模量

在侧限条件下，竖向的压力变化量 Δp 与相应应变的变化量的比值，称为土的压缩模量。若取截面面积为一个单位的土柱体(见图 4-4)，在侧限条件下压力由 p_1 增至 p_2 时，

其孔隙体积由 e_1 减至 e_2，因此应力增量 $\Delta p = p_2 - p_1$ 引起的应变量增量 $\Delta\varepsilon = \dfrac{e_1 - e_2}{1 + e_1}$，则土的压缩模量 E_s 表示为

$$E_s = \frac{\Delta p}{\Delta \varepsilon} = \frac{p_2 - p_1}{\dfrac{e_1 - e_2}{1 + e_1}} = \frac{1 + e_1}{a_v} \tag{4-3}$$

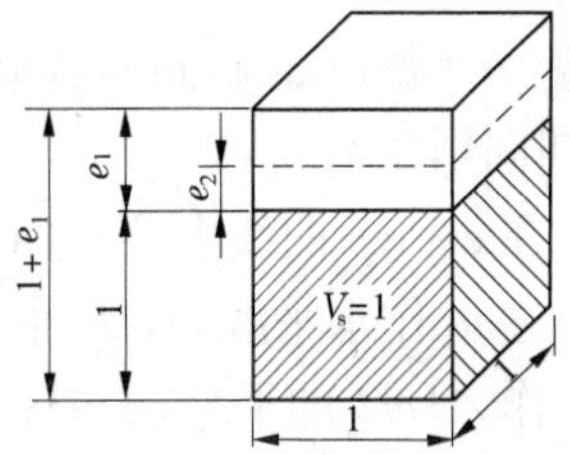

图 4-4　侧限条件下单位土柱体的压缩

4. 体积压缩系数

除压缩系数、压缩指数和压缩模量外，还常用到体积压缩系数 m_v。

体积压缩系数 m_v 被定义为土体在单位应力作用下单位体积的体积变化，其大小等于 $a_v/(1 + e_1)$，其中，e_1 为初始孔隙比。

三、先期固结压力

土层在地质历史上曾经受过的最大压力（指有效应力）称为先期固结压力 p_c。如土层目前承受的上覆有效自重压力 p_0 等于 p_c，这种土称为正常固结土；如 p_c 大于 p_0，则称为超固结土；如 p_c 小于 p_0，则称为欠固结土。值得说明的是，p_0 为按第三章所述方法根据土的重度计算得到的自重应力，对于正常固结土和超固结土，计算自重应力等于实际有效自重应力；对于欠固结土，土粒的自重尚未完全由土骨架承担，亦即实际有效自重应力小于计算自重应力，目前的实际有效自重应力也就是它在地质历史上曾经受过的最大有效应力。因此，欠固结土本质上也是正常固结土。

由于冰川融化、覆盖土层剥蚀、人工开挖或地下水位上升等因素，原来长期存在于土层中的竖向有效压应力减小了，即先期固结压力为 p_c 大于土层目前所受的自重应力 p_0，此时土层便成为超固结土。超固结土的压缩性要比正常固结土小得多，因为它受载后将要经历的是再压缩，而不是初始压缩。p_c 与 p_0 的比值称作超固结比 OCR，即

$$OCR = p_c/p_0 \tag{4-4}$$

显然，$OCR > 1$ 的土为超固结土，$OCR = 1$ 的土为正常固结土，$OCR < 1$ 的土为欠固结土。OCR 越大，土的超固结度越高，压缩性越小。顺便指出，正常固结黏土三轴试验的应力—应变曲线与松砂相似，而超固结黏土的应力—应变曲线则与密砂相似。

先期固结压力 p_c 取决于土层的受力历史（长期自然地质作用），一般很难查明，只能根据原状土样的 e—$\lg p$ 曲线推求。该曲线开始一段通常为平缓曲线，后面一段才是比较陡的直线，如图 4-5 的 $\overset{\frown}{CmD}$。这是因为土样从土层中取出之前经历了从 A 到 B 的压缩过程，取出时经历了从 B 到 C 的卸载

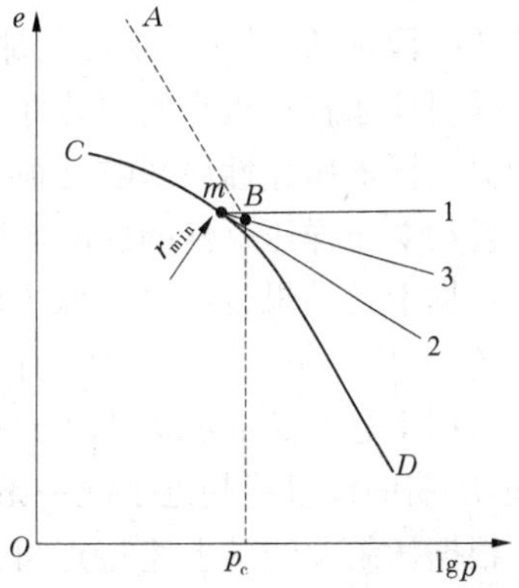

图 4-5　确定 p_c 的作图法

过程,然后放在仪器内受压,先是再压缩,当压力超过原来曾经受过的压力之后,才逐渐进入初始压缩直线段。

卡萨格兰德(Casagrande A)建议采用如下经验作图法确定 B 点,相应于 B 点的压力就是先期固结压力 p_c:

(1)在 e—lg$p$ 曲线上寻找曲率半径最小的点 m;

(2)过 m 作水平线 $m1$ 和曲线的切线 $m2$;

(3)作∠$1m2$ 的平分线 $m3$;

(4)向上延长 e—lg$p$ 曲线的直线段,与 $m3$ 相交,交点即为所求的 B 点。

按这种经验方法或其他类似的经验方法确定的先期固结压力只能是一种大致估计,因为原状土样往往并不是“原状”,取样过程中的扰动会歪曲 e—lg$p$ 曲线的形状和位置。土样扰动的程度对试验成果的可靠性和准确度影响很大。

某些结构性强的土的 e—lg$p$ 曲线也会有曲率突变的 B 点,但它不是由于先期固结压力所致,而是结构强度的一种反映。当作用压力未超过土的结构强度时,土的压缩性较小,一旦压力超过土的结构强度,亦即 B 点所对应的压力值时,土的结构破坏,压缩性便急剧增大。这时 B 点并不代表先期固结压力 p_c,而是代表与土的结构强度有关的一个指标。

在超固结土层上修建建筑物时,应尽量使土中应力不超过先期固结压力,这样沉降就不会很大。

四、原位压缩曲线

如前所述,在 e—lg$p$ 坐标系内,土的孔隙比和压力关系曲线的特点之一是,在压力较大部分该曲线接近直线。除此之外,土的孔隙比和压力关系曲线还有其他重要特点。

上述压缩曲线,不论是 e—p 形式还是 e—lg$p$ 形式,都是由室内侧限压缩试验测得的。由于土样在采取过程中受到扰动以及取出地面后应力释放等因素的影响,室内压缩曲线已经不能完全代表地基中原位土体的压缩性状。

在地基中某处取一系列土样测试其压缩曲线,各土样的初始状态相同,但受扰动的程度不同。测得的压缩曲线如图 4-6 所示。可以看出,随着扰动程度的增加,e—lg$p$ 曲线上部的曲线段加长;其中最下面的那条曲线对应于重塑土,其曲线段范围最大,最上面的那条曲线对应于扰动极小的原状样,其直线段向上延伸最长。压力较大时,土样变得密实,扰动对土样的压缩性质影响已很小;总结大量试验结果得出,孔隙比达到 $0.42e_0$ 时,可以认为扰动对土样压缩性的影响可以忽略,各曲线相交于一点。

根据上述结果,可以得出 e—lg$p$ 曲线的特点之二,扰动越小,压缩曲线上部的曲线段范围越短,压力较大时不同扰动程度试样的曲线交于一点。

根据上述结果,可以得出 e—lg$p$ 曲线的特点之三,即同一种土,尽管其起始状态不同,但压缩曲线最终趋近于同一条直线,并推测新沉积地表土的压缩曲线为一条直线。

根据压缩曲线的上述特点可以推断,在 e—lg$p$ 坐标系内,原状土的原位压缩曲线为直线,原状土的原位再压缩曲线也近似为直线,可利用如下经验方法推求。

图 4-7(a)表示正常固结土的 e—lg$p$ 曲线,因为是正常固结土,所以先期固结压力 p_c

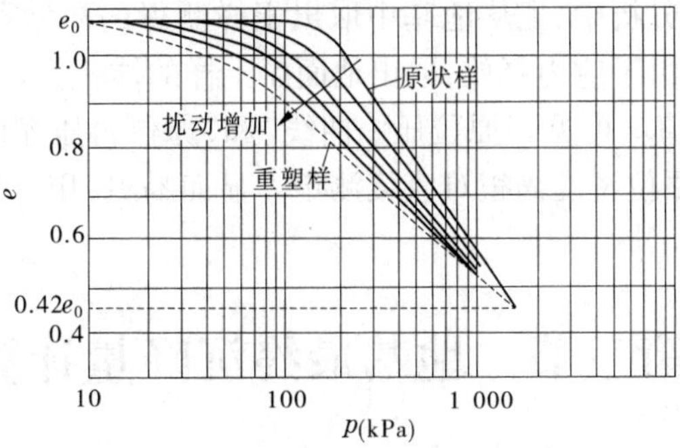

图 4-6　不同扰动条件下土样的压缩曲线

等于取土深度处的自重应力 p_0。假定土样取出后体积保持不变，则土样的初始孔隙比 e_0 就相应于取土深度处土的原位孔隙比，故图中 E 点即表示原位状态土的应力和孔隙比。如前所述，当 $e = 0.42e_0$ 时，可以认为试样不受扰动的影响，这时室内压缩曲线上的 D 点可以表示原位状态的 e 和 p。另外，正常固结土的 e 和 $\lg p$ 关系呈直线变化，因此可以认为，连接 E 点和 D 点的直线就是原位压缩曲线，其斜率 C_c 就是原位土的压缩指数。

对于超固结土，室内试验测得的 e—$\lg p$ 曲线如图 4-7(b)所示，试验中进行卸载和重加载，形成滞回圈。滞回圈的平均斜率就是再压缩指数 C_e。按上述方法先确定先期固结压力 p_c。

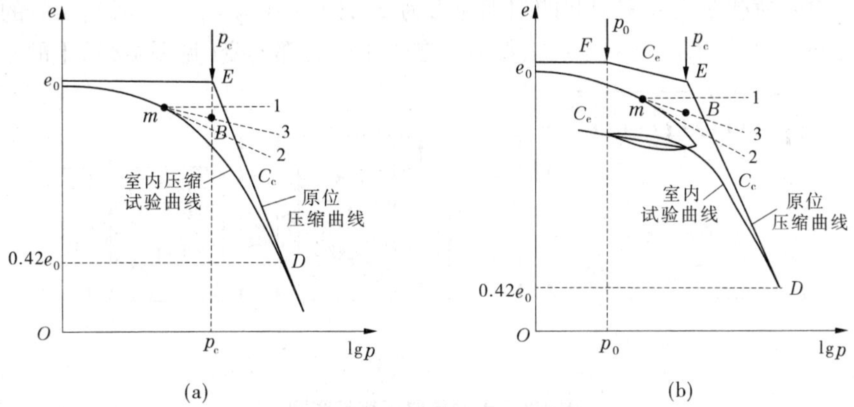

图 4-7　原位压缩曲线和再压缩曲线

超固结土的先期固结压力 p_c 大于当前取土点的自重应力 p_0。显然只有当应力增加至 p_c 时，土样才进入正常固结状态。同样假定土样取出地面后体积不变化，测出的初始孔隙比 e_0 就是原位自重应力作用下的孔隙比，因此图 4-7(b)曲线中的 F 点代表当前地基中取土处的 e_0 和 p_0。从 F 点按再压缩指数 C_e 的斜率作直线交先期固结压力 p_c 相应的竖直线于 E 点，显然 E 点代表土体应力恢复到先期固结压力时的 e 和 p_c，也就是原位土在正常固结状态的一个代表点。同样，室内压缩曲线上相应于 $0.42e_0$ 的 D 点也是土体正常固结状态的另一个代表点。这样，直线 DE 即为原位压缩曲线，而直线 EF 即为原位再压缩曲线之一。

要注意到,在上述分析中,把从地基中取出土样测得的初始孔隙比 e_0 作为原位孔隙比是不准确的,实际上由于应力释放,取出地面后土样的体积会发生膨胀。真正原位的孔隙比应小于测得的 e_0 值。可见,“原位压缩曲线”和“原位再压缩曲线”也并非真正的“原位”。事实上,真正的原位密度尚很难直接测定。显而易见,用这种办法求得的原位压缩指数可能偏大。

第三节　地基最终沉降量计算

地基土层在外荷载作用下达到固结稳定时的最大沉降量,称为最终沉降量。地基最终沉降量的计算方法有多种,通常采用的是单向压缩分层总和法。分层总和法假定地基土层只有竖向单向压缩,不产生侧向变形,并且只考虑地基的固结沉降,利用侧限压缩试验的结果曲线计算沉降量。

下面将介绍单向压缩分层总和法的原理、计算方法与步骤。

一、单向压缩沉降量计算公式

设地基中仅有一较薄的压缩土层,在建筑物荷载作用下,该土层只产生竖向的压缩变形,即相当于侧限压缩试验的情况。土层的厚度为 H_1,在进行工程建筑前的初始应力(土的自重应力)为 p_1,认为地基土体在自重应力作用下已达到压缩稳定,其相应的孔隙比为 e_1;建筑后由外荷载在土层中引起的附加应力为 Δp,则应力 $p_2 = p_1 + \Delta p$,其相应的孔隙比为 e_2,土层的高度为 H_2。设 $V_s = 1$,土粒体积在受压前后都不变(见图4-8),土的压缩只是

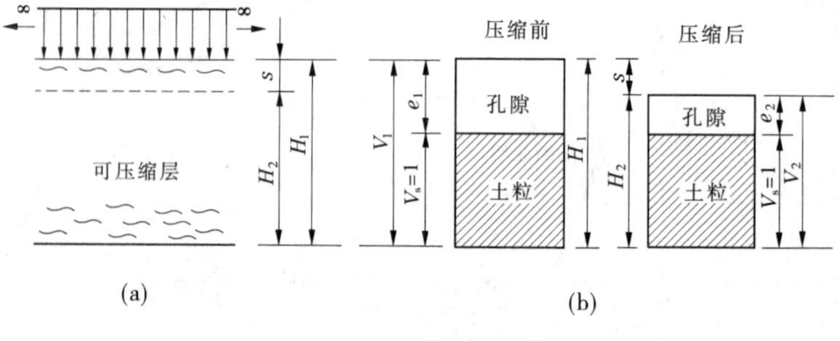

图4-8　土的单向压缩示意图

由于土的孔隙体积的减小,并设 A 为土体的受压面积,则在压缩前土的总体积为

$$AH_1 = V_s + V_v = (1 + e_1)V_s \tag{4-5}$$

压缩后土的总体积为

$$AH_2 = (1 + e_2)V_s$$

根据压缩前、后土颗粒体积相等,可得

$$\frac{AH_1}{1 + e_1} = \frac{AH_2}{1 + e_2}$$

$$H_2 = \frac{1 + e_2}{1 + e_1}H_1$$

$$s = H_1 - H_2 = \frac{e_1 - e_2}{1 + e_1}H_1 = \frac{-\Delta e}{1 + e_1}H_1 \tag{4-6}$$

式中 e_1、e_2——土压缩前、后的孔隙比,可通过土体的 e—p 曲线确定;

s——沉降量,cm。

若引入压缩系数 a_v、压缩模量 E_s,式(4-6)可变为

$$s = \frac{a_v}{1 + e_1}\Delta p H_1 \tag{4-7}$$

$$s = \frac{1}{E_s}\Delta p H_1 \tag{4-8}$$

二、分层总和法原理、计算步骤和方法

(一)原理

由于地基土层往往不是由单一土层组成的,各土层的压缩性能不一样,在建筑荷载的作用下土层中所产生的附加应力的分布沿深度方向也非直线分布,为了计算地基最终沉降量 s,首先必须分层,然后分层计算每一薄层的沉降量 s_i,再将各层的沉降量总和起来,即得地基表面的最终沉降量 s。

$$s = \sum_{i=1}^{n} s_i \tag{4-9}$$

(二)计算步骤和方法

(1)分层。为了地基沉降量计算比较精确,除每一薄层的厚度 $H_i = 2 \sim 4$ m 或 $H_i \leqslant 0.4b$(b 为基础宽度)外,尽量使每一薄层的附加应力的分布线接近于直线。地下水位处,层与层接触面处都要作为分层点。

(2)计算地基土的自重应力,并按一定比例绘制自重应力分布图(自重应力从地面算起)。

(3)计算基底压力。

(4)计算基底附加压力 p_n,等于基底压力减去基础埋深 d 以内土所产生的自重应力 γd,即

$$p_n = p - \gamma d$$

(5)计算地基中的附加应力,并按与自重应力同一比例绘制附加应力的分布图。附加应力从基底面算起。

(6)确定压缩土层计算深度 Z_n。因地基土层中附加应力的分布是随着深度增大而减小的,超过某一深度后,以下的土层压缩变形量很小,可忽略不计,此深度称为压缩土层计算深度 Z_n。一般根据 $\sigma_z = 0.2\sigma_{cz}$ 条件确定,软土由 $\sigma_z = 0.1\sigma_{cz}$ 确定。

(7)计算每一薄层的沉降量 s_i。由式(4-6)~式(4-8)得

$$s_i = \frac{e_{1i} - e_{2i}}{1 + e_{1i}}H_i$$

$$s_i = \frac{a_{vi}}{1 + e_{1i}}\sigma_{zi}H_i$$

$$s_i = \frac{1}{E_{si}}\bar{\sigma}_{zi}H_i$$

式中 $\bar{\sigma}_{zi}$——第 i 层土的平均附加应力,kPa;

E_{si}——第 i 层土的侧限压缩模量,kPa;

H_i——第 i 层土的计算厚度,m;

a_{vi}——第 i 层土的压缩系数,kPa^{-1};

e_{1i}——第 i 层土的原始孔隙比;

e_{2i}——第 i 层土压缩稳定时的孔隙比。

(8)计算地基最终沉降量 s。

$$s = \sum_{i=1}^{n} s_i$$

【例 4-1】 在均质黏性土层上建造一矩形基础,如图 4-9(a)所示,基础长度 $l = 10$ m,宽度 $b = 5$ m,埋深 $d = 1.5$ m,其上作用中心荷载 $P = 10\ 000$ kN。地基土的天然湿重度为 19.6 kN/m^3,饱和重度为 20.4 kN/m^3,土的压缩曲线如图 4-9(b)所示。若地下水位距离基底 2.5 m,试求基础中心点的沉降量。

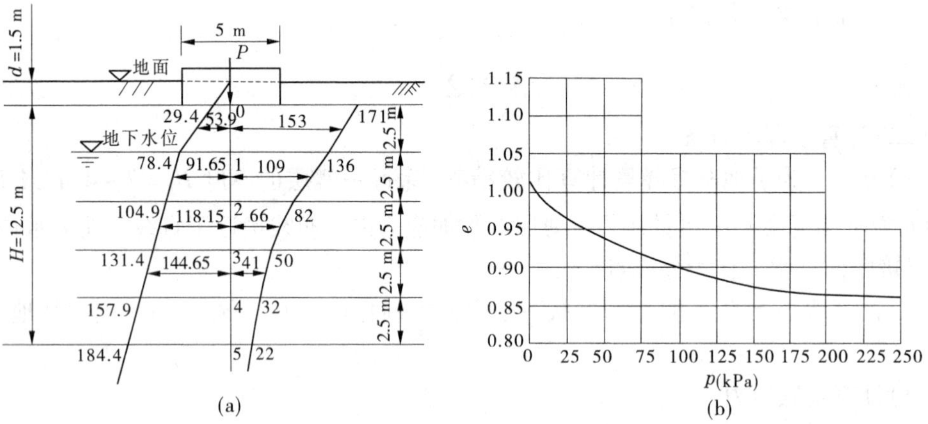

图 4-9 例 4-1 附图

解:(1)由 $l/b = 10/5 = 2 < 10$ 可知,属于空间问题,且为中心荷载,所以基底压力为

$$p = \frac{P}{l \times b} = \frac{10\ 000}{10 \times 5} = 200(\text{kPa})$$

基底附加压力为

$$P_n = p - \gamma_0 d = 200 - 19.6 \times 1.5 = 170.6(\text{kPa})$$

(2)因为是均质土,且地下水位在基底以下 2.5 m 处,取分层厚度 $H_i = 2.5$ m。

(3)求各分层面的自重应力(注意从地面算起)并绘分布曲线,见图 4-9(a)。

$$\sigma_{c0} = \gamma d = 19.6 \times 1.5 = 29.4(\text{kPa})$$

$$\sigma_{c1} = \sigma_{c0} + \gamma H_1 = 29.4 + 19.6 \times 2.5 = 78.4(\text{kPa})$$

$$\sigma_{c2} = \sigma_{c1} + \gamma' H_2 = 78.4 + (20.4 - 9.8) \times 2.5 = 104.9(\text{kPa})$$

$$\sigma_{c3} = \sigma_{c2} + \gamma' H_3 = 104.9 + (20.4 - 9.8) \times 2.5 = 131.4(\text{kPa})$$

$$\sigma_{c4}=\sigma_{c3}+\gamma' H_4=131.4+(20.4-9.8)\times 2.5=157.9(\text{kPa})$$
$$\sigma_{c5}=\sigma_{c4}+\gamma' H_5=157.9+(20.4-9.8)\times 2.5=184.4(\text{kPa})$$

(4)求各分层面的竖向附加应力并绘分布曲线,见图4-9(a)。

该基础为矩形,属空间问题,故应用"角点法"求解。为此,通过中心点将基底划分为四块相等的计算面积,每块的长度 $l_i=5$ m,宽度 $b_i=2.5$ m。中心点正好在四块计算面积的公共角点上,该点下任意深度 z_i 处的附加应力为任一分块在该处引起的附加应力的4倍,计算结果如表4-2所示。

表4-2　附加应力计算成果

位置	z_i	z_i/b	l/b	K_s	$\sigma_z=4K_s p_n$(kPa)
0	0	0	2	0.250 0	171
1	2.5	1.0	2	0.199 9	136
2	5.0	2.0	2	0.120 2	82
3	7.5	3.0	2	0.073 2	50
4	10.0	4.0	2	0.047 4	32
5	12.5	5.0	2	0.032 8	22

(5)确定压缩层厚度。从计算结果可知,在第4点处有 $\sigma_{z4}/\sigma_{c4}\approx 0.2$,所以,取压缩层厚度为10 m。

(6)计算各分层的平均自重应力和平均附加应力,由图4-9(b)根据 $p_{1i}=\sigma_{ci}$ 和 $p_{2i}=\sigma_{ci}+\sigma_{zi}$ 分别查取初始孔隙比和压缩稳定后的孔隙比,结果列于表4-3。

表4-3　各分层的平均应力及相应的孔隙比

层次	平均自重应力 $p_{1i}=\sigma_{ci}$(kPa)	平均附加应力 σ_{zi}(kPa)	加荷后总的应力 $p_{2i}=\sigma_{ci}+\sigma_{zi}$(kPa)	初始孔隙比 e_{1i}	压缩稳定后的孔隙比 e_{2i}
Ⅰ	53.90	153	206.90	0.935	0.870
Ⅱ	91.65	109	200.65	0.915	0.870
Ⅲ	118.15	66	184.15	0.895	0.875
Ⅳ	144.65	41	185.65	0.885	0.873

(7)计算地基的沉降量。分别计算各分层的沉降量,然后累加即得

$$S=\sum_{i=1}^{4}\frac{e_{1i}-e_{2i}}{1+e_{1i}}H_i$$
$$=\left(\frac{0.935-0.870}{1+0.935}+\frac{0.915-0.870}{1+0.915}+\frac{0.895-0.875}{1+0.895}+\frac{0.885-0.873}{1+0.885}\right)\times 250$$
$$=(0.0336+0.0235+0.0106+0.00637)\times 250=18.5(\text{cm})$$

三、沉降量修正

由于采用基础中心点下的附加应力(它大于任何其他点下的附加应力)作为计算依

据,沉降计算值会比实际值偏大(且没有考虑基础刚度和建筑物刚度对均衡沉降的作用);另一方面,由于假设基础底面以下土层处于完全侧限状态,只产生一维(竖向)压缩,不发生侧向变形,这又会使沉降计算值比实际偏小;再加上许多其他因素造成的误差,如采用的压缩性指标由于土样扰动或土质不均匀而不能准确代表地基土层的实际性状,用上述分层总和法预计的基础沉降量与建筑物基础的实测沉降量往往并不相符,而有一定差异。这种差异的大小与地基土的种类、基础的型式、基底设计压力的大小以及土的压缩性有关。目前,要从理论上确定由于各种因素造成的这种差异量尚有困难,只能根据建筑物实际观测资料与计算沉降量的比较,经验统计得出可用于各种不同情况下的沉降经验修正系数 ψ_s。这样,为了使预估沉降量 $\overline{s}$ 更接近实际,可写成

$$\overline{s} = \psi_s s \tag{4-10}$$

式中　s——按分层总和法计算的沉降量。

在没有其他资料(如本地区经验统计数据或相类似建筑物地基基础的实测资料)时,沉降经验修正系数 ψ_s 可按表4-4采用。表中 f_{ak} 为地基承载力特征值,其意义和确定方法见本书第八章。

表4-4　沉降经验修正系数 ψ_s 值

基底附加压力	$\overline{E}_s$(MPa)				
	2.5	4.0	7.0	15.0	20.0
$p_n \geqslant f_{ak}$	1.4	1.3	1.0	0.4	0.2
$p_n \leqslant 0.75 f_{ak}$	1.1	1.0	0.7	0.4	0.2

表4-4中 $\overline{E}_s$ 为沉降计算深度范围内侧限压缩模量的当量值,应按式(4-11)计算

$$\overline{E}_s = \frac{\sum A_i}{\sum \dfrac{A_i}{E_{si}}} \tag{4-11}$$

式中　A_i——第 i 层土附加应力分布图的面积;

E_{si}——相应于该第 i 土层的侧限压缩模量。

四、用 e—$\lg p$ 曲线计算地基最终沉降量

通常,土层的 p_1、e_1 和 H 已知(可通过勘察得到),因此只须求得压力增量 Δp(附加应力)作用下土体的孔隙比变化量 Δe 即可应用式(4-6)计算土层的压缩量。计算 Δe 的方法有两种:e—p 曲线法和 e—$\lg p$ 曲线法。

如果不考虑应力历史,可直接由 p_1、p_2 在压缩曲线上(无论 e—p 曲线或 e—$\lg p$ 曲线)查取 e_1、e_2,从而得到 $\Delta e = e_1 - e_2$,再用式(4-6)计算。如果压缩系数或等其他压缩参数已知,可由压力增量 Δp 和压缩参数直接应用式(4-7)计算。

为考虑应力历史对土体压缩性的影响时,应采用 e—$\lg p$ 曲线推求现场压缩曲线,计算压缩量。对于正常固结土,根据 e—$\lg p$ 曲线和压缩指数 C_c 的定义,孔隙比变化量 Δe 可表示为

$$\Delta e = -C_c \lg\left(\frac{p_1 + \Delta p}{p_1}\right) \tag{4-12}$$

对于超固结土，根据压力增量 Δp 大小的不同，可分为两种情况：第一种是 $\Delta p > p_c - p_1$（见图 4-10(b)），即 $p_2 > p_c$ 时，在压力增量 Δp 的作用下，孔隙比变化将包括先沿再压缩曲线减小的 $\Delta e'$ 和沿压缩曲线减小的 $\Delta e''$，根据 e—$\lg p$ 曲线及压缩指数 C_c 和再压缩指数 C_e 的定义，有

$$\Delta e' = -C_e(\lg p_c - \lg p_1) = -C_e \lg\left(\frac{p_c}{p_1}\right) \tag{4-13}$$

$$\Delta e'' = -C_c[\lg(p_1 + \Delta p) - \lg p_c] = -C_c \lg\left(\frac{p_1 + \Delta p}{p_c}\right) \tag{4-14}$$

则孔隙比的总改变量为

$$\Delta e = \Delta e' + \Delta e'' = -\left[C_e \lg\left(\frac{p_c}{p_1}\right) + C_c \lg\left(\frac{p_1 + \Delta p}{p_c}\right)\right] \tag{4-15}$$

第二种情况是 $\Delta p \leqslant p_c - p_1$（见图 4-10(d)），即增大后的压力不超过先期固结压力时，在压力增量 Δp 的作用下，孔隙比只沿着再压缩曲线减小，其改变量为

$$\Delta e = -C_e[\lg(p_1 + \Delta p) - \lg p_1] = -C_e \lg\left(\frac{p_1 + \Delta p}{p_1}\right) \tag{4-16}$$

对于欠固结土（见图 4-10(c)），其在现有固结压力作用下还没有完全达到固结稳定，

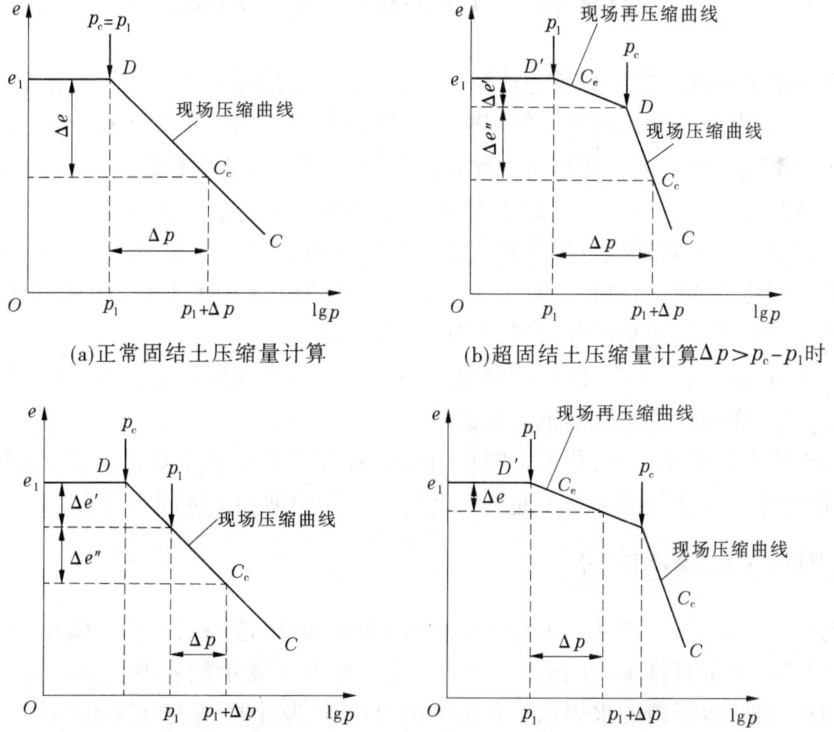

(a)正常固结土压缩量计算　(b)超固结土压缩量计算 $\Delta p > p_c - p_1$ 时

(c)欠固结土压缩量计算　(d)超固结土压缩量计算 $\Delta p \leqslant p_c - p_1$ 时

图 4-10　e—$\lg p$ 曲线法计算压缩量

土层的现有有效固结压力等于先期固结压力 p_c,$p_c < p_1$。即使没有新的压力增量 Δp 作用,土体仍然会产生压缩。因此,欠固结土压缩量的起点是 p_c,可求得土体的孔隙比变化量 Δe 为

$$\Delta e = - C_c \lg\left(\frac{p_1 + \Delta p}{p_c}\right) \tag{4-17}$$

用 e—lg$p$ 曲线法来计算地基的沉降时,其基本方法与 e—p 曲线法相似,都是以无侧向变形条件下压缩量的基本公式和分层总和法为前提,即每一分层的压缩量用公式(4-6)计算,所不同的是:

(1)Δe 由现场压缩曲线求得。

(2)初始孔隙比用地基土原位孔隙比 e_0。

(3)对不同应力历史的土层,计算公式在形式上稍有不同。

因而,e—lg$p$ 曲线法计算地基沉降与 e—p 曲线法相比要多如下步骤:

(1)用卡萨格兰德的方法,根据室内压缩曲线确定先期固结压力 p_c;判定各土层是属于正常固结土、超固结土或欠固结土;推求现场压缩曲线和压缩指数 C_c 及回弹再压缩指数 C_e。

(2)根据土层应力历史和推求的 C_c、C_e,合理应用公式求各土层的孔隙比变化量 Δe。

第四节　土的单向固结理论

前面介绍了地基最终沉降量的计算,最终沉降量是指在上部荷载产生的附加应力作用下,地基土体发生压缩达到稳定的沉降量。但是对于不同的地基土体要达到压缩稳定的时间长短不同。对于砂土和碎石土地基,因压缩性较小,透水性较大,一般在施工完成时,地基的变形已基本稳定;对于黏性土,特别是饱和黏土地基,因压缩性大,透水性小,其地基土的固结变形常常延续数年才能完成。地基土的压缩性愈大,透水性愈小,则完成固结也就是压缩稳定的时间愈长。对于这类固结很慢的地基,在设计时,不仅要计算基础的最终沉降量,还需知道地基沉降过程,预计建筑物在施工期间和使用期间的地基沉降量,即地基沉降量与时间的关系,以便预留建筑物有关部分之间的净空,组织施工顺序,控制施工进度,以及作为采取必要措施的依据。

饱和土体在荷载作用下,孔隙中的自由水随着时间推移缓慢渗出,土的体积逐渐减小的过程,称为土的渗透固结。下面通过一个模型来说明饱和土体固结过程。

一、饱和土的渗透固结

首先用一个模型(见图 4-11)来模拟饱和土体中的渗透固结过程。模型为一个充满水,水面放置一个带有排水孔的活塞,活塞又为一弹簧所支承的容器。其中,弹簧表示土的固体颗粒骨架,容器内的水表示土孔隙中的自由水,整个模型表示饱和土体。在外荷载 p 的作用下孔隙水中所引起的超静水压力 u(以测压管中水的超高表示),称为超静孔隙水压力;在土骨架中产生的应力 σ',称为有效应力。根据静力平衡条件可知:

$$\sigma' + u = p \tag{4-18}$$

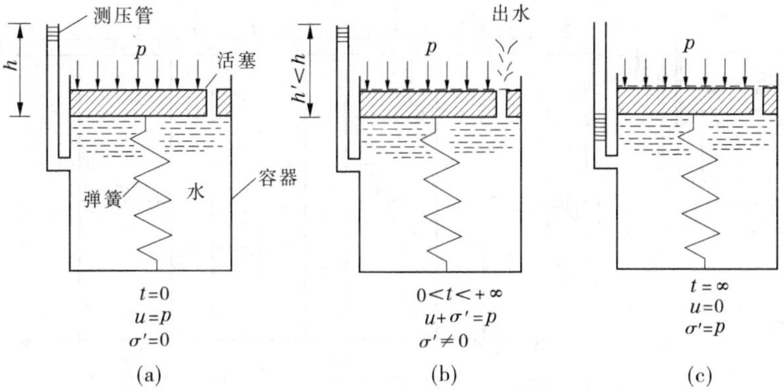

图 4-11　饱和土的渗透固结模型

在荷载 p 施加的瞬间(加荷历时 $t=0$),图 4-11(a)容器中的水还来不及排出,加之水又是不可压缩的,因而弹簧没有压缩,有效应力 $\sigma'=0$,作用在活塞上的荷载 p 全部由水来承担,孔隙水压力 $u=p$。此时可以根据测压管量得的水柱高 h 而算出 $u=\gamma_w h$。其后,$t>0$(见图 4-11(b)),在 u 作用下孔隙水开始排出,活塞下降,弹簧开始受到压缩,$\sigma'>0$。又从测压管测得的 h'(而算出 $u=\gamma_w h'<p$)。随着容器中水的不断排出,u 不断减小。活塞继续下降,σ'不断增大。最后(见图 4-11(c)),当弹簧所受的压力与所加荷载 p 相等时,活塞便不再下降。此时水停止排出,即 $u=0$,亦即表示饱和土渗透固结完成。

因此,可以看出,在一定压力作用下饱和土的渗透固结就是土体中孔隙水压力 u 向有效应力 σ'转化的过程,或者说,是孔隙水压力逐渐削减与有效应力逐渐增长的过程。只有有效应力才能使土体产生压缩和固结,土体中某点有效应力的增长程度反映该点土的固结完成程度。

二、饱和土的单向固结理论

当可压缩土层为厚度不大的饱和软黏土层,其上面或下面(或两者)有排水砂层时,在土层表面有均布外荷载作用下,该层土中孔隙水主要沿竖直方向流动(排出),类似于土的室内侧限压缩试验的情况,这种情况称为单向渗透固结。

(一)单向渗透固结理论的基本假定

(1)荷载是瞬时一次施加的。

(2)土是均质饱和的。

(3)土层仅在竖直方向产生压缩和排水。

(4)土中水的渗流排出符合达西定律。

(5)在压缩过程中受压土层的渗透系数 k 和压缩系数 a_v 视为常数。

(二)单向渗透固结微分方程式的建立及求解

先研究一种简单的地基和荷载条件,如图 4-12 所示,可压缩饱和土层在自重作用下已固结完成,施加于地基上的连续均布荷载 p 是瞬时一次加上的,引起的附加应力 σ_z(=p)沿深度呈均匀分布。

由于底面为不透水层,故土中水只能向上排出(称为单面排水条件),从地基中任一

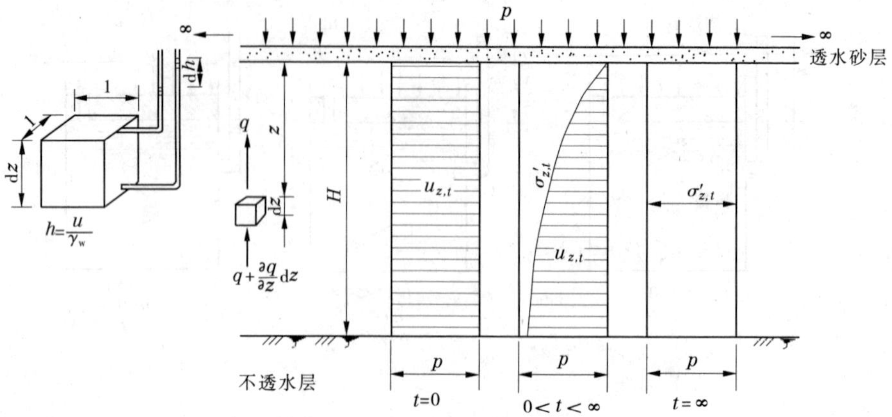

图 4-12　饱和土层的固结过程

深度 z 处取一微分土体 $1\times1\times dz$。在时间间隔 dt 中,流经该微分土体的水量变化为

$$q\mathrm{d}t-\left(q+\frac{\partial q}{\partial z}\mathrm{d}z\right)\mathrm{d}t=-\frac{\partial q}{\partial z}\mathrm{d}z\mathrm{d}t \tag{4-19}$$

根据达西定律可知,当微分土体的水平截面面积为 1×1 时

$$q=v=ki=k\frac{\partial h}{\partial z}=\frac{k}{\gamma_w}\frac{\partial u}{\partial z} \tag{4-20}$$

将式(4-19)代入式(4-20),则在时间间隔 dt 内流经该微分土体的水量变化为

$$-\frac{\partial q}{\partial z}\mathrm{d}z\mathrm{d}t=-\frac{k\partial^2 u}{\gamma_w\partial z^2}\mathrm{d}z\mathrm{d}t \tag{4-21}$$

由于已假定土粒和水本身都不可压缩,故在 dt 时间间隔内,流经该微分土体上下两面的孔隙水量的变化,应等于微分土体中孔隙体积的减小,即

$$-\frac{\partial q}{\partial z}\mathrm{d}z\mathrm{d}t=-\frac{1}{1+e_1}\frac{\partial e}{\partial t}\mathrm{d}t\mathrm{d}z \tag{4-22}$$

又由于只有有效应力才能使土体产生压缩和变形,土体压缩过程就是孔隙水压力和有效应力的转化过程,所以变形随时间变化将是

$$\frac{\partial e}{\partial t}=-a_v\frac{\partial\sigma'}{\partial t}=-a_v\frac{\partial(p-u)}{\partial t}=a_v\frac{\partial u}{\partial t} \tag{4-23}$$

将式(4-22)及式(4-23)代入式(4-21)得

$$\frac{k}{\gamma_w}\frac{\partial^2 u}{\partial z^2}=\frac{a_v}{1+e_1}\frac{\partial u}{\partial t} \tag{4-24}$$

设

$$c_v=\frac{k(1+e_1)}{a_v\gamma_w} \tag{4-25}$$

则得

$$\frac{\partial u}{\partial t}=c_v\frac{\partial^2 u}{\partial z^2} \tag{4-26}$$

式中　k——土的渗透系数,cm/a 或 cm/s;

e_1——土层固结前的初始孔隙比;

γ_w——水的重度，kN/m^3；

a_v——土的压缩系数，kPa^{-1}或 MPa^{-1}；

c_v——土的固结系数，cm^2/a 或 cm/s。

式(4-26)即为饱和土单向渗透固结微分方程式。

按式(4-26)在一定的初始条件和边界条件下，可以解得任一深度 z 在任一时间的孔隙水压力 u 的表示式。

根据图 4-12 所示的初始条件和边界条件：

初始条件：$t=0, u=p$；

边界条件：$z=H$，因属不透水面，故 $q=0, \frac{\partial u}{\partial z}=0$；

$z=0, u=0$。

无论坐标 z 为何值，压缩土层中任一点处，当 $t=\infty$ 时，$u=0$。

可得式(4-26)的解为

$$u_{z,t} = \frac{4}{\pi}p\sum_{m=1}^{\infty}\frac{1}{m}\sin\frac{m\pi z}{2H}e^{-\frac{m^2\pi^2}{4}T_v} \qquad (4\text{-}27)$$

式中　m——正整奇数(1,3,5,…)；

e——自然对数的底；

H——固结土层中最长的排水距离，cm，当土层为单面排水时，H 即为土层的厚度，当土层为上下双面排水时，水由土层中间向上和向下同时排出，则 H 为土层厚度的一半；

T_v——时间因数，无因次。

$$T_v = \frac{c_v}{H^2}t$$

式中　t——固结时间。

三、地基固结度

地基在固结过程中任一时刻 t 的变形量 s_t 与最终变形量 s 之比，称为地基土在任一时间 t 的固结度，常用 U_t 表示，即

$$U_t = \frac{s_t}{s}$$

或

$$s_t = U_t s \qquad (4\text{-}28)$$

在基底附加压力、土层厚度、土层性质和排水条件等已定的情况下，U_t 仅是时间的函数，即 $U_t=f(t)$。

由于饱和土的固结过程是孔隙水压力逐渐转化为有效应力的过程，且土体的压缩是由有效应力引起的，因此任一时间 t 的土体固结度 U_t 又可用土层中的有效应力与总应力之比来表示。参见图 4-12，可得出地基的固结度公式如下：

$$U_t = \frac{\int_0^H \sigma'_{z,t}\mathrm{d}t}{pH} = \frac{pH - \int_0^H u_{z,t}\mathrm{d}z}{pH} = 1 - \frac{\int_0^H u_{z,t}\mathrm{d}z}{pH} \qquad (4\text{-}29)$$

式中:p 与 H 均为已知,将式(4-27)代入式(4-29)中,通过积分并简化便可求得地基土层某一时刻 t 的固结度 U_t 的表达式为

$$U_t = 1 - \frac{8}{\pi^2}\left(e^{-\frac{\pi^2}{4}T_v} + \frac{1}{9}e^{-\frac{9\pi^2}{4}T_v} + \cdots\right) \tag{4-30}$$

由于式(4-30)中的级数收敛得很快,当 T_v 的数值较大时,可只取其第一项,该式即简化为

$$U_t = 1 - \frac{8}{\pi^2}e^{-\frac{\pi^2}{4}T_v} \tag{4-31}$$

由此可见,固结度 U_t 仅为时间因数 T_v 的函数

$$U_t = f(T_v) \tag{4-32}$$

只要土质指标 k、e_1、a_v 和土层厚度 H,以及排水条件和边界条件已知,U_t—t 关系就可求得。

式(4-30)适用于附加应力上下均布的情况,也适用于双面排水附加应力直线分布的情况。对于地基为单面排水且上下面附加应力又不相等的情况,可由比值 $J = \frac{\text{排水面附加应力}}{\text{不排水面附加应力}}$,查图 4-13 中相应的曲线,得到固结度 U_t。

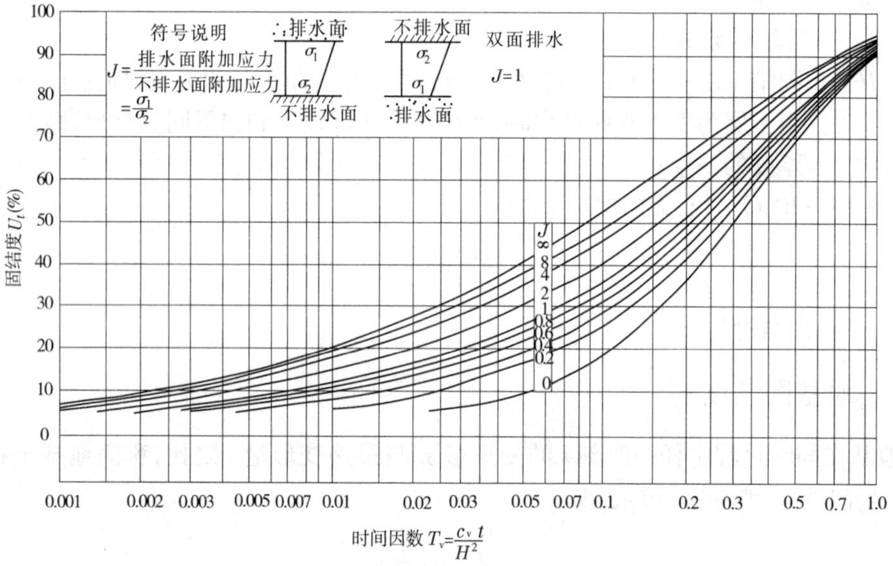

图 4-13　时间因数 T_v 与固结度 u_t 的关系图

四、地基变形与时间的关系计算

计算步骤如下:

(1)用分层总和法计算地基最终沉降量 s。

(2)根据土层的性质指标,确定土的固结系数 c_v。

(3)根据时间 t、固结系数 c_v 计算时间因数 T_v。

(4)根据土层附加应力与排水情况确定比值 J。

(5)由 T_v、J 查图 4-13 确定 U_t。

(6)根据 U_t、最终沉降量 s,由 $U_t=\frac{s_t}{s}$,求 s_t。

【例 4-2】 某地基为饱和黏土,厚度为 10 m,其顶面上分布有一层透水的砂层,底面为一不透水岩层,已知该土层的物理力学性质为:初始孔隙比 $e_1=0.8$,压缩系数 $a_v=0.25\ \text{MPa}^{-1}$,渗透系数 $k=2.0$ cm/a。在荷载 p 的作用下,在该土层中产生的附加应力如图 4-14所示。问:加荷一年后,地基的沉降量为多少?加荷后历时多久,地基的固结度才可达 0.75?

解:求黏土层的最终沉降量 s:

该土层所受平均附加应力为

$$\sigma_z=\frac{225+150}{2}=187.5(\text{kPa})$$

黏土层的最终沉降量为

$$s=\frac{a_v}{1+e_1}\sigma_z H=\frac{0.25}{1+0.8}\times 0.187\ 5\times 1\ 000$$

$$=26(\text{cm})$$

求黏性土的固结系数:

$$c_v=\frac{k(1+e_1)}{a_v\gamma_w}=\frac{2.0\times(1+0.8)\times 10^2}{0.25\times 9.8\times 10^{-3}}$$

$$=1.47\times 10^5(\text{cm}^2/\text{a})$$

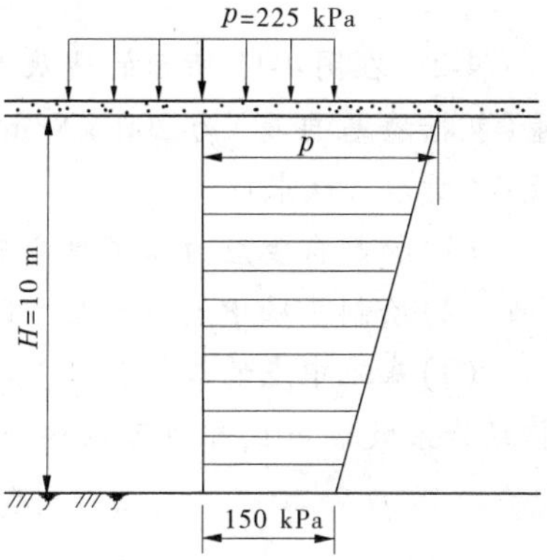

图 4-14　例 4-2 附图

$$T_v=\frac{c_v t}{H^2}=\frac{1.47\times 10^5\times 1}{1\ 000^2}=0.147$$

$$J=\frac{\sigma'_z}{\sigma''_z}=\frac{225}{150}=1.5$$

求加荷 1 年的沉降量 s_t:

由图 4-13 查得,加荷 1 年后地基固结度 $U_t=0.45$,再按 $s_t=sU_t$ 算得

$$s_t=26\times 0.45=11.7(\text{cm})$$

求所需时间:

$J=1.5$ 以及 $U_t=0.75$,查图 4-13 得

$$T_v=\frac{c_v t}{H^2}=0.47$$

故黏土层当固结度达到 0.75 时,所需的时间为

$$t=\frac{T_v H^2}{c_v}=\frac{0.47\times 1\ 000^2}{1.47\times 10^5}=3.20(\text{a})$$

习　题

4-1　对一土样做压缩试验,已知试验土样的天然重度 $\gamma=18.2\ \text{kN/m}^3$,天然含水量

$w=38\%$，土粒比重 $G_s=2.75$，试样高度 $H=20$ mm，试样在各级荷载作用下压缩稳定后的总变形量如表4-5所示，试绘制 e—p 曲线并求压缩系数及评价土的压缩性大小。

表4-5　习题4-1附表

压力(kPa)	试样总变形量 $\sum\Delta H_i$(mm)	压力(kPa)	试样总变形量 $\sum\Delta H_i$(mm)
0	0	200	1.886
50	0.926	300	2.310
100	1.308	400	2.564

4-2　在图4-15所示的地基上修建条形基础(墙基)，基础宽度为1.6 m，地面以上荷重(包括墙基自重)为200 kN/m，基础埋置深度为1 m，黏土层试样的压缩试验结果如表4-6所示。试求：

(1)绘制自重应力沿深度分布曲线。

(2)绘制基础中点下土层中的附加应力分布曲线(绘在同一张图上)。

(3)基础中点的最终沉降量(用分层总和法，用100～200 kPa的 E_{s1-2} 计算，设沉降计算经验系数 $\psi_s=1$，粗砂可以按一层计算)。

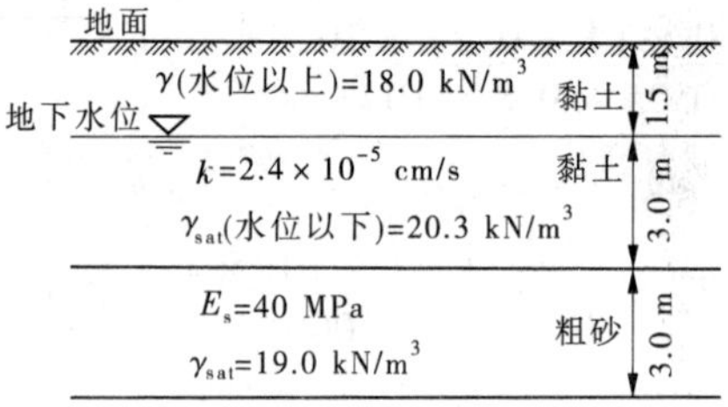

图4-15　习题4-2附图

表4-6　习题4-2附表

压应力(kPa)	100	200	300
孔隙比 e	0.952	0.936	0.924

4-3　某一土坝地基的剖面及附加应力 σ_z 分布如图4-16所示。黏土层的压缩系数 $a_v=0.245\ \text{MPa}^{-1}$，初始孔隙比 $e_1=0.947$，渗透系数 $k=2.0$ cm/a。试按单向固结理论(假设荷载为一次加上，按单面排水情况计算)求：

(1)黏土层沉降量达12 cm时所需的时间。

(2)加荷半年后黏土层的沉降量。

4-4　饱和黏土层厚15 m，上下两面均可排水。现将从黏土层中心取得的土样切取厚为2 cm的试样做固结试验(试样上下均有透水石)。该试样在某级压力下达到70%固结度需8 min，问该黏土层在同样固结压力(沿高度均匀分布)作用下达到70%固结度需多少时间？若黏土层改为单面排水，所需时间又为多少？

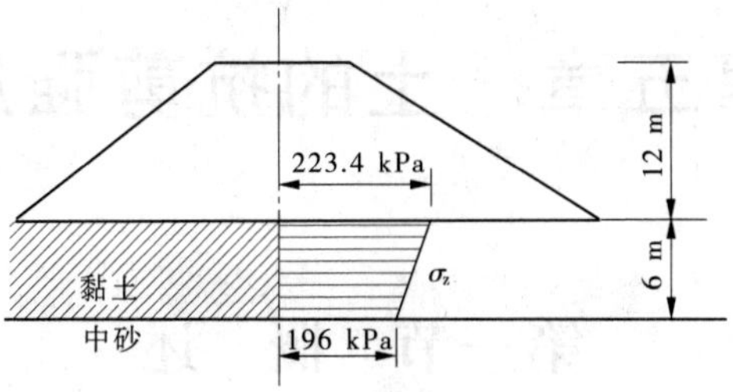

图 4-16 习题 4-3 附图

第五章　土的抗剪强度

第一节　概　述

土的抗剪强度是指土体对于外荷载所产生的剪应力的极限抵抗能力,是土的主要力学性质之一。当土中某点由外力所产生的剪应力达到土的抗剪强度时,土体就会发生一部分相对于另一部分的移动,该点便发生了剪切破坏。

工程实践中,土体发生的强度问题主要有三类:第一类是土坡稳定问题,如路堤、边坡、堤坝的坍滑等,如图 5-1(a)所示;第二类是土压力问题,如挡土墙强度不足,会引起墙后填土破坏,导致挡土墙滑动、倾覆等破坏,如图 5-1(b)所示;第三类是建筑物地基土体承载力问题,如果地基土体的抗剪强度不足会引起土体剪切破坏,发生较大的变形,引起建筑物地基失稳,如图 5-1(c)所示。因此,对土的抗剪强度规律的研究是土力学的基本内容之一,对于工程实践具有非常重要的理论价值和指导意义。

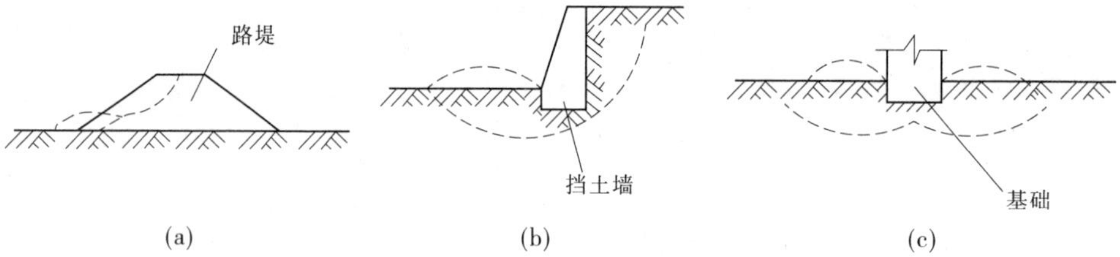

图 5-1　工程中的强度问题

第二节　土的抗剪强度理论

一、库仑定律

土体发生剪切破坏的时候,剪应力—剪切位移曲线会出现峰值(见图 5-2(a)),峰值剪应力为土体的抗剪强度 τ_f。对同一种土的几个试样分别施加不同的法向应力 σ 做剪切试验都可得到相应的剪应力—剪切位移曲线(见图 5-2(a)),根据这些曲线求出相应于不同的法向应力 σ 试样剪坏时剪切面上的剪应力 τ_f。1773 年,法国学者库仑对砂土进行了抗剪强度试验研究,他发现砂土的抗剪强度可以表达为滑动面上法向应力的函数,如式(5-1)所示。

$$\tau_f = \sigma\tan\varphi \tag{5-1}$$

式中　τ_f——砂土的抗剪强度;

σ——剪切面上的法向应力;

φ——土的内摩擦角，即 τ_f—σ 直线的倾角。

后来，根据黏性土的试验结果，库仑提出了更为普遍的黏性土的抗剪强度表达式，如式(5-2)所示。

$$\tau_f = c + \sigma\tan\varphi \tag{5-2}$$

式中　c——土的黏聚力，kPa，图 5-2(b)中的 τ_f—σ 直线在纵轴上的截距。

式(5-1)和式(5-2)就是库仑抗剪强度定律的数学表达式。它表明土的抗剪强度与法向应力之间呈直线关系，其中 c、φ 被称为土的抗剪强度指标。

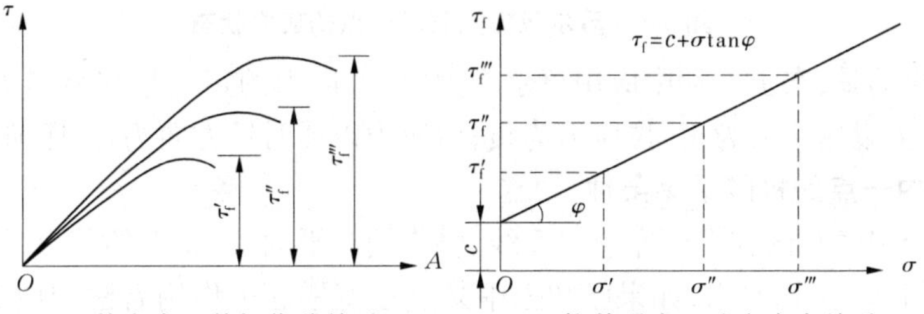

(a)剪应力—剪切位移关系　(b)抗剪强度—法向应力关系

图 5-2　剪切试验曲线

由于库仑定律描述的土的抗剪强度公式简单实用，参数物理意义明确，在各类土建工程中得到了广泛的应用。

二、莫尔－库仑强度理论

(一)土中一点的应力状态

对于平面问题，一点的应力状态可以用 3 个独立的应力分量来表示，分别为正应力 σ_x、σ_z 和剪应力 τ_{zx}。由材料力学可知，在所有的平面中必有一组平面的剪应力为零，该平面称为主应力面。此时的正应力称为主应力，分别用 σ_1 和 σ_3 表示。当某点的应力 σ_x、σ_z 和 τ_{zx}已知时，可以由下式得到主应力的大小：

$$\begin{matrix}\sigma_1\\ \sigma_3\end{matrix} = \frac{\sigma_z + \sigma_x}{2} \pm \sqrt{\left(\frac{\sigma_z - \sigma_x}{2}\right)^2 + \tau_{zx}^2} \tag{5-3}$$

主应力平面方向角为：

$$\alpha = \frac{1}{2}\arctan\frac{-2\tau_{zx}}{\sigma_z - \sigma_x} \tag{5-4}$$

α 角沿逆时针方向转动为正值。

由材料力学可知，当已知某点的主应力 σ_1 和 σ_3 时，可以将这一点的应力状态用莫尔应力圆来表示，如图 5-3 所示。应力圆上一点的横坐标和纵坐标值表示与大主应力面间的夹角为 α 的平面 a—a 上的法向应力 σ_a 和剪应力 τ_a，其换算关系为

$$\sigma_a = \frac{\sigma_1 + \sigma_3}{2} + \frac{\sigma_1 - \sigma_3}{2}\cos2\alpha \tag{5-5}$$

$$\tau_a = \frac{\sigma_1 - \sigma_3}{2}\sin2\alpha \tag{5-6}$$

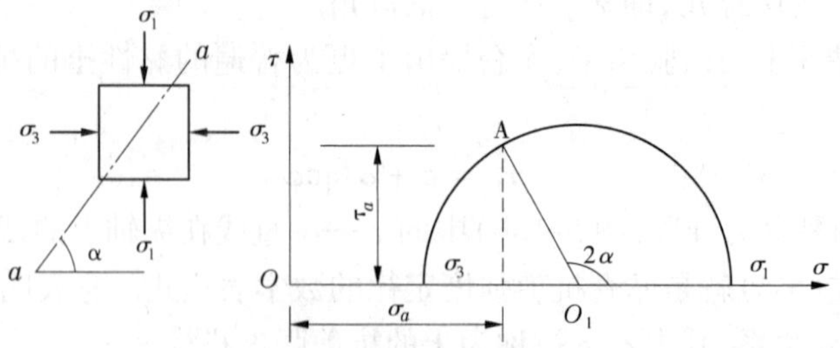

图 5-3　莫尔应力圆表示一点的应力状态

需要指出的是,在土力学中应用莫尔应力圆时,应力的正负号与材料力学不同,一般规定,法向应力以压应力为正,拉应力为负;剪应力以逆时针方向为正,顺时针方向为负。

(二)土中一点的极限平衡条件

根据库仑定律和试验作出库仑强度线,将作用在平面 a—a 上的剪应力 τ 和土的抗剪强度 τ_f 进行比较,可以看出,如果已知土中某点任意平面上作用着法向应力 σ 以及剪应力 τ,则由 τ 与抗剪强度 τ_f 对比可知:

$\tau < \tau_f$(在强度线以下):表示该点处于稳定状态;

$\tau = \tau_f$(在强度线上):表示该点处于极限平衡状态;

$\tau > \tau_f$(在强度线以上):由于在强度线上时,土体已经破坏,因此这种情况不可能出现。

如图 5-4 所示,为土体中某点的莫尔应力圆和库仑强度线。当莫尔应力圆和库仑强度线不相交时,如图中的 c 圆所示,表示作用在该点上的应力小于该点的抗剪强度,土体处于稳定状态;当作用在该点的应力增大,莫尔应力圆逐渐增大至与库仑强度线相切时,如图中的 b 圆所示,表示该点处于极限平衡状态,切点 A 的坐标表示通过土中一点的某一截面处于极限平衡状态时的应力条件;当继续增大应力,莫尔应力圆与库仑强度线相割时,如图中 a 圆所示,表示该点的土体已经破坏。由以上分析可知,通过库仑定律与莫尔应力圆结合可以判断土体的应力状态。

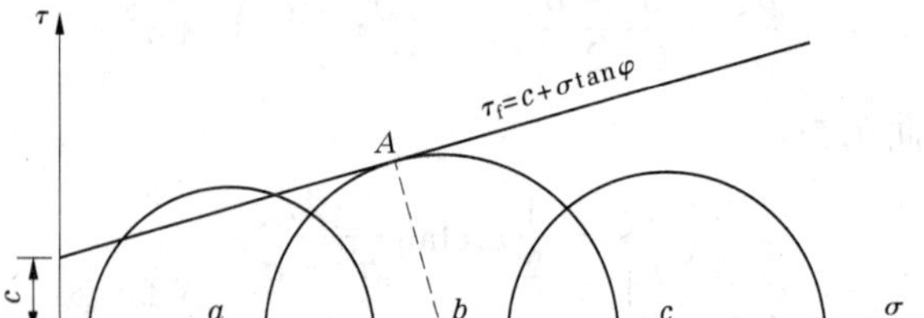

图 5-4　不同应力状态时的莫尔应力圆

(三)莫尔 - 库仑破坏准则

在图 5-5 中,根据极限应力圆 O_1 与强度线 $\tau_f = c + \sigma\tan\varphi$ 相切于 A 点的几何关系,由直角三角形 ABO_1 中得到式(5-7):

$$\sin\varphi = \frac{\overline{AO_1}}{\overline{BO_1}} = \frac{\dfrac{\sigma_1 - \sigma_3}{2}}{\dfrac{\sigma_1 + \sigma_3}{2} + c\cot\varphi} \tag{5-7}$$

由此得

$$\sigma_1 - \sigma_3 = \sigma_1\sin\varphi + \sigma_3\sin\varphi + 2c\cos\varphi \tag{5-8}$$

再通过三角函数间的变换关系,最后可以得到土中某点达到破坏状态时的应力条件:

$$\sigma_1 = \sigma_3\tan^2(45° + \frac{\varphi}{2}) + 2c\tan(45° + \frac{\varphi}{2}) \tag{5-9}$$

$$\sigma_3 = \sigma_1\tan^2(45° - \frac{\varphi}{2}) - 2c\tan(45° - \frac{\varphi}{2}) \tag{5-10}$$

式(5-7)~式(5-10)可以用来判断土体中一点的应力状态。

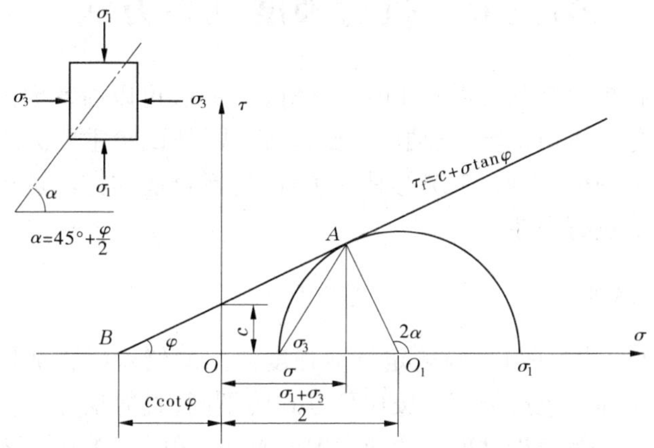

图 5-5　极限平衡条件时莫尔应力圆

令$\angle\sigma_1 O_1 A$为2α,其中α为土体破坏时,剪切破坏面与大主应力面之间的夹角。由几何关系可知:

$$2\alpha = 90° + \varphi \tag{5-11}$$

$$\alpha = 45° + \frac{\varphi}{2} \tag{5-12}$$

如果同一种土有几个试样在大、小主应力σ_1和σ_3的不同组合下受剪破坏,则在τ—σ图上将得到几个莫尔极限应力圆,对这些应力圆作出一条公切线,称为强度包线或强度线(见图5-6)。这条线实际上是一条曲线,但在实用上常作直线处理,以简化分析。

【例 5-1】　某土样$\varphi = 28°$,$c = 10$ kPa,承受大小主应力分别为$\sigma_1 = 240$ kPa,$\sigma_3 = 80$ kPa,试判断该土样处于什么状态?

解:现将$\varphi = 28°$, $c = 10$ kPa, $\sigma_1 = 240$ kPa代入式(5-10),得到处于极限平衡状态或破坏状态时的小主应力:

$$\begin{aligned}\sigma_{3f} &= \sigma_1\tan^2(45° - \frac{\varphi}{2}) - 2c\tan(45° - \frac{\varphi}{2})\\ &= 240 \times \tan^2 31° - 2 \times 10 \times \tan 31° = 74.63(\text{kPa}) < \sigma_3 = 80\ \text{kPa}\end{aligned}$$

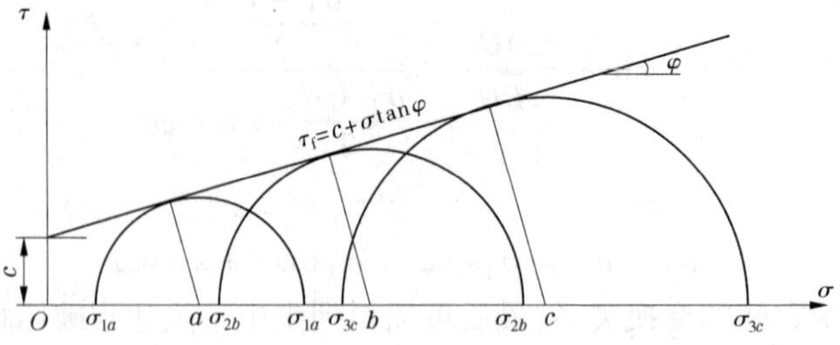

图 5-6　强度包线

所以该土样处于稳定状态。

上述计算也可以用式(5-9)进行。

第三节　抗剪强度试验方法

土的抗剪强度指标包括黏聚力 c 和内摩擦角 φ。一般可以由室内试验或者现场试验来测定。室内试验包括直剪试验、三轴压缩试验等。野外试验主要为原位十字板剪切试验等。应根据工程的规模、土质、工况等具体条件,选择合适的方法进行试验。本节将对几种常用的试验方法进行介绍。

一、直接剪切试验

通过直接剪切(简称直剪)试验测定抗剪强度使用的仪器称直剪仪。它可以直接测出给定剪切面上的土体的抗剪强度。按加荷方式的不同,直剪仪分为应变控制式和应力控制式两类。前者是以等速推动剪切盒使盒内的土样受剪,并测定相应的剪力;后者则是对剪力盒分级施加水平剪力使土样受剪,并测定相应的位移。

目前,我国普遍应用的是应变式直剪仪,如图 5-7 所示。剪切盒由两个可以相对移动的金属盒构成。试验开始前将金属上盒和下盒的内圆腔对正,把圆柱形试样置于上下盒之间。通过传压板对土样施加垂直法向应力 $\sigma=P/F$(F 为土样的截面面积),然后以规定的速率对下盒施加水平剪力 T,直至土样沿着上下金属盒的交界面破坏。若试验中不允许排水,则以不透水板代替透水石置于试样的两端。在剪切过程中,记录下盒的位移及所加水平剪力的大小,绘制出一定法向应力条件下土样剪切变形与剪应力的对应关系曲线,并以曲线的峰值作为该法向应力下土体的抗剪强度。

在直剪试验中,不能量测孔隙水压力,所以只能以总应力法来表示土的抗剪强度。为了考虑固结程度和排水条件对抗剪强度的影响,按照加荷速率的不同,将直剪试验划分为快剪、固结快剪和慢剪三种。

(1)快剪。竖向压力施加后立即施加水平剪力进行剪切,使土样在 3 ~ 5 min 内剪坏。由于剪切速度快,可认为土样在这样短暂时间内没有排水固结或者说模拟了不排水剪情况。得到的强度指标用 c_q、φ_q 表示。

(2)固结快剪。竖向压力施加后,允许试样排水固结。固结完成后施加水平剪力,施行快速剪切,其剪切速率与快剪相同。即剪切时模拟不排水条件。得到的指标用 c_{cq}、φ_{cq}

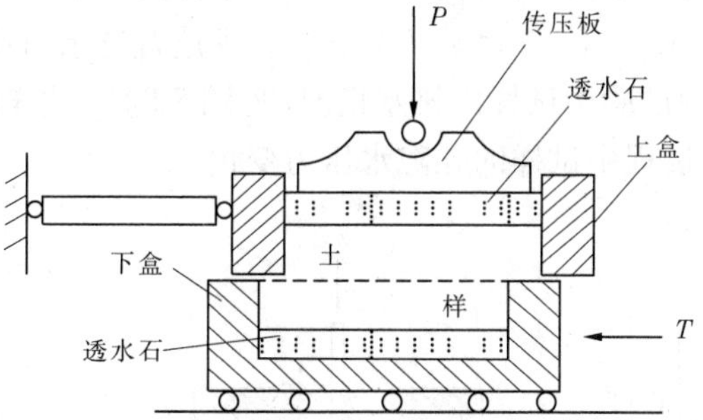

图 5-7　直剪仪示意图

表示。

(3)慢剪。竖向压力施加后,让土样充分排水固结,固结后以慢速施加水平剪力,使土样在受剪过程中一直有充分时间排水固结,直到土样破坏。得到的指标用 c_s、φ_s 表示。

由上述三种试验方法可知,即使在同一垂直压力作用下,由于试验时的排水条件不同,作用在受剪面积上的有效应力也不同,所以测得的抗剪强度也不同。对于正常固结土,在同样的竖向压力作用下,快剪的抗剪强度最小,固结快剪的抗剪强度比快剪有所增大,慢剪的抗剪强度最大。

上述三种试验方法对黏性土是有意义的,但效果要视土的渗透性大小而定。对于无黏性土,由于土的渗透性大,即使快剪也会产生排水固结,所以常只采用一种剪切速率进行排水剪试验。

直剪试验的主要缺点是:

(1)排水条件不能严格控制,且不能对土样中的孔隙水压力进行量测。

(2)剪切面是人为固定的,而不是在土样最薄弱的面破坏。

(3)剪切面上的应力分布并不均匀,在土样边缘处很容易发生应力集中。

(4)剪切过程中,剪切面积逐渐减小,但计算抗剪强度时是按照土样的原截面面积计算的。

虽然直剪试验具有上述缺点,但是由于其仪器构造简单、操作方便,故仍然为一般工程所广泛采用。

二、三轴压缩试验

为了克服直剪试验存在的问题,发展出三轴压缩试验方法。三轴压缩仪是目前测定土抗剪强度较为完善的仪器。

(一)试验仪器和试验原理

图 5-8 为三轴压缩仪的构造示意图。三轴压缩仪也称为三轴剪切仪,主要由压力室、轴向加荷系统、围压系统和孔隙水压力量测系统组成。压力室是最主要的部分,是由一个金属的上盖、底座和透明的有机玻璃圆筒组成的密闭容器;轴向加荷系统用以对试样施加轴向应力,并可控制轴向应变的速率;围压系统通过液体(通常是水)对土样施加周围压力;孔隙水压力量测系统用以测量土样孔隙水压力及其在试验过程中的变化。

试验用的土样为圆柱形,常用的高度与直径之比为 2 ~ 2.5。土样用薄橡皮膜包裹,以免压力室的水进入。试样上、下两端按照试验要求放置透水石或不透水板。

用排水阀 B 来控制试验中试样的排水情况(见图 5-8)。试样底部与孔隙水压力量测系统相接,以测定试验过程中试样的孔隙水压力变化。

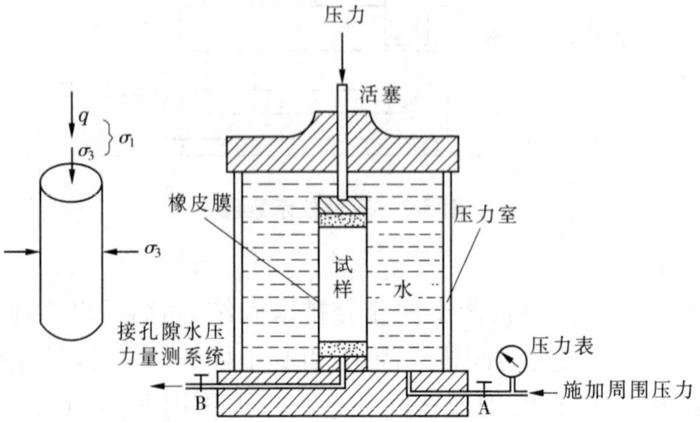

图 5-8　三轴压缩仪示意图

试验时,首先通过围压系统向压力室注入水,对试样施加周围压力 σ_3,然后通过压力室顶部的活塞杆,对土样施加轴向力 q,直到土样发生剪切破坏。在试验过程中,同时量测土样的压缩量。根据作用在试样上的围压 σ_3 和破坏时的轴向压力 q,绘制莫尔应力圆,根据莫尔 - 库仑强度准则,得到土的抗剪强度指标。取同一种土的 3 ~ 4 个试样,施加不同的围压,可以得到不同的极限应力圆,这组极限应力圆的公切线即为所求土的抗剪强度线,从而求得抗剪强度指标 c、φ 值(见图 5-9)。

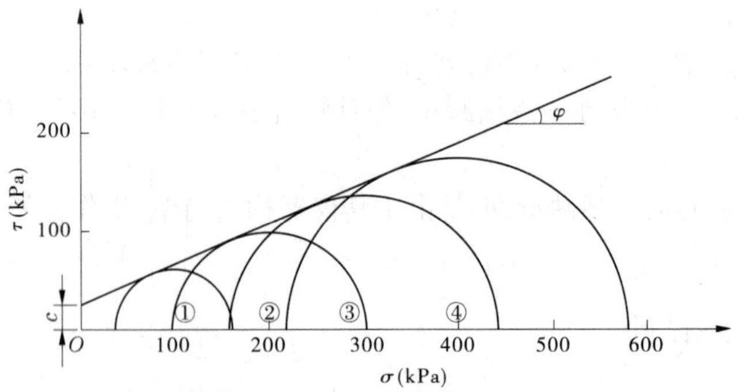

图 5-9　三轴试验的强度包线

若在试验过程中,测得每一个土样中的孔隙水压力,就可以利用有效应力原理得出土样的有效应力 $\sigma'_1 = \sigma_1 - u$,$\sigma'_3 = \sigma_3 - u$,绘制出相应的有效极限应力圆,如图 5-10 所示,根据有效极限应力圆,即可求得有效强度指标 φ'、c'。

(二)三轴试验方法

根据土样固结排水条件的不同,三轴试验也可分为下列三种基本方法,分别对应于直剪试验的快剪、固结快剪和慢剪试验。

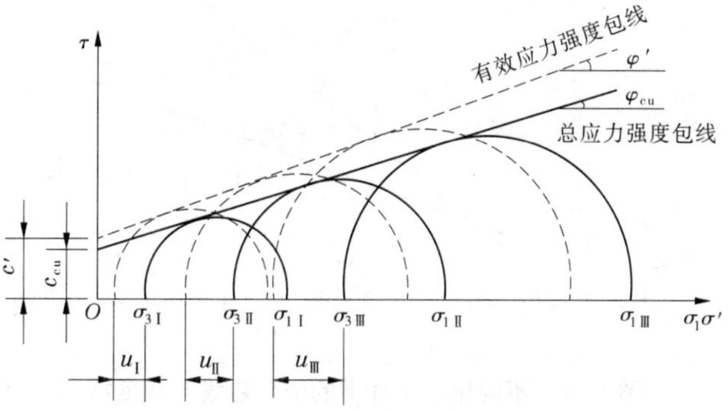

图 5-10　总应力和有效应力强度包线

1. 不固结不排水剪试验(Unconsolidated Undrained Triaxial test,UU)

试验时,先向土样施加周围压力 σ_3,随后即施加轴向力 q 直至剪坏。在施加 q 的过程中,自始至终关闭排水阀门,不允许土中水排出,即在施加围压和轴向力时均不允许土样发生排水固结。

这样从开始加压直到试样剪坏全过程中土中含水量保持不变,土样中的孔隙水压力也不会消散。这种试验方法所对应的实际工程条件相当于饱和软黏土中快速加荷时的应力状况,得到的抗剪强度指标用 c_u、φ_u 表示。

2. 固结不排水剪试验(Consolidated Undrained Triaxial test,CU)

试验时先对土样施加周围压力 σ_3,并打开排水阀门 B,使土样在 σ_3 作用下充分排水固结。待固结完成后,关上排水阀门 B,使土样不能排水,然后施加轴向力 q,直至试样破坏。由于不排水,在剪切过程中,试样没有体积变形。

三轴 CU 试验是经常要做的工程试验,它适用的实际工程条件常常是土层在自重或正常荷载下已经达到充分固结,然后受到突然加荷作用时所对应的受力情况。如工程竣工后可能有突然施加的活荷载等情况。得到的抗剪强度指标用 c_{cu}、φ_{cu}表示。

3. 固结排水剪试验(Consolidated Drained Triaxial test,CD)

在施加周围压力 σ_3 和轴向压力 q 的全过程中,土样始终是排水状态,土中孔隙水压力始终处于消散为零的状态,使土样剪切破坏。得到的抗剪强度指标用 c_d、φ_d 或 c'、φ'表示。

这三种不同的三轴试验方法所得强度、包线形状及其相应的强度指标不相同,其大致形态与关系如图 5-11 所示。

三、无侧限抗压强度试验

无侧限抗压强度试验可以认为是一种比较特殊的三轴试验。试验时,施加在试样上的围压恒定为 0,所以又称为单轴试验。测定试样的无侧限抗压强度的仪器是无侧限压缩仪,如图 5-12 所示。现在也经常用三轴压缩仪来做该试验。试验时,试样仅受到轴向力 σ_1,试样破坏时的轴向力为 q_u,称为土的无侧限抗压强度。

由于无侧限抗压强度中,不能施加围压,只能作出一个应力圆。其破坏包线为一条水

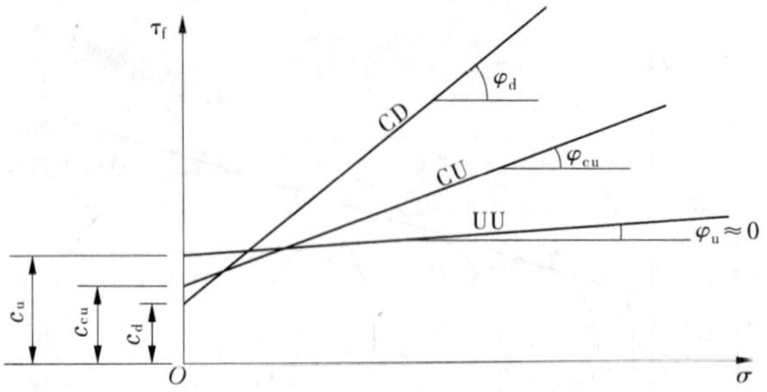

图 5-11　不同排水条件下的强度包线与强度指标

平线,即认为 $\varphi_u=0$。因此,饱和黏土可以根据无侧限抗压强度推算土的不排水剪强度,即

$$\tau_f = c_u = \frac{1}{2}q_u \tag{5-13}$$

式中　c_u——土的不排水抗剪强度,kPa;

q_u——无侧限抗压强度,kPa。

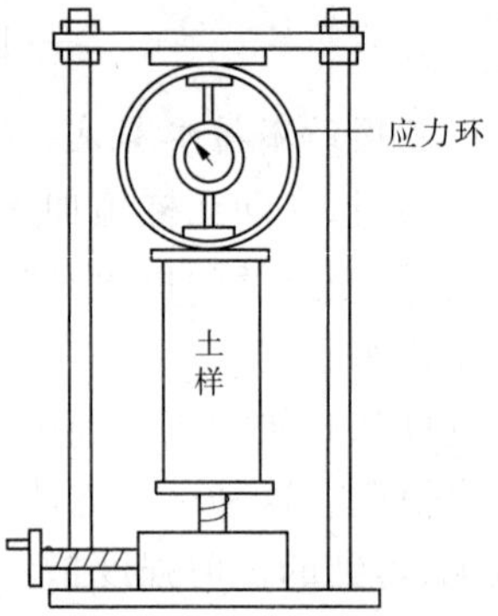

图 5-12　无侧限压缩仪示意图

四、十字板剪切试验

十字板剪切试验是一种在现场进行的原位试验。由于室内试验需要先取得原状土样,而原状土样在采样的过程中难免被扰动,因此室内试验所得到的抗剪强度指标有时并不能真实反映土体的强度,尤其是对于高灵敏度的黏性土。而十字板剪切试验不需要事先取样,避免了对土体的扰动,因此特别适合现场测定饱和黏性土的不排水抗剪强度。

十字板剪切仪的结构如图 5-13 所示。试验时,先将十字板插到预定深度,由地面的扭力装置对钻杆施加扭矩,使板内土体和周围土体发生剪切,直至破坏。测出相应的最大扭矩 M,则抗剪强度 τ_f 与扭矩 M 的关系为

$$M = \pi\tau_f\left(\frac{D^2H}{2}+\frac{D^3}{6}\right) \tag{5-14}$$

式中　M——破坏时的扭矩,kN · m;

τ_f——土体的抗剪强度,kPa;

H——十字板的高度,m;

D——十字板的直径,m。

则由式(5-14)可得十字板剪切强度为

$$\tau_f = \frac{2M}{\pi D^2H\left(1+\frac{D}{3H}\right)} \tag{5-15}$$

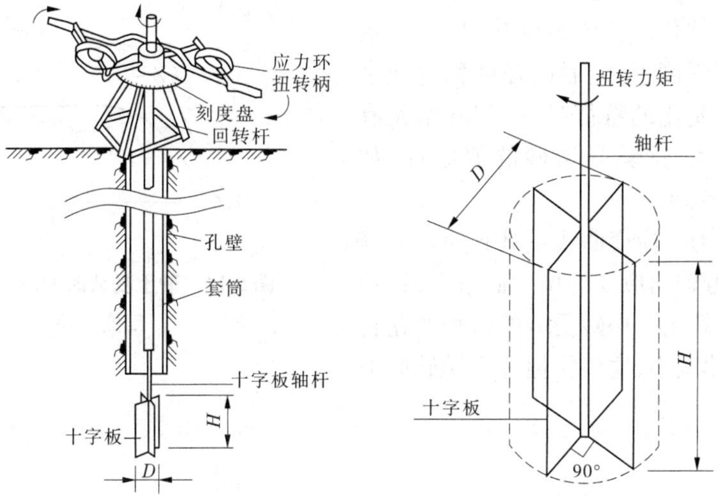

图 5-13　十字板剪切仪示意图

第四节　砂土的剪切性状

砂土的抗剪强度将受到其密实度、颗粒形状、表面粗糙度和级配等因素的影响。对于一定的砂土来说,影响抗剪强度的主要因素是其初始密实度。而初始密实度可以用初始孔隙比来反映。初始孔隙比愈小,说明颗粒接触愈紧密,颗粒间的滑动和滚动摩擦愈大,则抗剪强度愈高;反之,初始孔隙比愈大,则颗粒接触愈疏松,抗剪强度愈低。几种砂土在不同密实度时的内摩擦角典型值见表 5-1。

表 5-1　几种砂土在不同密实度时的内摩擦角典型值

土类	内摩擦角(°)		
	松散（休止角）	峰值强度	
		中密	密实
粉土	26 ~ 30	28 ~ 32	30 ~ 34
均匀细砂到中砂	26 ~ 30	30 ~ 34	32 ~ 36
级配良好的砂	30 ~ 34	34 ~ 40	38 ~ 46
砾砂	32 ~ 36	36 ~ 42	40 ~ 48

一、砂土的应力—轴向应变—体变

图 5-14 和图 5-15 表示同一种砂土,在相同的围压作用下,由于初始孔隙比的不同,受剪时的应力—轴向应变—体变的全过程。

由图 5-14 可知,密砂的应力—应变曲线具有明显的峰值。超过峰值后,随着应变的增大,作用在试样上的应力逐渐减小。这种特性称为应变软化。在图5-14中,应力的最大值称为峰值强度,稳定后的强度称为残余强度。其体积变化的特征是,体积开始稍有减小,继而增大,这就是密砂的剪胀性,如图5-15(c)所示。

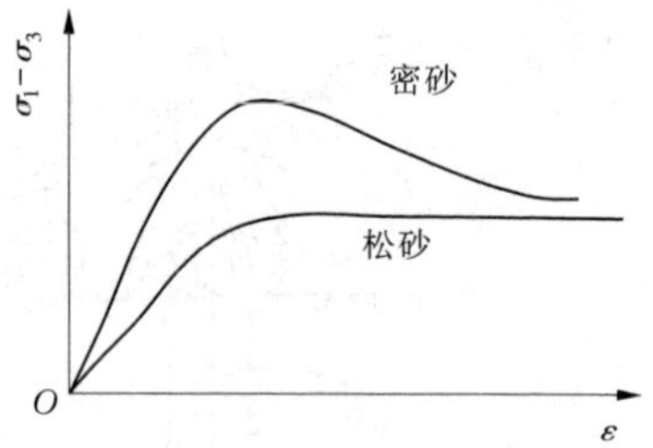

图5-14　砂土受剪时的应力—轴向应变关系

松砂的应力—应变曲线不具有明显的峰值,其应力随着轴向应变的增大而增大,这种特性称为应变硬化。松砂受剪的体积变化特征是,体积持续减小,这种特性称为松砂的剪缩性。

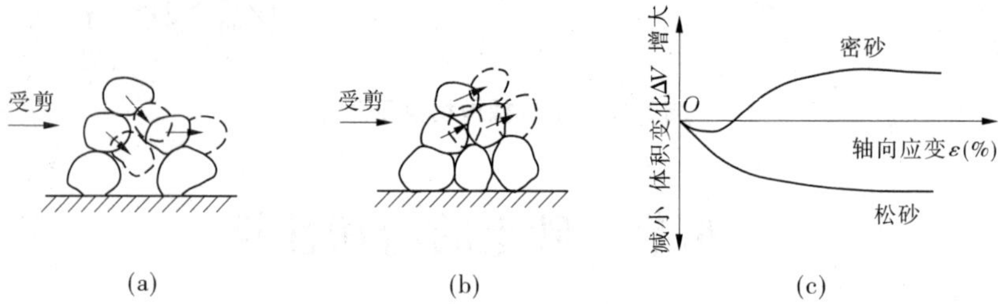

图5-15　砂土受剪时的体积变化情况

砂土在受剪时出现的剪胀性和剪缩性可以用其结构变化示意图来说明。松砂受剪时,颗粒滚落到平衡位置排列得更紧密些,如图5-15(a)所示,导致松砂的体积缩小,引起了剪缩;而密砂受剪时,颗粒必须升高以离开它们原来的位置而彼此才能相互滑过,从而引起了体积膨胀,如图5-15(b)所示。然而,随着围压的增大,土颗粒会逐渐破碎,密砂的这种剪胀趋势会逐渐消失。对于同一种土,松砂和密砂的强度最终都趋于同一个值。在高围压下,不论松砂还是密砂,受剪时都会出现剪缩现象。

砂土在低围压下由于初始孔隙比的不同,剪破时的体积可能小于初始体积,也可能大于初始体积。那么,必然存在某一初始孔隙比,砂土在这一初始孔隙比下受剪,它剪破时的体积将等于初始体积,这一初始孔隙比称为临界孔隙比。临界孔隙比与围压有关。图5-16为不同围压下砂土的初始孔隙比与试样破坏时体变的关系。由图可见,砂土的临界孔隙比将随围压的增加而减小。

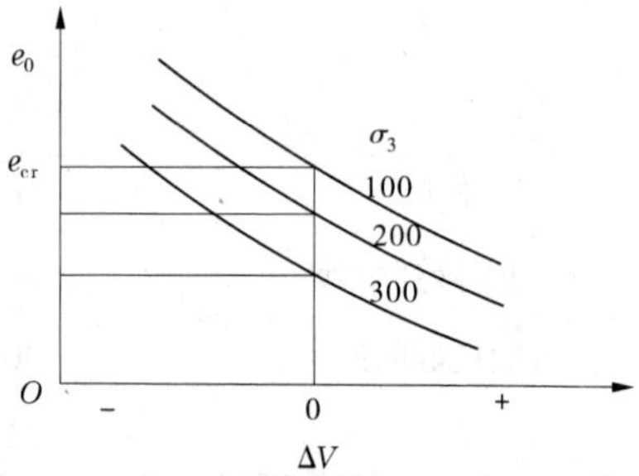

图5-16　砂土的临界孔隙比　(单位:kPa)

饱和砂土在低围压下受剪时,如果不允许它的体积发生变化,即进行固结不排水剪试验,则密实的砂为了抵消受剪时的剪胀趋势,将通过土样内部的应力调整,即产生负孔隙水压力,使有效围压增加,以保持试样在受剪阶段体积不变。所以,在相同初始围压下,由固结不排水剪试验测得的强度要高于固结排水剪测得的强度。而松砂在受剪时将产生正孔隙水压力,以保持试样体积不变。所以,在相同初始围压下,由固结不排水剪试验测得的强度要低于固结排水剪测得的强度。

二、砂土的残余强度

由于在相同围压作用下,初始孔隙比不同的同一种砂土表现出不同的剪胀剪缩性。松砂的应力—应变曲线没有一个明显的峰值,而是趋于某一恒定值;密砂的应力—应变曲线在超过峰值强度后,会随着剪切变形的增加而降低,最后趋于与松砂相同的强度值。这一强度值一般称为残余强度 τ_r。残余强度对于土体稳定分析具有十分重要的意义。如历史上曾经出现过滑动,又重新出现滑动可能的土坡,就应采用残余强度指标而不是峰值强度指标。而挡土墙的填土中如果出现了剪裂面,则也应采用残余强度指标来进行计算。

三、砂土的液化

液化被定义为任何物质转化为液体的行为或过程。对于大多数砂土来说,当试样受剪时,一般都能在短时间内排水固结。因而,砂土的抗剪强度应相当于固结排水剪或慢剪试验的结果。但是,对于饱和疏松的粉细砂,当受到突发的动力荷载时,例如地震荷载,一方面由于动剪应力的作用有使体积缩小的趋势,另一方面由于时间短来不及向外排水,因此就产生了很大的孔隙水压力。按有效应力原理,无黏性土的抗剪强度应表达为

$$\tau_f = \sigma' \tan\varphi' = (\sigma - u)\tan\varphi' \tag{5-16}$$

由式(5-16)可知,当动荷载引起的超静孔隙水压力 u 达到 σ 时,则有效应力 $\sigma' = 0$,其抗剪强度 $\tau_f = 0$,这时无黏性土地基将丧失其承载力,土坡将流动塌方。

顺便指出,在这里虽然仅提到无黏性土,如粉细砂的液化,但并不意味着液化只发生在无黏性土中。震害的现场调查表明,稍具有黏性的土对震动同样是极为敏感的。因此,在强震区,也应给予这种土足够的重视。关于土的动力特性,是土力学中一个专门的研究课题,可参阅第九章。

第五节　饱和黏土的剪切性状

土体的抗剪强度指标 c 值和 φ 值,是由土的抗剪强度试验获得的。室内抗剪强度试验主要是直剪试验和三轴试验。即使对于同一种土,采用不同的试验方法,所获得的抗剪强度指标也存在很大的差异。这种差异主要是由于固结条件和排水条件的不同。因此,明确各种试验方法所模拟的工况,理解不同试验方法测得的指标的意义,具有非常重要的意义。

一、三轴不固结不排水剪试验(UU 试验)

不固结不排水剪试验指的是,在施加围压、轴压直到剪切破坏的整个过程中,始终关闭排水阀门,不允许排水。孔隙水压力无法消散,不管施加的围压有多大,土骨架没被压密,土体的抗剪强度和有效应力均不会改变,因而有

$$\sigma_1' - \sigma_3' = (\sigma_1 - u) - (\sigma_3 - u) = \sigma_1 - \sigma_3 \tag{5-17}$$

因此,在任何围压下,由图 5-17,极限总应力圆的直径相等,总应力强度包线为一条水平线。即

$$\varphi_u = 0 \tag{5-18}$$

$$\tau_f = c_u = \frac{1}{2}(\sigma_{1f} - \sigma_{3f}) \tag{5-19}$$

式中　φ_u——不排水内摩擦角,(°);

c_u——不排水抗剪强度,kPa。

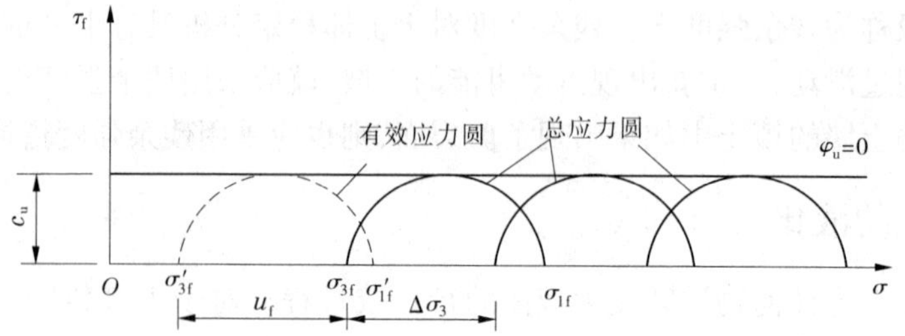

图 5-17　饱和黏土不固结不排水剪试验结果

对于直剪试验的快剪试验,在施加了竖向力之后,不进行排水固结,立即施加剪应力,3 ~ 5 min 即完成剪切。这种试验的性质与三轴不固结不排水剪试验相同。

在工程实践中,如果建筑物施工速度较快,而地基土排水条件较差,这时土体中的附加荷载引起的孔隙水压力难以消散,土体密度也不会改变。在这种工况条件下,就应该选用不固结不排水强度指标,以确定饱和黏性土的短期承载力或短期稳定性问题。

二、三轴固结不排水剪试验(CU 试验)

固结不排水剪试验中,在施加围压 σ_3 时要让土样充分地固结排水,而在施加轴向力后的剪切过程中,不允许排水。将同一种土样的几个试样在不同的围压下固结,然后施行不排水剪切,则其极限应力圆的公切线就是固结不排水剪试验的强度包线。土样的抗剪强度可以表示为

$$\tau_f = c_{cu} + \sigma\tan\varphi_{cu} \tag{5-20}$$

式中　c_{cu}、φ_{cu}——固结不排水抗剪强度指标。

在剪切过程中,正常固结的饱和黏土会产生剪缩,由于不允许排水,土样的孔隙水压力随着轴向压力的增大而增大。将总应力极限应力圆和有效应力极限应力圆绘制在一个坐标系中,如图 5-18 所示,实线为总应力圆和强度包线,虚线为有效应力圆和强度包线。两条强度包线都经过原点,这是因为在正常固结状态的饱和黏土在 0 固结压力下,处于泥浆状态,没有任何抵抗剪切的能力,故其抗剪强度为零。又由有效应力原理,$\sigma'_{1f} = \sigma_{1f} - u_f$,$\sigma'_{3f} = \sigma_{3f} - u_f$,故可得 $\sigma'_{1f} - \sigma'_{3f} = \sigma_{1f} - \sigma_{3f}$,即两个极限应力圆具有相同的直径,而有效应力圆位于总应力圆的左边,两者圆心位置的差距为 u_f。

有效应力强度包线可以表示为

$$\tau'_f = c' + \sigma'\tan\varphi' \tag{5-21}$$

式中　c'、φ'——有效应力表示的土的抗剪强度指标。

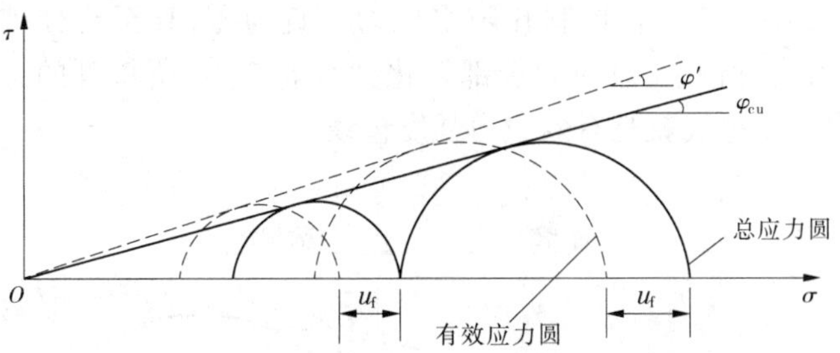

图 5-18　正常固结饱和黏土的极限应力圆

土体的应力历史对饱和黏土的固结不排水剪试验具有重要的影响。这主要是通过先期固结压力的作用来体现的。如果施加的围压 σ_3 大于等于先期固结压力 p_c，则为正常固结土；如果围压 σ_3 小于先期固结压力 p_c，则为超固结土。

图 5-19 中给出了超固结土的不排水剪强度包线，该线在土处于超固结状态时是一条直线，如图中 ab 段。当围压超过前期固结压力 p_c 后，土样为正常固结状态，强度包线转入 bc 段。bc 的延长线通过原点。在实际应用时，为了简化起见，常将 abc 的折线近似为一条直线，如图 5-20 所示，获得的总应力指标为 c_{cu} 和 φ_{cu}。

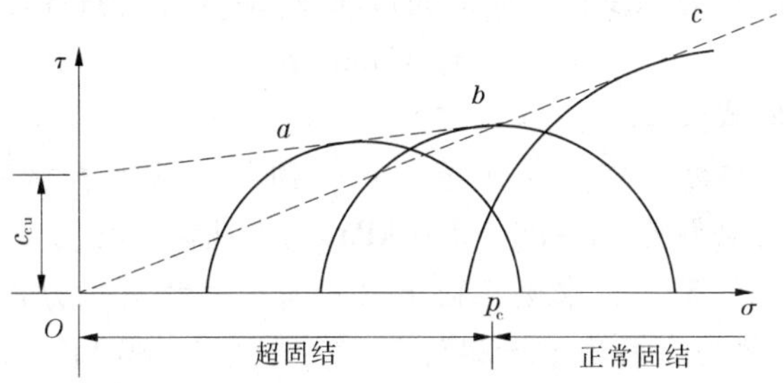

图 5-19　超固结饱和黏土的总应力强度包线

超固结土在剪切时，会出现剪胀，体积增加，因此超固结土的孔隙水压力常为负值，如图 5-20 所示，其有效应力圆位于总应力圆的右边。

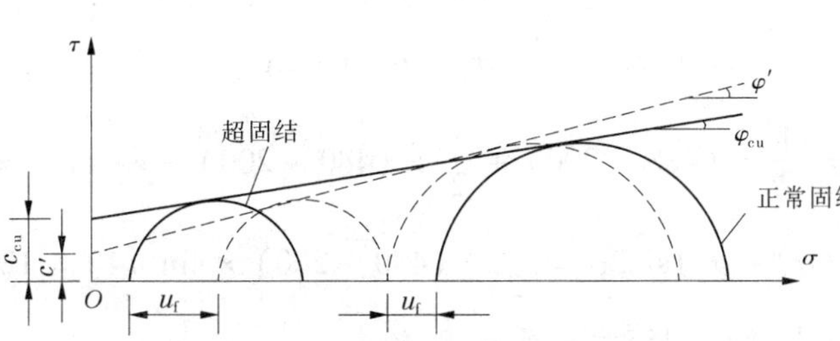

图 5-20　超固结饱和黏土的极限应力圆

三、三轴固结排水剪试验（CD 试验）

在固结排水剪试验中，首先让试样在一定的围压下充分排水固结，这个步骤和固结不排水剪相同。在固结完成后，施加轴向力，保持排水阀门开启，使土样中的水可以排出，土样中的孔隙水压力完全消散。控制孔隙水压力一直为零,直至土样破坏。试验结果如图5-21所示。在剪切过程中,总应力全部转化为有效应力,所得到的总应力圆与有效应力圆重合,总应力强度包线就是有效应力强度包线。

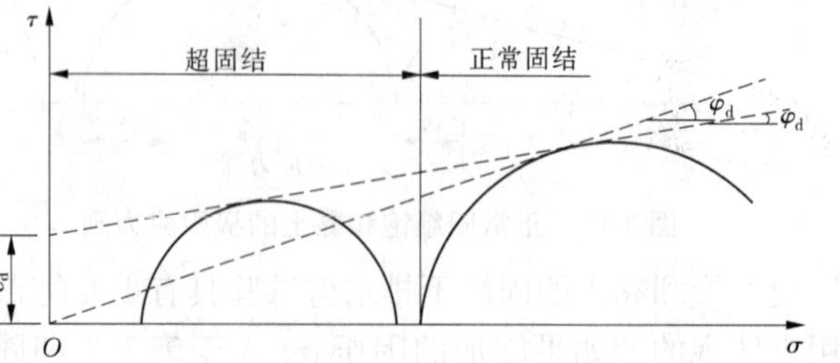

图5-21 饱和黏土固结排水剪的试验强度包线

超固结土的强度包线为一条折线,在工程中将其简化为一条直线,即

$$\tau_f = c_d + \sigma\tan\varphi_d \tag{5-22}$$

式中 c_d、φ_d——固结排水抗剪强度指标。

正常固结土的的抗剪强度包线应该通过原点,即认为其黏聚力为零,强度包线为

$$\tau_f = \sigma\tan\varphi_d \tag{5-23}$$

式中 各参数意义同式(5-22)。

【例5-2】 某饱和黏土在三轴压缩仪中做固结不排水剪试验,施加围压 $\sigma_3 = 200$ kPa,试样破坏时的主应力差 $\sigma_1 - \sigma_3 = 280$ kPa,测得孔隙水压力 $u_f = 180$ kPa。①如果破坏面与水平面的夹角为57°,试求破坏面上的法向应力和剪应力以及试样中的最大剪应力;②测得试样的有效内摩擦角 $\varphi' = 24°$,有效黏聚力 $c' = 80$ kPa,试说明为什么破坏面发生在57°的平面上而不是发生在最大剪应力的作用面上。

解:(1)根据已知条件,得到试样破坏时的大主应力为

$$\sigma_1 = 280 + 200 = 480(\text{kPa})$$

计算破坏面上的法向应力 σ 和剪应力 τ:

$$\sigma = \frac{1}{2}(\sigma_1 + \sigma_3) + \frac{1}{2}(\sigma_1 - \sigma_3)\cos2\alpha$$

$$= \frac{1}{2} \times (480 + 200) + \frac{1}{2} \times (480 - 200) \times \cos114° = 283(\text{kPa})$$

$$\tau = \frac{1}{2}(\sigma_1 - \sigma_3)\sin2\alpha = \frac{1}{2} \times (480 - 200) \times \sin114° = 128(\text{kPa})$$

最大剪应力发生在 $\alpha = 45°$ 的平面上,则有

$$\tau_{\max} = \frac{1}{2}(\sigma_1 - \sigma_3) = \frac{1}{2} \times (480 - 200) = 140(\text{kPa})$$

(2)破坏面上的有效正应力为

$$\sigma' = \sigma - u_f = 283 - 180 = 103(\text{kPa})$$

抗剪强度为

$$\tau_f = c' + \sigma'\tan\varphi' = 80 + 103 \times \tan24° = 126(\text{kPa})$$

可见，在 $\alpha = 57°$ 的平面上土的抗剪强度等于该面上的剪应力，即 $\tau_f = \tau = 126$ kPa，故在该面上发生剪切破坏。

而在最大剪应力作用面上有

$$\sigma = \frac{1}{2} \times (480 + 200) + \frac{1}{2} \times (480 - 200) \times \cos 90° = 340(\text{kPa})$$

$$\sigma' = \sigma - u_f = 340 - 180 = 160(\text{kPa})$$

$$\tau_f = c' + \sigma' \tan\varphi' = 80 + 160 \times \tan 24° = 151(\text{kPa}) > \tau_{max} = 140 \text{ kPa}$$

所以，在剪应力最大的作用面上不会发生剪切破坏。

四、黏土的强度特性

（一）黏土抗剪强度的影响因素

黏土的抗剪强度远比无黏性土复杂，天然沉积的原状黏土就更复杂。想对原状土的强度特性有正确的了解，也就比较困难。许多因素对黏土抗剪强度具有重要的影响，这些影响因素主要包括以下几个方面。

1. 土的物理性质

土的物理性质包括土的矿物成分、含水量、密实度、饱和度、结构性等方面。以下分别介绍。

（1）矿物成分。如果土中含有较多的原生矿物，则会拥有较大的内摩擦角；如果含有较多的黏土矿物，则会降低土的强度；如果含有较多的有机质，则土的强度会明显降低。

（2）含水量。当土中的含水量较大时，土骨架之间的结合水较多，会降低土体的强度。

（3）密实度。当土体的密实度较大时，其黏聚力和内摩擦角都会比较大，土体具有较大的强度。

（4）饱和度。当土体饱和度下降时，土体中的一部分孔隙被空气填充，在非饱和状态下，土中会产生负的孔隙水压力，增大土的强度。

（5）结构性。原状土体的结构性会很大程度地增大土体强度，如果土体受到扰动，结构性降低或者消失，土体强度会在很大程度上减小。

2. 土的外部环境

土体的强度随着所处的外部环境的不同也会发生变化，外部环境包括排水条件、加荷速率、试验条件等因素。

（1）排水条件。如果土层的排水条件较好，比如上下都有透水性较好的粗粒土或者夹砂层，则孔隙水压力会较快地消散，有效应力会较快地增长，提高固结的速度。

（2）加荷速率。如果工程中工期紧，施工进程比较快，则土体中的孔隙水压力来不及充分地消散，土体没有充分地排水固结，土体的强度就比较低。

（3）应力历史。土体的先期固结压力大，超过了现有的固结压力，则该试样为超固结土，其强度大于正常固结土。

（4）土样制备。对于原状土样，在取样时如果扰动了土体本来的结构，则其强度会有所降低，如果扰动程度低，则土样的强度较高。

(5)试验仪器和方法。对于同种土样,采用不同的试验仪器和试验方法,得到的土体的强度指标也会有所不同。试验是采用直剪仪还是采用三轴仪,试验中是否有充分的时间固结,是否排水,加载速率的快慢等因素都会影响最终测得的土体强度指标值,甚至不同的试验人员的操作习惯也会对试验结果有所影响。

上述各种影响饱和黏土强度的因素,其实质是各种因素对土体应力状态的形成过程的影响。因此,在进行土体强度分析的时候,应对现阶段土体的应力状态、固结程度、排水条件等因素进行重点的分析,明确其所处的状态,进而在进行强度试验时利用固结、排水等条件对土体的受力过程进行模拟。

(二)黏土的残余强度

和密砂类似,超固结黏土在剪切时也会出现峰值强度和残余强度。随着剪应变的增大,剪应力不断增大,在达到某一数值后,继续增大剪应变,剪应力反而减小,强度显著降低,最后达到某一恒定值。试验中测得的最大的剪应力称为峰值强度,而峰值强度后测得的不变的强度值称为黏土的残余强度。正常固结黏土也具有类似的现象,只是峰值强度要小些。如图 5-22(a)所示,该图为不同固结程度的同一种黏土在恒定的竖向荷载下的慢剪试验结果。图 5-22(b)为不同的竖向荷载下不同固结程度的同一种黏土的峰值强度线和残余强度线。对图 5-22(a)和图 5-22(b)进行分析可知:

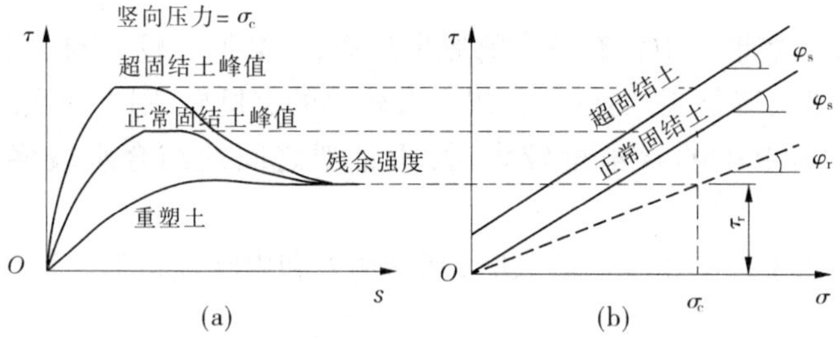

图 5-22　黏土的残余强度

(1)超固结土的峰值强度最大,正常固结土的峰值强度次之,重塑土的峰值强度最小。这主要是因为受结构性的影响。而不管是超固结土、正常固结土,还是重塑土,其残余强度都相同。

(2)在剪切位移较大的情况下,比较三种土的峰值强度和残余强度的差值,超固结土的差值最大,正常固结土的差值次之,重塑土没有明显的差值。

(3)残余强度线为通过坐标原点的直线,即

$$\tau_r = \sigma \tan\varphi_r \tag{5-24}$$

式中　τ_r——黏土的残余强度;

σ——剪破面上的法向应力;

φ_r——残余内摩擦角。

需要注意的是,尽管黏土和密砂在受剪时都具有峰值强度降低,出现残余强度的现象,但是两者的内在机制并不相同。一般认为,黏土在受剪中会引起土粒排列变化,减小黏土颗粒间的引力,从而体现为土体的结构性损伤;而密砂是由于受剪过程破坏了土颗粒之间的咬合作用。

（三）黏土的结构性与灵敏度

黏土的强度（或其他性质）随着其结构的改变而发生变化的特性称为土的结构性。土的结构对于土的强度具有非常重要的影响。当土体的结构性遭到破坏时，其强度会明显降低。在含水量不变的条件下，改变黏土的原有结构，对其进行彻底的扰动称为黏土的重塑。黏土对扰动的敏感程度用灵敏度来表示。原状土的无侧限抗压强度与相同含水量下重塑试样的无侧限抗压强度之比称为土的灵敏度，即

$$s_t = \frac{q_u}{q'_u} \tag{5-25}$$

式中　s_t——黏土的灵敏度；

q_u——原状试样的无侧限抗压强度；

q'_u——重塑试样的无侧限抗压强度。

表 5-2 给出了黏土按灵敏度分类的标准。

表 5-2　黏土按灵敏度分类

s_t	黏土分类	s_t	黏土分类
1	不灵敏	4～8	灵敏
1～2	低灵敏	8～16	很灵敏
2～4	中等灵敏	>16	流动

黏土受到扰动后强度降低的原因主要有以下两个方面：第一，颗粒表面结合水分子的定向排列在扰动后破坏，影响了黏土颗粒之间原有的黏性。这部分损失的强度随着时间可以逐渐恢复。第二，黏土颗粒之间存在着化学胶结物质，提供了胶结作用，增加了黏土强度。其中胶结作用在扰动后丧失，降低了黏土的强度。这一部分强度不能随着时间恢复。

某些灵敏度较高的黏土，在含水量不变的情况下，在受到扰动之后强度降低，静置一段时间，一部分强度会得到恢复。这种性质称为黏土的触变性。

结合以上分析，在进行原状黏土试样的强度试验时，在取样时一定要注意尽量减小对土样的扰动，否则所测得的土样的天然强度并不准确。在施工中，也要尽量保持地基土层的天然结构，以保持土体的强度，减少过大沉降的发生。尤其是对于灵敏度较高的土体更要特别注意。

（四）黏土的蠕变

在恒定的剪应力作用下，随着时间的延长，土体的应变持续增长。黏土的这种性质称为蠕变。在三轴不排水剪试验中，保持恒定的主应力差，轴向应变随着时间变化的曲线称为蠕变曲线。图 5-23（a）给出了三种不同的主应力差下的蠕变曲线。由图可见，对于主应力差较小的情况，即图中的$(\sigma_1-\sigma_3)_1$和$(\sigma_1-\sigma_3)_2$，轴向应变很快发生，之后轴向应变—时间关系曲线缓慢发展，最后轴向应变保持一个恒定值。而对于主应力差较大的情况，即图中的$(\sigma_1-\sigma_3)_3$，蠕变速率较大，轴向应变不断增大，最终导致蠕变破坏。

图 5-23（b）显示了蠕变破坏的四个阶段。

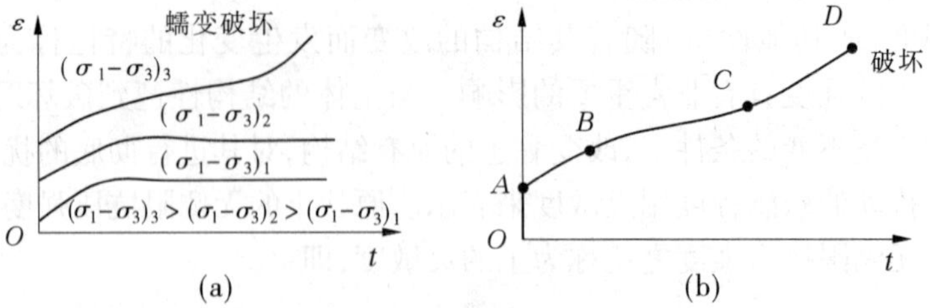

图 5-23　土的蠕变曲线

(1)弹性应变阶段:此阶段的应变值较小,即图中 OA 段;

(2)初始蠕变阶段:此阶段蠕变速率存在一个减小的趋势,如果这时卸载,瞬时弹性应变和初期蠕变可以相继恢复,即图中 AB 段;

(3)稳定蠕变阶段:此阶段的蠕变速率保持不变,土中已经出现塑性应变,即使此时卸载,土体也会保留一部分变形,即图中 BC 段;

(4)加速蠕变阶段:此阶段的蠕变速率增长较快,此时卸载土体会保留很大的蠕变变形,如不卸载,最后将达到蠕变破坏,即图中 CD 段。

容易发生蠕变的土体,在蠕变发生后,其长期强度会远远低于实验室测定的抗剪强度。土的蠕变对于很多工程问题具有重要影响,如蠕变会引起挡土结构物的侧向移动、非降雨引起的土坡滑坡等工程事故。因此,在工程设计中,对于蠕变的影响也应进行充分考虑。

第六节　土的孔隙压力系数

为了用有效应力法分析土体的强度和变形问题,常常需要知道外荷载作用下土中的孔隙水压力值。1954 年斯开普顿(A. W. Skempton)首先在三轴压缩仪中对非饱和土体进行了不排水不排气剪切试验,提出了孔隙压力系数的概念。所谓孔隙压力系数,是指土体在不排水和不排气的条件下,由外荷载引起的孔隙压力增量与应力增量(以总应力表示)的比值,用以表征孔隙压力对总应力变化的反映,常简称为孔压系数。

在非饱和土的孔隙中,既有气又有水,在这种情况下,由于水、气界面上的表面张力和弯液面的存在,使得孔隙气应力 u_a 和孔隙水压力 u_w 不相等,且 $u_a>u_w$。当土的饱和度达到 95% 以上时,表面张力较小,u_a 大致等于 u_w。为简单起见,下面的讨论中不再区分 u_a 和 u_w,统称为孔隙压力,并用 u 表示。

在常规三轴压缩试验中,试样先承受周围压力 σ_c 固结稳定,以模拟土层的原位应力(自重应力)状态。试样在 σ_c 作用下固结稳定后,它产生的孔隙压力 u_0 消散为零。用 $\Delta\sigma_1$ 和 $\Delta\sigma_3$ 模拟附加应力,三轴压缩试验时将它们分为两步施加,即首先使试样承受周围压力增量 $\Delta\sigma_3$,由周围压力增量 $\Delta\sigma_3$ 产生的孔隙压力记为 Δu_1;再在周围压力 $\sigma_3=\sigma_c+\Delta\sigma_3$ 不变的条件下,沿轴向给试样施加主应力增量($\Delta\sigma_1-\Delta\sigma_3$)(附加轴向应力 q),设由轴向主应力增量($\Delta\sigma_1-\Delta\sigma_3$)产生的孔隙压力为 Δu_2。如图 5-24 所示,若试验是在不排水条件下进行,则在剪切过程中任一时刻的孔隙压力 u 是由 $\Delta\sigma_3$ 和($\Delta\sigma_1-\Delta\sigma_3$)作

用产生的孔隙压力 Δu_1 与 Δu_2 之和，即

$$\Delta u = \Delta u_1 + \Delta u_2 \tag{5-26}$$

下面根据三轴试验过程中施加 $\Delta\sigma_3$ 和 $\Delta\sigma_1 - \Delta\sigma_3$ 两个阶段产生的孔隙压力来定义孔隙压力系数。

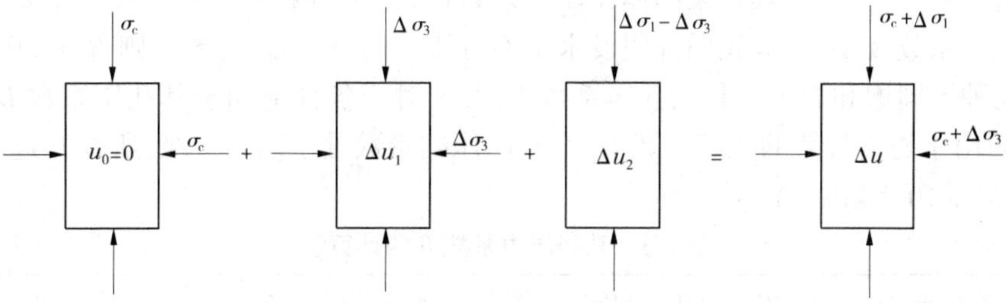

图 5-24　三轴不排水试验中的孔隙水压力

一、孔隙压力系数 B

轴对称应力状态可以分解为球应力分量 σ_3(围压)与偏差压力分量 $\sigma_1 - \sigma_3$ 两部分。在不排水条件下施加球应力分量的增量 $\Delta\sigma_3$，会在土中产生有效应力增量 $\Delta\sigma'_3$ 和孔压增量 Δu_1。根据太沙基的有效应力原理，得

$$\Delta\sigma_3 = \Delta\sigma'_3 + \Delta u_1 \tag{5-27}$$

其中，有效应力增量 $\Delta\sigma_3'$ 作用于土骨架上，Δu_1 作用于孔隙流体上。土骨架在 $\Delta\sigma_3'$ 作用下将被压缩，土骨架的压缩量为

$$\Delta V_s = C_{sk} V_0 \Delta\sigma'_3 = C_{sk} V_0 (\Delta\sigma_3 - \Delta u_1) \tag{5-28}$$

式中　C_{sk}——土骨架的体积压缩系数；

V_0——试样的初始体积。

孔隙流体本身会被压缩，在 Δu 作用下其压缩量为

$$\Delta V_v = V_v C_f \Delta u = n V_o C_f \Delta u_1 \tag{5-29}$$

式中　C_f——孔隙流体的体积压缩系数；

V_v——试样孔隙的总体积；

n——土的孔隙率。

如果试样是完全饱和的，则孔隙流体就是水，$C_f = C_w$，C_w 就是水的体积压缩系数。

由于颗粒本身不可压缩，土骨架的压缩必将发生孔隙的减少，孔隙的减少可有两种原因：①孔隙流体被挤压流出；②孔隙流体本身被压缩。在不排水条件下，孔隙流体不可能流出，只能是孔隙流体本身被压缩，土体的总压缩量必须等于土骨架的体积压缩量，也等于孔隙流体的体积压缩量，亦即 $\Delta V_s = \Delta V_v$，得到

$$C_{sk} V_0 (\Delta\sigma_3 - \Delta u_1) = n V_0 C_f \Delta u_1$$

则上式可写成

$$\Delta u_1 = B\Delta\sigma_3 \tag{5-30}$$

式中

$$B = \frac{1}{1 + n\dfrac{C_f}{C_{sk}}} \tag{5-31}$$

式中，B 就是各向等压条件下的孔压系数，它表示的是单位球应力增量引起的超静孔隙水压力增量。对于各种土，其骨架的体积压缩系数很大，而如果土是完全饱和的，$C_f = C_w$，水的体积压缩系数极小，此前我们都假设水是不可压缩的，即 $C_f/C_{sk} \approx 0$，则 $B \approx 1.0$。表5-3列出了几种不同饱和岩土材料的孔压系数 B，可见对于各种饱和土其孔压系数 B 都接近于1.0；而由于岩石骨架的压缩系数 C_{sk} 与水的压缩系数处于同一量级，所以 B 远小于1.0（$C_w = 0.49 \times 10^{-6}\ kPa^{-1}$）。

表5-3　孔隙压力系数 B 的计算值

块石或土	C_{sk}（$\times 10^{-6}\ kPa^{-1}$）	n(%)	B
巴斯石灰岩	0.06	15	0.468
滑石	0.25	30	0.647
密砂	15	40	0.988
硬黏土	80	42	0.977
软黏土	400	55	0.999

二、孔隙压力系数 A

σ_3 不变，只施加偏差应力增量 $\Delta\sigma_1 - \Delta\sigma_3$，在不排水的条件下，将产生超静孔压增量 Δu_2，这需要另一个孔压系数 A 来表述。

如果土骨架是弹性体，则其体积变化可用广义虎可定律计算

$$\Delta V_s = V_0 \frac{(\Delta\sigma'_1 + \Delta\sigma'_2 + \Delta\sigma'_3)}{3K} \tag{5-32}$$

式中　K——土骨架的体积压缩模量，$C_{sk} = 1/K$。

施加偏差应力增量 $\Delta\sigma_1 - \Delta\sigma_3$ 以后，产生超静孔压增量 Δu_2，由于 $\Delta\sigma_2 = \Delta\sigma_3 = 0$，则 $\Delta\sigma'_2 = \Delta\sigma'_3 = -\Delta u_2$，$\Delta\sigma'_1 = (\Delta\sigma_1 - \Delta\sigma_3) - \Delta u_2$。将它们代入式(5-32)，得

$$\Delta V_s = C_{sk}V_0[(\Delta\sigma_1 - \Delta\sigma_3)/3 - \Delta u_2] \tag{5-33}$$

孔隙流体的体积压缩量为

$$\Delta V_v = nV_0C_f\Delta u_2 \tag{5-34}$$

在不排水条件下，土骨架的体积压缩量应等于孔隙液体的体积压缩量，可以得到

$$\Delta u_2 = \frac{1}{1 + \dfrac{nC_f}{C_{sk}}}\frac{1}{3}(\Delta\sigma_1 - \Delta\sigma_3) = BA(\Delta\sigma_1 - \Delta\sigma_3) \tag{5-35}$$

可见，在弹性假设条件下，由单位偏差应力增量引起的孔压增量为 $A = 1/3$。

由于土并不是弹性体，剪应力也可以引起土的体变。所以式(5-35)一般表示为

$$\Delta u_2 = BA(\Delta\sigma_1 - \Delta\sigma_3) \tag{5-36}$$

式中，孔压系数 A 在弹性情况下等于1/3，当土在剪应力作用下会发生体胀时（具有剪胀

性)，如密砂和坚硬的黏性土，$A<1/3$，甚至 $A<0$；当土在剪应力作用下会发生体缩时(具有剪缩性)，松砂和软黏土，$A>1/3$，甚至 $A>1$。

综上，对于饱和土，孔隙水压力系数 $B=1$，因此在饱和土的不固结不排水剪试验中，超静孔隙水压力的总增量为

$$\Delta u = \Delta\sigma_3 + A(\Delta\sigma_1 - \Delta\sigma_3) \tag{5-37}$$

在固结不排水剪试验中，由于允许试样在 $\Delta\sigma_3$ 下固结稳定，所以试样受剪前 Δu_1 已消散为零。于是

$$\Delta u = \Delta u_2 = A(\Delta\sigma_1 - \Delta\sigma_3) \tag{5-38}$$

在固结排水剪试验中，试样受剪前 Δu_1 等于零，受剪过程中 Δu_2 始终要求保持为零，所以

$$\Delta u = 0$$

第七节　土的应力路径

应力路径是指在外荷载作用下土中某一点的应力变化过程在应力坐标图中的轨迹。它是描述土体在外荷载作用下应力变化情况或过程的一种方法。

同一种土，采用不同的试验手段和不同的加荷方法，试样的应力变化过程是不相同的，得到的土的抗剪强度参数也是不同的。由于土体的变形和强度不仅与土体受力大小有关，而且与土体的应力变化过程有关，土体的应力路径可以模拟土体的实际的应力变化过程。

一、应力路径表述法

常用的应力路径有两种表述方法。

σ—τ 表述法，表示一定剪切面上法向应力和剪应力变化的应力路径。

p—q 表述法，其中 $p=\dfrac{1}{2}(\sigma_1+\sigma_3)$，$q=\dfrac{1}{2}(\sigma_1-\sigma_3)$，这种方法常用来表示最大剪应力面上的应力变化情况。

土体内一点的应力状态可以用莫尔应力圆来表示。而某点的应力状态变化过程可以用一组莫尔应力圆来表示。这种表示方法容易造成混淆，并不实用。常用的方法是，用莫尔应力圆上一个特征应力点的轨迹来表示。常用的特征点为试样的最大剪应力平面上的法向应力和剪应力，其值分别为 $p=\dfrac{1}{2}(\sigma_1+\sigma_3)$ 和 $q=\dfrac{1}{2}(\sigma_1-\sigma_3)$。将应力点的坐标连起来，按应力变化过程顺序把这些点连起来，形成一条曲线，并用箭头指明应力状态的发展方向，就是某个点的应力路径。总应力的变化和有效应力的变化均可以用应力路径来表示，其中总应力路径(Total Stress Path)简称为 TSP，有效应力路径(Effective Stress Path)简称为 ESP。

二、几种典型条件下的应力路径

(一)直剪试验的应力路径

直剪试验中,先施加法向应力 σ_n,从 0 变化到 σ_n,然后在 σ_n 不变的条件下逐渐施加并增大剪切力至土样被剪坏。所以,受剪面上的应力路径先是一条水平线($\tau=0$,与横轴重合的水平线),到达 σ_n 以后变为一条竖直线,直至试样破坏,其应力路径如图 5-25 所示。

(二)三轴试验的应力路径

图 5-26 显示了三轴固结不排水试验中,正常固结土的应力变化过程。首先施加围压 σ_3(等向固结),则 $\sigma_1=\sigma_3$,此时在已定剪破面上应有 $\sigma_n=\sigma_3,\tau=0$。待固结完成后,施加轴向应力 $\sigma_1-\sigma_3$ 将试样剪至破坏。将应力特征点的受力状态连接起来,可得到该点的总应力路径 od(见图 5-26)。其中 o 的坐标为 $\sigma=\sigma_3,\tau=0$。终点 d 在强度包线上。od 与横轴的夹角为 $45°+\varphi/2$。最大剪应力面上的应力路径线 od' 也在图中标出,其与横轴的夹角为 $45°$。

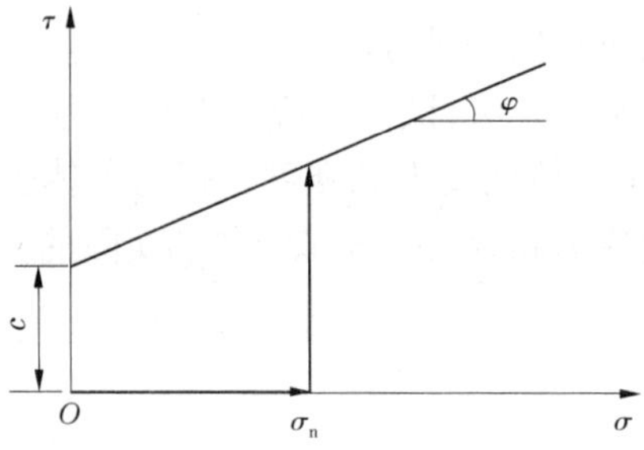

图 5-25　直剪试验的应力路径

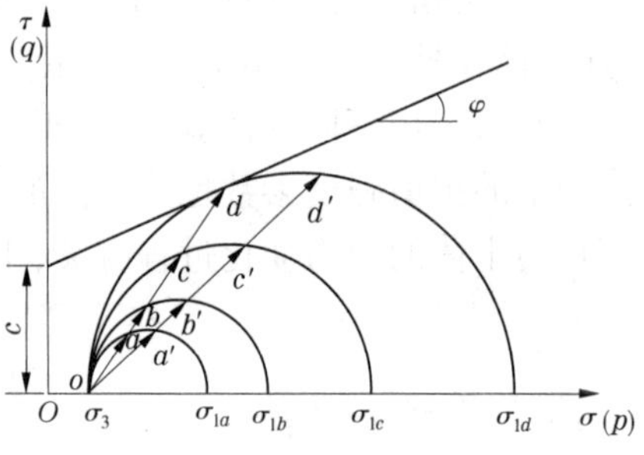

图 5-26　剪破面上的应力路径

图 5-27 表示正常固结饱和黏性土的固结不排水试验的应力路径。正常固结饱和黏性土在从未受到过任何固结压力时为泥浆状土,不能承受任何的剪应力,因此正常固结饱和黏性土的总应力强度包线和有效应力强度包线均通过原点。它们与横坐标的夹角分别为 φ_{cu} 和 φ'。

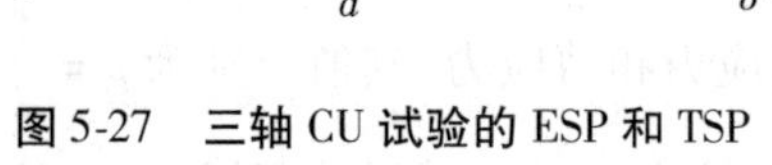

图 5-27　三轴 CU 试验的 ESP 和 TSP

土样首先进行等向固结至图 5-27 中 a 点,因此 TSP 和 ESP 的起点均在 a 点($\sigma=\sigma_3,\tau=0$)。剪切开始后,TSP 为 ac,为一条直线,其与横轴夹角为 $45°+\varphi_{cu}/2$;ESP 为 ab,为一条曲线,其终点分别在总应力强度包线和有效应力强度包线上。ESP 与 TSP 上纵坐标的值相等的两点之间的横坐标值之差即为剪切过程中土样中产生的孔隙水压力 u,b、c 两点的横坐标差值为破坏时土样中的孔隙水压力 u_f。

三、应力路径对强度、变形研究的意义

迄今为止,人们对应力路径作用的了解仍在深入,一般认为对于土体的变形和强度的问题、土的受荷历史具有非常重要的影响。土体的应力路径的研究,可以模拟土体的应力历史和实际的加荷过程,并全面研究土体的应力变化过程对土体力学性质的影响。因此,应力路径研究对于进一步深入研究土体的应力—应变关系,获取实际工程所需要的更加可靠的指标值,具有非常重要的意义。

习　题

5-1　某天然地基,取原状土样,用直剪仪进行快剪试验,试验结果如表 5-4 所示,试求土样的内摩擦角 φ 和黏聚力 c。

表 5-4　习题 5-1 附表

法向应力 σ(kPa)	抗剪强度 τ_f(kPa)	法向应力 σ(kPa)	抗剪强度 τ_f(kPa)
100	105	300	207
200	151	400	260

5-2　某土样的 $\varphi=26°$,$c=20$ kPa,承受的大主应力 $\sigma_1=450$ kPa,小主应力 $\sigma_3=100$ kPa。试判别该土样处于什么状态?

5-3　在均布条形荷载作用下,土体中 A 点的大主应力 $\sigma_1=400$ kPa,小主应力 $\sigma_3=150$ kPa,土的抗剪强度指标 $c=0$, $\varphi=30°$。试求:

(1)与最大主应力面成夹角 $\alpha=30°$倾斜面上的正应力 σ 和剪应力 τ。

(2)A 点处土是否处于极限平衡状态。

(3)最危险的剪应力面与最大主应力面的夹角为多少度。

5-4　用某饱和黏土做三轴剪切试验,测得 4 个试样在给定的试验条件下的结果如表 5-5所示。试分别用总应力法与有效应力法确定其相应的强度指标。

表 5-5　习题 5-4 附表

σ_1(kPa)	145	228	310	401
σ_3(kPa)	60	100	150	200
u (kPa)	31	55	92	120

第六章　土压力理论

第一节　概　述

在土木、交通、水利、港口等工程中,经常会遇到修建挡土结构物的问题。它是用来支挡天然或人工斜坡,以保证结构物后面土体稳定的一种建筑物,也称为挡土墙。图6-1是几种典型的挡土墙类型。从图中可以看出,这些挡土墙都要承受墙后土体的侧向压力。土体作用在挡土结构物上的侧向压力称为土压力。在挡土墙的结构设计中,土压力是重要的荷载之一。本章将讨论土压力的大小和分布规律。

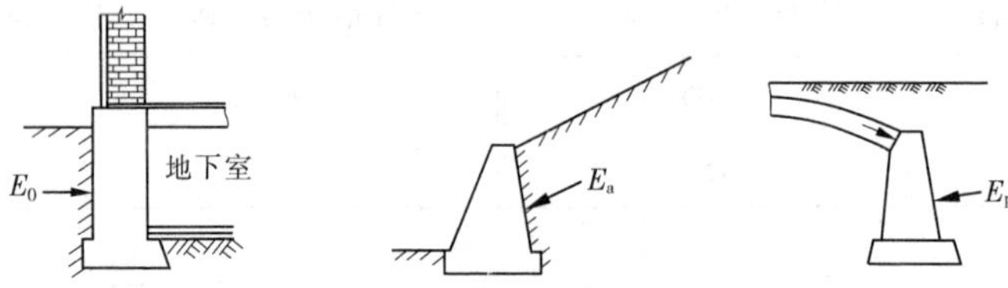

(a)地下室侧墙　(b)土坡的挡土墙　(c)拱桥桥台

图6-1　典型的挡土墙

应该指出的是,土压力的大小和分布规律不仅与挡土墙的高度、土体的性质有关,还与挡土墙的刚度及位移密切相关。

一、挡土墙的刚度与土压力

挡土墙按其刚度可以分为刚性挡土墙、柔性挡土墙两类。

(一)刚性挡土墙

刚性挡土墙一般指用砖、石或混凝土所筑成的断面面积较大的重力式挡土墙。由于刚度大,墙体在侧向土压力作用下,仅能发生整体平移或转动,墙身的挠曲变形则可忽略。对于这种类型的挡土墙,墙背受到的土压力呈三角形分布,最大压力强度发生在底部,类似于静水压力分布,见图6-2。

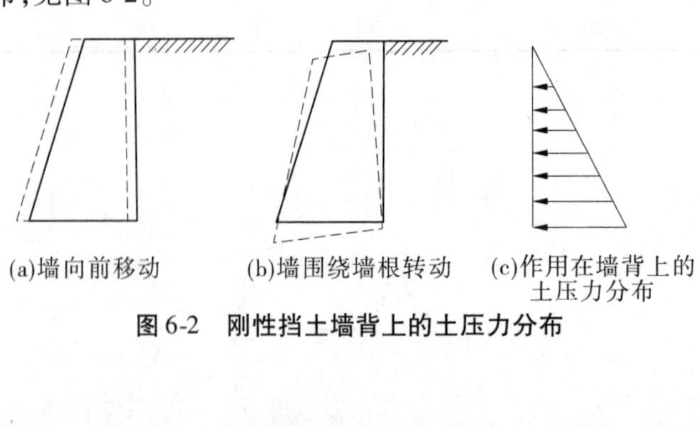

(a)墙向前移动　(b)墙围绕墙根转动　(c)作用在墙背上的土压力分布

图6-2　刚性挡土墙背上的土压力分布

(二)柔性挡土墙

当挡土结构物在土压力作用下发生挠曲变形时,结构变形将影响土压力的大小和分布,称这种类型的挡土结构物为柔性挡土墙。例如,在深基坑开挖中,为支护坑壁而打入土中的板桩墙即属于柔性挡土墙。这时作用在墙身上的土压力为曲线分布,计算时可简化为直线分布,如图 6-3 所示。

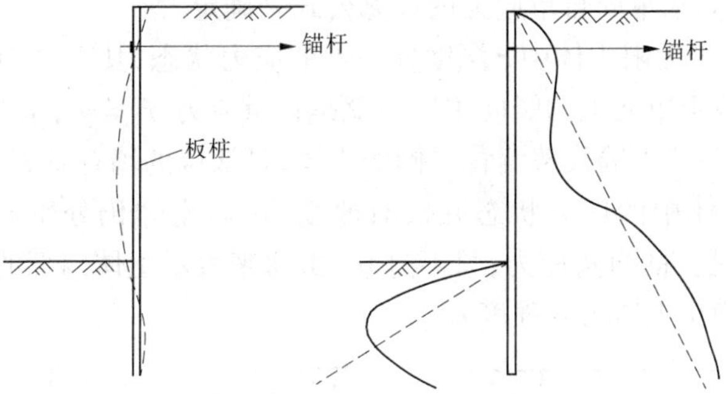

(a)固定端锚着板桩墙的变形　(b)板桩墙上的土压力分布(实线：实际土压力；虚线：计算土压力)

图 6-3　柔性挡土墙上的土压力分布

二、挡土墙的位移与土压力

太沙基于 1929 年通过挡土墙模型试验,研究了土压力与墙体位移之间的关系,测出如图 6-4 所示的关系曲线。

当挡土墙为刚性不动时,土体处于静止状态,不产生位移和变形,此时作用在挡土墙上的土压力称为静止土压力,用 E_0 表示;如果挡土墙背离填土方向转动或移动,随着位移量的逐渐增加,墙体受到的土压力逐渐减小,当墙后填土达到极限平衡状态时,土压力降为最小值,这时作用在挡土墙上的土压力称为主动土压力,用 E_a 表示;反之,若墙体向着填土方向转动或移动,随着位移量的逐渐增加,墙后土体受到挤压而引起土压力逐渐增大,当墙后填土达到极限平衡状态时增大到最大值,作用在挡土墙上的土压力称为被动土压力,用 E_p 表示。

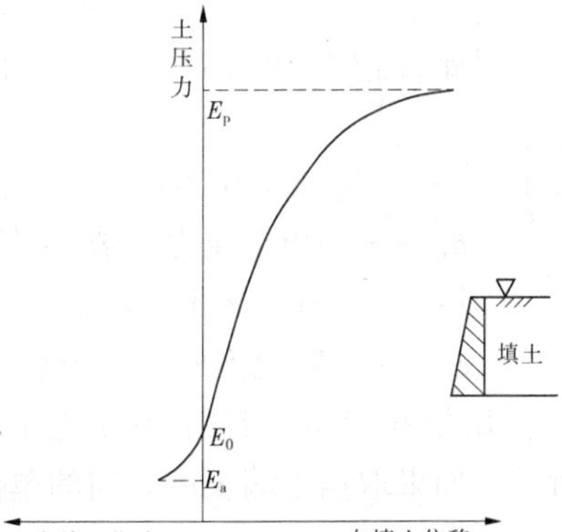

图 6-4　土压力与挡土墙位移的关系

通常情况下,墙后填土未必达到极限平衡状态,作用在墙上的土压力可能为主动土压力和被动土压力之间的某一数值,其大小与墙体的位移情况有关。在实际工程中,作用在深基础侧墙等上的土压力,可近似看成静止土压力 E_0,如图 6-1(a)所示;作用在支撑土坡的挡土墙上的土压力,可近似看成主动土压力 E_a,如图 6-1(b)所示;作用在拱桥桥台侧面的土压力,可近似看成被动土压力 E_p,如图 6-1(c)所示。下面介绍三种典型土压力的计算方法。

第二节　静止土压力

如前所述,在挡土墙为刚性且不发生侧向位移时,作用在墙背上的土压力即为静止土压力。此时,墙后土体处于侧限应力状态,与土的自重应力状态相同。因此,计算静止土压力可按照第三章计算水平向自重应力的计算公式来确定。

图 6-5(a)表示在半无限土体中 z 深度处一点的应力状态,其水平面和竖直面都是主应力面,所以作用于该土单元上的竖向主应力就是自重应力 $\sigma_v = \gamma z$,水平向自重应力 $\sigma_h = K_0\sigma_v = K_0\gamma z$。设想用一挡土墙代替墙背左侧的土体,且该墙的墙背垂直光滑(无摩擦剪应力),则代替后右侧土体中的应力状态并没有改变,墙后土体仍处于侧限应力状态(见图 6-5(b)),σ_v 仍然是土的自重应力,只不过 σ_h 由原来表示土体内部的应力变成土对墙的压力,按定义即为静止土压力的强度 e_0。

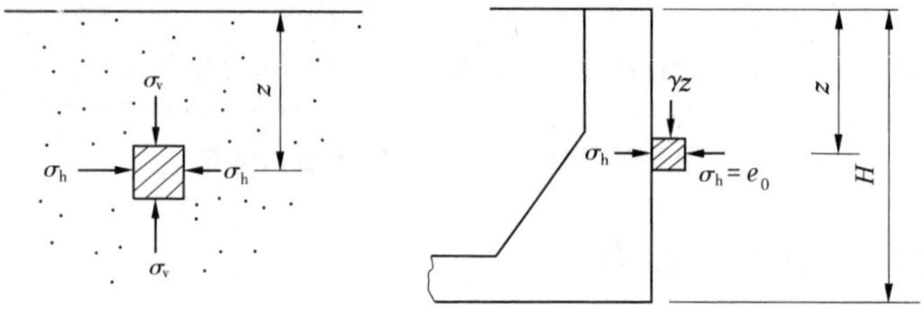

(a)侧限应力状态　　(b)挡土墙上的静止土压力

图 6-5　侧限应力状态与静止土压力

因此,挡土墙单位面积上的静止土压力为

$$e_0 = K_0\gamma z \tag{6-1}$$

式中　e_0——静止土压力强度,kPa;

K_0——静止土压力系数,无量纲;

γ——土的重度,kN/m³;

z——计算点距离地表深度,m。

由式(6-1)可以看出,静止土压力的大小沿深度为线性变化,其分布规律如图 6-6(a)所示。如果取挡土墙长度方向的单位长度(1 m),则作用于墙背上的静止土压力合力为

$$E_0 = \frac{1}{2}K_0\gamma H^2 \tag{6-2}$$

式中　E_0——静止土压力合力,kN/m;

H——墙高,合力的作用点位于 $H/3$ 处,m。

若墙后填土中有地下水,则计算静止土压力时,水下土的重度应取浮重度 γ'(有效重度),其分布规律如图 6-6(b)所示。相应静止土压力合力 E_0 的大小等于压力分布图形的面积,即

$$E_0 = \frac{1}{2}K_0\gamma H_1^2 + K_0\gamma H_1 H_2 + \frac{1}{2}K_0\gamma' H_2^2 \tag{6-3}$$

其中,E_0 作用点位于图形的形心处。

此外,还应考虑水压力的作用,作用在墙背上的总水压力为

$$P_w = \frac{1}{2}\gamma_w H_2^2 \tag{6-4}$$

水压力的作用点位于 $H_2/3$ 处。

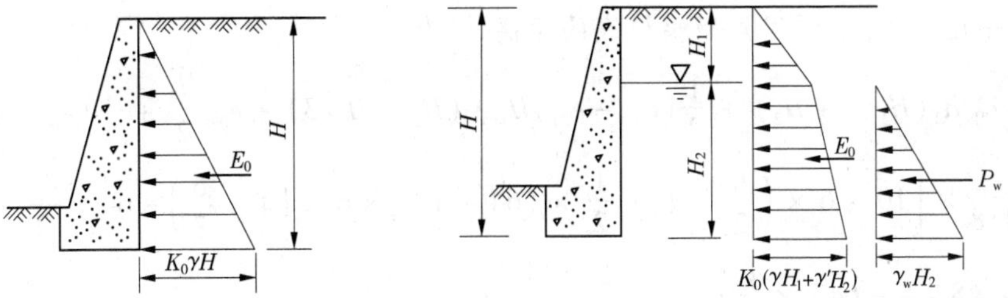

(a)均匀土　(b)有地下水时

图 6-6　静止土压力的分布

在静止土压力的计算中,关键是静止土压力系数 K_0 的确定。K_0 可由室内的或现场的静止土压力试验来测定。对于砂土或正常固结的黏土,可根据有效内摩擦角经验来确定:

$$K_0 = 1 - \sin\varphi' \tag{6-5}$$

式中　φ'——土体的有效内摩擦角,(°)。

【例 6-1】　计算作用在如图 6-7 所示挡土墙上的静止土压力分布值及其合力 E_0,其中 q 为无限分布均布荷载。

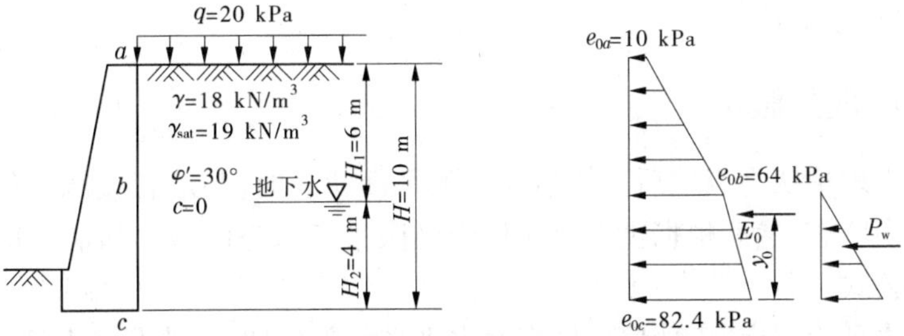

图 6-7　例 6-1 附图

解: 静止土压力系数为

$$K_0 = 1 - \sin\varphi' = 1 - \sin30° = 0.5$$

土层中各点静止土压力值为

a 点:$e_{0a} = K_0 q = 0.5 \times 20 = 10(\text{kPa})$

b 点:$e_{0b} = K_0(q + \gamma H_1) = 0.5 \times (20 + 18 \times 6) = 64(\text{kPa})$

c 点:$e_{0c} = K_0(q + \gamma H_1 + \gamma' H_2) = 0.5 \times [20 + 18 \times 6 + (19 - 9.8) \times 4]$

$= 80(\text{kPa})$

静止土压力的合力 E_0 为

$$E_0 = \frac{1}{2}(e_{0a} + e_{0b})H_1 + \frac{1}{2}(e_{0b} + e_{0c})H_2$$

$$= \frac{1}{2} \times (10 + 64) \times 6 + \frac{1}{2} \times (64 + 82.4) \times 4$$

$$= 514.8(\mathrm{kN/m})$$

静止土压力 E_0 的作用点距离墙底的距离 y_0 为

$$y_0 = \frac{1}{E_0}\left[e_{0a}H_1(H_1/2 + H_2) + \frac{1}{2}(e_{0b} - e_{0a})H_1 \cdot (H_2 + H_1/3) + e_{0b}\frac{H_2^2}{2} + \frac{1}{2}(e_{0c} - e_{0b})\frac{H_2^2}{3}\right]$$

$$= \frac{1}{514.8} \times \left[10 \times 6 \times \left(\frac{6}{2} + 4\right) + \frac{1}{2} \times (64 - 10) \times 6 \times \left(4 + \frac{6}{3}\right) + 64 \times \frac{4^2}{2} + \frac{1}{2} \times (82.4 - 64) \times \frac{4^2}{3}\right]$$

$$= 3.79(\mathrm{m})$$

作用在墙上的静水压力合力 P_w 为

$$P_w = \frac{1}{2}\gamma_w H_2{}^2 = \frac{1}{2} \times 9.81 \times 4^2 = 78.5(\mathrm{kN/m})$$

静止土压力及水压力的分布如图 6-7 所示。

第三节　朗肯土压力理论

朗肯土压力理论和库仑土压力理论分别是计算主动土压力和被动土压力的两种基本理论。朗肯土压力理论是由英国人朗肯(W. J. M. Rankine)于 1857 年提出的,这一理论建立在土的极限平衡应力条件上,又称为极限应力法。由于朗肯土压力理论概念明确,方法简便,至今仍被广泛应用。

一、基本原理与假定

朗肯土压力理论认为当墙后土体达到极限平衡状态时,与墙背接触的任一土单元体都处于极限平衡状态,然后根据土单元体处于极限平衡状态时应力所满足的条件来建立土压力的计算公式。

朗肯土压力理论假定:①墙后土体表面水平且无限延伸;②墙背竖直且光滑。采用这样的假定,目的是使墙后土单元在水平方向和竖直方向为主应力方向,则墙后深度为 z 处的土单元所受的应力如图 6-8 所示。

如果挡土墙不发生位移,墙后土单元体所处的应力状态可以由图 6-9 中的莫尔应力圆 A 表示,此时 $\sigma_1 = \sigma_z$,$\sigma_3 = \sigma_x = K_0\sigma_z$;如果墙体向离开填土的方向移动,随着位移量的增加,竖向应力 σ_z 保持不变,水平向应力 σ_x 逐渐减小,当应力圆增大到与强度包线相切时,单元达到主动极限平衡状态,作用在墙上的土压力(主动土压力)就等于该单元体的最小水平应力值 $\sigma_{x\min}$(等于单元体小主应力 σ_3);反之,如果墙体向填土方向使土体挤压,随着位移量的增加,竖向应力 σ_z 保持不变,水平向应力 σ_x 则逐渐增加,并且大、小主应力的方向会发生改变,σ_z 由大主应力方向转变成小主应力方向,等于 σ_3,σ_x 由小主应

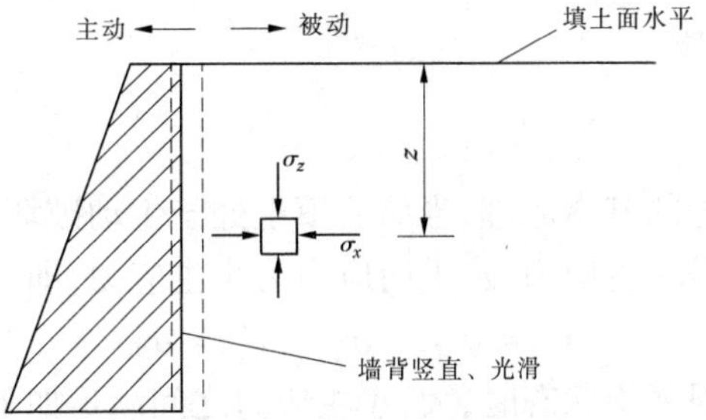

图 6-8　朗肯土压力理论中土单元应力状态

力方向转变成大主应力方向，等于 σ_1，当应力圆增大到与强度包线相切时，该单元体达到被动极限平衡状态，作用在墙上的土压力（被动土压力）就等于该单元体的最大水平应力值 $\sigma_{x\max}$（等于大主应力 σ_1）。

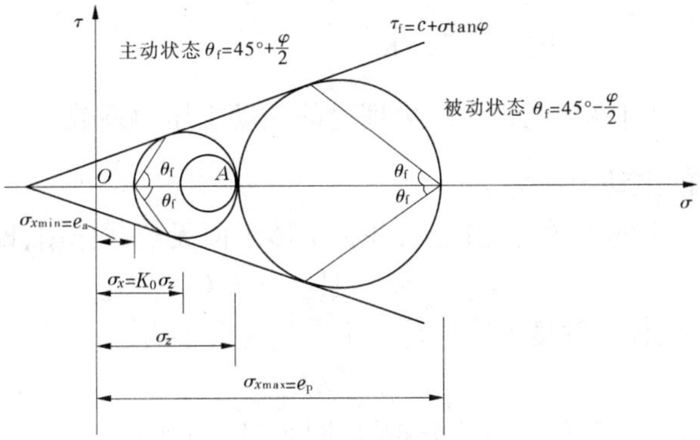

图 6-9　极限平衡状态

由前面章节的知识知道，当土体达到极限平衡状态时，产生的破坏面与大主应力面的夹角为 $\theta_f=45°+\frac{\varphi}{2}$。因此，当土体达到主动极限平衡状态时，水平面为大主应力面，则破坏面与水平面的夹角为 $\theta_f=45°+\frac{\varphi}{2}$；当土体达到被动极限平衡状态时，竖直面为大主应力面，则破坏面与水平面的夹角为 $\theta_f=45°-\frac{\varphi}{2}$，如图 6-10 所示。

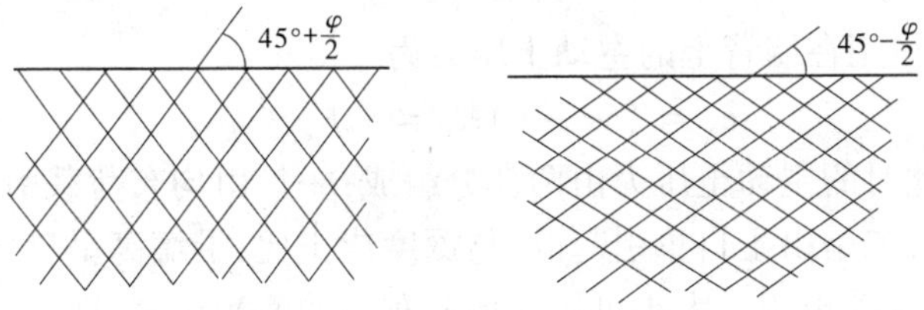

(a)主动破坏面　　(b)被动破坏面

图 6-10　极限平衡状态破坏面

二、主动土压力计算

(一)基本公式

根据朗肯土压力理论的基本原理,当墙后填土处于主动破坏状态时,某一深度 z 处的土单元体所受竖向应力是大主应力,水平向应力为小主应力,即

$$\sigma_z = \sigma_{1f}, \quad \sigma_x = e_a = \sigma_{3f} \tag{6-6}$$

当土单元体处于极限平衡状态时,大、小主应力之间满足如下关系:

$$\sigma_{3f} = \sigma_{1f}\tan^2\left(45^\circ - \frac{\varphi}{2}\right) - 2c\tan\left(45^\circ - \frac{\varphi}{2}\right) \tag{6-7}$$

因此,深度 z 点处朗肯主动土压力计算公式为

$$\begin{aligned} e_a &= \sigma_z\tan^2\left(45^\circ - \frac{\varphi}{2}\right) - 2c\tan\left(45^\circ - \frac{\varphi}{2}\right) \\ &= \sigma_z K_a - 2c\sqrt{K_a} \end{aligned} \tag{6-8}$$

式中,$K_a = \tan^2\left(45^\circ - \frac{\varphi}{2}\right)$称为朗肯土压力理论的主动土压力系数。

(二)无黏性土的主动土压力

假设墙后土体为干的均质无黏性土,并且土体表面无超载作用,即

$$\sigma_z = \gamma z \quad 且 \quad c = 0$$

则由式(6-8)可以得到任一深度 z 处主动土压力强度大小为

$$e_a = \gamma z K_a \tag{6-9}$$

其分布形态为沿深度 z 呈三角形线性分布,如图 6-11(a)所示。

设挡土墙高度为 H,则作用在墙上的总主动土压力大小可按三角形分布图的面积计算,即

$$E_a = \frac{1}{2}\gamma H^2 K_a \tag{6-10}$$

E_a 作用点位于图形的形心处,即距墙底 $H/3$ 处。

如果墙后土体表面有均布荷载 q,如图 6-11(b)所示,则深度 z 处土单元体所受竖向应力为

$$\sigma_z = \gamma z + q$$

则地面下深度 z 处作用在墙背上的主动土压力为

$$e_a = (\gamma z + q)K_a = \gamma z K_a + qK_a \tag{6-11}$$

由式(6-11)可见,此时的主动土压力由两部分组成:一是由均布荷载引起的,与深度无关,沿墙高呈矩形分布;二是由土自重引起的,与深度成正比,沿墙高呈三角形分布。于是,作用在墙背上的总的主动土压力大小可按梯形分布图的面积计算,即

$$E_a = \frac{1}{2}\gamma H^2 K_a + qHK_a \tag{6-12}$$

其中,E_a 作用在梯形的形心处。

(三)黏性土的主动土压力

假设墙后土体为干的均质黏性土,即 $c \neq 0$,则由式(6-8)知,任一深度 z 处主动土压力

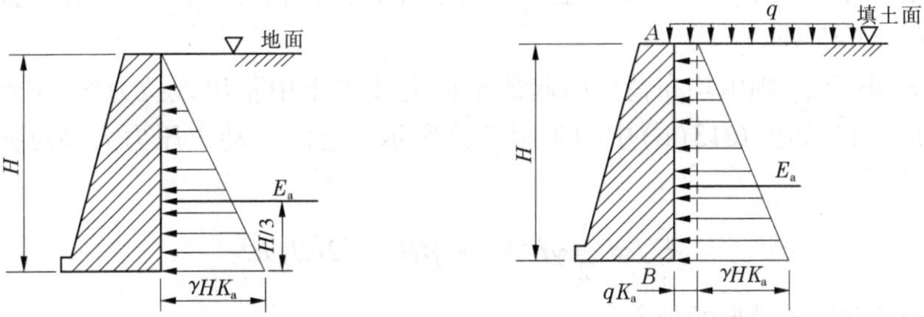

(a)无超载作用　　(b)有均布荷载作用

图 6-11　无黏性土主动土压力分布

大小为

$$e_a = \gamma z K_a - 2c\sqrt{K_a} \tag{6-13}$$

由式(6-13)可见,黏性土主动土压力沿深度 z 呈线性变化,与无黏性土不同的是,它由两部分组成:一是由土自重引起的压力,沿墙高呈三角形分布;二是由黏聚力引起的拉力,与深度无关,沿墙高呈矩形分布。由于黏性土黏聚力的存在,主动土压力在某一深度范围内可能会出现负值,即存在拉力区,拉力区的深度 z_0 为 $e_a=0$ 处的 z 值,有

$$z_0 = \frac{2c}{\gamma\sqrt{K_a}} \tag{6-14}$$

由于土体实际上不能够承受拉力,所以作用在墙背上的主动土压力的分布图形为如图 6-12所示的下部阴影三角形。总的主动土压力大小可按该阴影三角形的面积计算,即

$$E_a = \frac{1}{2}\gamma(H - z_0)^2 K_a \tag{6-15}$$

其中,E_a 的作用点位于墙底面以上 $(H-z_0)/3$ 处。

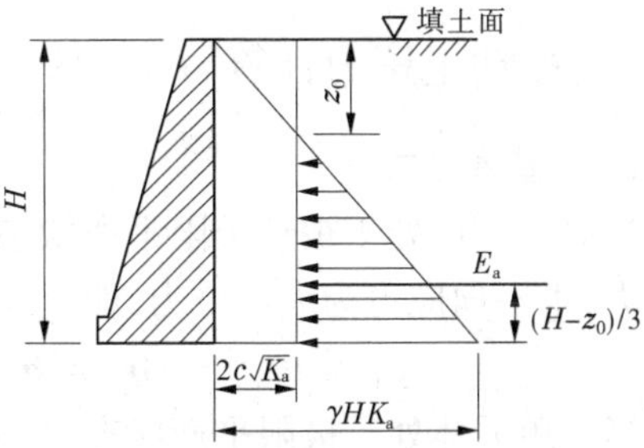

图 6-12　黏性土主动土压力分布

如果填土表面有均布荷载 q,深度 z 处土单元体所受竖向应力为 $\sigma_z = \gamma z + q$,则主动土压力为

$$e_a = \sigma_z K_a - 2c\sqrt{K_a} = \gamma z K_a + qK_a - 2c\sqrt{K_a} \tag{6-16}$$

由式(6-16)可见,此时的主动土压力由三部分组成:一是由土自重引起的,与深度成正比,沿墙高呈三角形分布;二是由均布荷载引起的压力,与深度无关,沿墙高呈矩形分布;三是由黏聚力引起的拉力,与深度无关,沿墙高呈矩形分布。

对于有均布荷载的黏性土主动土压力,有可能出现拉力区,也可能不出现拉力区。由式(6-16),令 $e_a=0$,可以得到填土受拉区的最大深度为

$$z_0 = \frac{2c}{\gamma\sqrt{K_a}} - \frac{q}{\gamma} \tag{6-17}$$

如果 z_0 大于零,则填土中存在拉力区,主动土压力为三角形分布,如图 6-13(a)中下

部成阴影的三角形所示。总的主动土压力大小计算公式仍为式(6-15),作用点位于墙底面以上$(H-z_0)/3$处。

如果z_0小于零,则由均布荷载引起的土压力使填土中不出现拉力区,主动土压力的分布为梯形分布,如图6-13(b)中的阴影部分所示。总的主动土压力大小可按阴影梯形面积计算,即

$$E_a = \frac{1}{2}\gamma H^2 K_a + qHK_a - 2cH\sqrt{K_a} \tag{6-18}$$

其中,E_a作用点位于梯形的形心处。

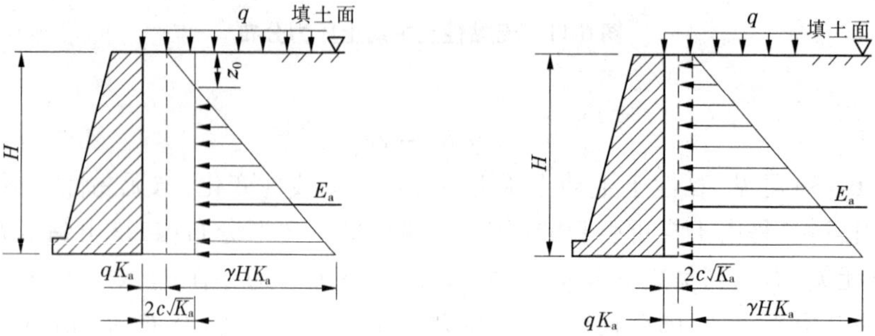

(a)有拉应力区　　(b)无拉应力区

图6-13　有均布荷载时黏性土主动土压力分布

三、被动土压力计算

(一)基本公式

当墙后土体处于被动极限平衡状态时,某一深度z处的土单元体所受竖向应力是小主应力,水平向应力为大主应力,即

$$\sigma_z = \sigma_{3f}, \quad \sigma_x = e_p = \sigma_{1f} \tag{6-19}$$

当土单元体处于极限平衡状态时,大、小主应力之间满足如下关系:

$$\sigma_{1f} = \sigma_{3f}\tan^2\left(45° + \frac{\varphi}{2}\right) + 2c\tan\left(45° + \frac{\varphi}{2}\right)$$

因此,深度z处朗肯被动土压力计算公式为

$$\begin{aligned} e_p &= \sigma_z\tan^2\left(45° + \frac{\varphi}{2}\right) + 2c\tan\left(45° + \frac{\varphi}{2}\right) \\ &= \sigma_z K_p + 2c\sqrt{K_p} \end{aligned} \tag{6-20}$$

式中,$K_p = \tan^2\left(45° + \frac{\varphi}{2}\right)$称为朗肯理论的被动土压力系数。

(二)无黏性土的被动土压力

假设墙后土体为干的均质无黏性土,并且填土表面无超载作用,即有

$$\sigma_z = \gamma z \quad 且 \quad c = 0$$

则由式(6-20)可以得到任一深度z处被动土压力大小为

$$e_p = \gamma z K_p \tag{6-21}$$

由式(6-21)可见,被动土压力沿深度 z 呈线性变化,三角形分布,如图6-14(a)所示。

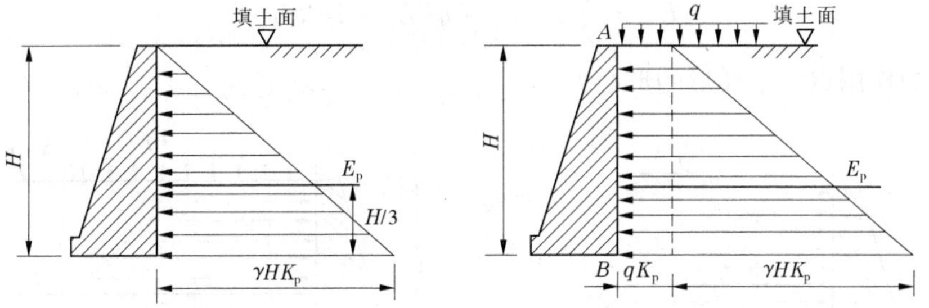

(a)无超载作用　(b)有均布荷载作用

图6-14　无黏性土被动土压力分布

设挡土墙高度为 H,则作用在墙上的总被动土压力大小可按三角形分布图的面积计算,即

$$E_p = \frac{1}{2}\gamma H^2 K_p \tag{6-22}$$

其中,E_p 作用点位于图形的形心处,即底面以上 $H/3$ 处。

如果填土表面有均布荷载 q,如图6-14(b)所示,则深度 z 处土单元体所受竖向应力为 $\sigma_z = \gamma z + q$,则被动土压力为

$$e_p = (\gamma z + q)K_p = \gamma z K_p + qK_p \tag{6-23}$$

由式(6-23)可见,此时的被动土压力由两部分组成:一是由均布荷载引起的,与深度无关,沿墙高呈矩形分布;二是由土自重引起的,与深度成正比,沿墙高呈三角形分布。于是,作用在墙背上的总的被动土压力大小可按梯形分布图的面积计算,即

$$E_p = \frac{1}{2}\gamma H^2 K_p + qHK_p \tag{6-24}$$

其中,E_p 作用在梯形的形心处。

(三)黏性土的被动土压力

假设墙后土体为干的均质黏性土,即有 $c \neq 0$,则任一深度 z 处被动土压力大小为

$$e_p = \gamma z K_p + 2c\sqrt{K_p} \tag{6-25}$$

可见,被动土压力沿深度 z 呈线性变化,它由两部分组成:一是由土自重引起的,沿墙高呈三角形分布;二是由黏聚力引起的,与深度无关,沿墙高呈矩形分布,如图6-15(a)所示。作用在墙背上的总的被动土压力大小可按该梯形分布图的面积计算,即

$$E_p = \frac{1}{2}\gamma H^2 K_p + 2cH\sqrt{K_p}$$

其中,E_p 的作用点位于梯形的形心处。

如果填土表面有均布荷载 q,则被动土压力为

$$e_p = \sigma_z K_p + 2c\sqrt{K_p} = \gamma z K_p + qK_p + 2c\sqrt{K_p} \tag{6-26}$$

由式(6-26)可见,此时的被动土压力由三部分组成:一是由土自重引起的,与深度成正比,沿墙高呈三角形分布;另两项是由均布荷载和黏聚力引起的,与深度无关,沿墙高呈矩形分布,如图6-15(b)所示。

总的被动土压力大小可按梯形的面积分布计算,即

$$E_p = \frac{1}{2}\gamma H^2 K_p + qHK_p + 2cH\sqrt{K_p} \tag{6-27}$$

其中,E_p 的作用点位于梯形的形心处。

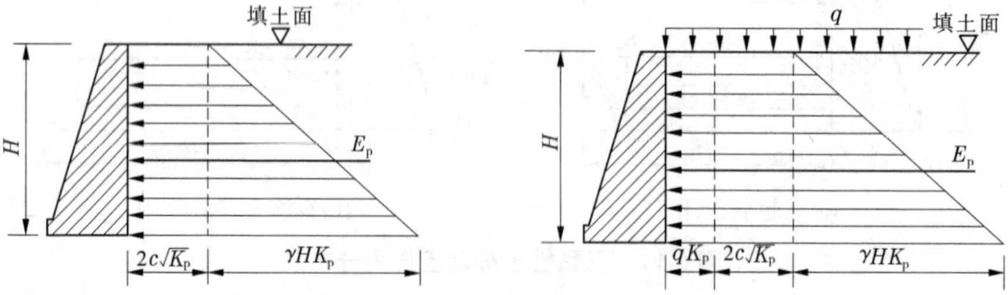

(a)无超载作用　(b)有均布荷载作用

图 6-15　黏性土被动土压力分布

四、有地下水时的土压力计算

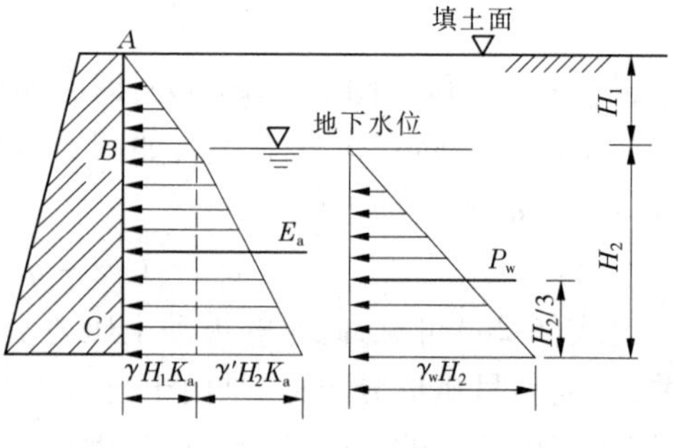

图 6-16　有地下水时的主动土压力

当墙后土体中有水时,需考虑地下水位以下的填土由于浮力作用使有效重量减轻引起的土压力的减小,即在计算竖直向应力时,水下填土部分采用浮重度。另外,需注意的是,作用在墙背上的总压力中还应包括水压力的作用。

以图 6-16 所示的无黏性土主动土压力为例。地下水位以上(图中 AB 段)的主动土压力计算与无水时相同,即 B 点的主动土压力为

$$(e_a)_B = (\sigma_z)_B K_a = \gamma H_1 K_a \tag{6-28}$$

式中　H_1——地下水位以上填土的高度。

地下水位以下(图中 BC 段)部分,在计算土单元体竖向应力时,需将土的重度改为浮重度 γ'。假设水下 K_a 值不变,则 C 点的主动土压力为

$$(e_a)_C = (\sigma_z)_C K_a = \gamma H_1 K_a + \gamma' H_2 K_a \tag{6-29}$$

式中　H_2——地下水位以下填土的高度。

总的主动土压力大小由图 6-16 所示的压力分布图的面积求得,即

$$E_a = \frac{1}{2}\gamma H_1^2 K_a + \gamma H_1 H_2 K_a + \frac{1}{2}\gamma' H_2^2 K_a \tag{6-30}$$

其中,E_a 作用点位于图形的形心处。

作用在墙背面的水压力为

$$P_w = \frac{1}{2}\gamma_w H_2^2 \tag{6-31}$$

于是,进行挡土墙设计时,作用在墙背上的总压力为

$$
\begin{aligned}
P &= E_a + P_w \\
&= \frac{1}{2}\gamma H_1^2 K_a + \gamma H_1 H_2 K_a + \frac{1}{2}\gamma' H_2^2 K_a + \frac{1}{2}\gamma_w H_2^2
\end{aligned}
$$

五、土体分层时的土压力计算

如果墙后土体是由不同土层组成的，应考虑土体性质不同（如重度、黏聚力、内摩擦角等）对土压力的影响。在确定成层土的土压力时，需注意两点：一是由于各层填土重度不同，填土竖向应力分布在土层交界面上出现转折；二是由于各层填土黏聚力和内摩擦角不同，所以在计算主动土压力系数或被动土压力系数时，需采用计算点所在土层的黏聚力和内摩擦角。

以如图 6-17 所示两层无黏性填土的主动土压力为例，如果两层填土的内摩擦角 φ 不同，则土压力分布图在两层填土交界面 B 处会发生突变，在交界面 B 点之上的主动土压力为

$$(e_a)_{B上} = (\sigma_z)_B K_{a1} = \gamma_1 H_1 K_{a1} \tag{6-32}$$

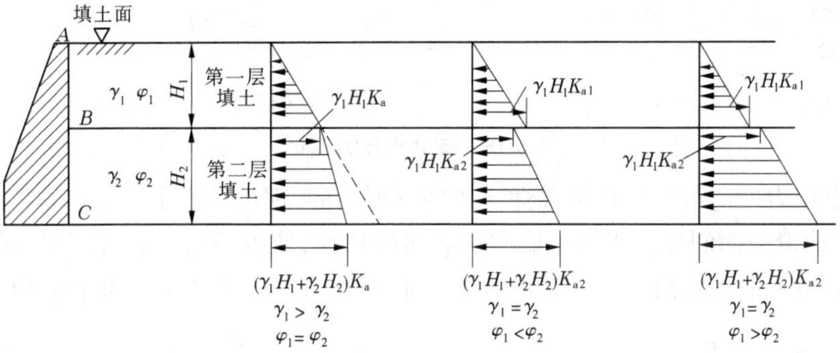

图 6-17　土体为分层土时的主动土压力

交界面 B 点之下的主动土压力为

$$(e_a)_{B下} = (\sigma_z)_B K_{a2} = \gamma_1 H_1 K_{a2} \tag{6-33}$$

C 点的主动土压力为

$$(e_a)_C = (\sigma_z)_C K_{a2} = (\gamma_1 H_1 + \gamma_2 H_2) K_{a2} \tag{6-34}$$

式中　K_{a1}、K_{a2}——第一层、第二层土体的主动土压力系数。

总的主动土压力的大小由如图 6-17 所示的压力分布图的面积求得，即

$$E_a = \frac{1}{2}\gamma_1 H_1^2 K_{a1} + \gamma_1 H_1 H_2 K_{a2} + \frac{1}{2}\gamma_2 H_2^2 K_{a2} \tag{6-35}$$

其中，E_a 作用点位于图形的形心处。

第四节　库仑土压力理论

1776 年法国的库仑（C. A. Coulomb）提出了另外一种计算土压力的方法，称为库仑土压力理论，它是根据挡土墙后土楔体处于极限平衡状态时的力系平衡条件得出的，能适用

不同的墙背条件和填土表面,方法简便,有足够的计算精度。库仑土压力理论与上节介绍的朗肯土压力理论,至今仍是工程上广泛采用的土压力理论。

一、基本原理与假定

根据上节知道,朗肯土压力理论是从研究墙后填土中一点的应力状态出发,从而求出作用在墙背上的土压力强度 e,而库仑土压力理论是从考虑墙后某个滑动土楔的整体力系平衡条件出发,直接求出作用在墙背上的总土压力 E。另外,与朗肯土压力理论相比,在挡土墙及墙后土体的边界条件上,库仑土压力理论可以考虑墙背倾斜、墙背粗糙、填土表面有倾角的情况,如图6-18所示。

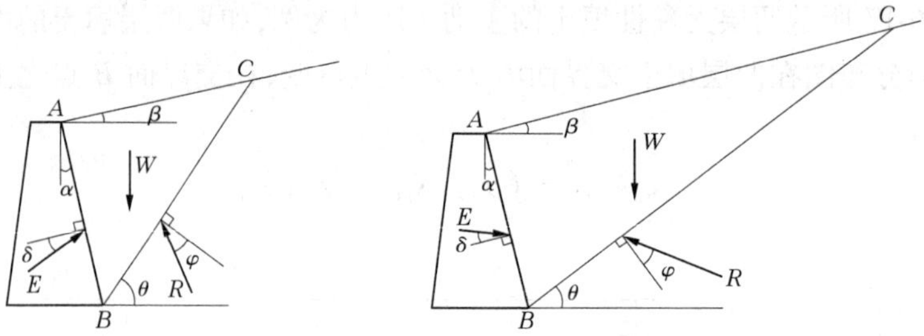

(a)主动状态　　(b)被动状态

图6-18　库仑土压力理论

库仑土压力理论最早是从无黏性土条件下得出的,理论做出了如下基本假设:

(1)平面滑裂面假设。当挡土墙向前或向后移动,使得墙后土体破坏时,填土将沿着两个平面同时下滑或上滑。一个是墙背 AB 面,另一个是土体内滑动面 BC,BC 面与水平面成 θ 角。

(2)刚体假设。将滑动土楔 ABC 视为刚体,不考虑土楔内部的应力与变形。

(3)滑动土楔处于极限平衡状态。滑动面 AB、BC 上,抗剪强度均已完全发挥,即滑动面上的剪应力达到抗剪强度。

二、土压力计算

假设沿着土体内某一个滑动面,滑动土楔自重 W,滑动时受到墙背给予的作用力(其反方向就是土压力 E)和土体支撑反力 R,如图6-18所示。

(1)根据土楔整体处于极限平衡状态的条件,可得知 E、R 的方向。反力 R 的方向与 BC 面的法线成夹角 φ(土的内摩擦角),反力 E 的方向则与墙背 AB 面的法线成夹角 δ。当土体处于主动状态时,为阻止土楔下滑,E、R 在法线的下方;当土体处于被动状态时,为阻止土楔被挤着向上滑动,E、R 在法线的上方,如图6-18所示。

(2)根据滑动土楔应满足静力平衡条件,可得到 E、R 的大小。

(3)求极值,找出真正滑裂面,从而得出作用在墙背上的总主动土压力 E_a 和被动土压力 E_p。

图6-18中的 BC 滑动面是任意假设的,不一定就是真正的破坏面。为了找出土中真正滑裂面,可假定不同 θ 的几个滑裂面,分别算出作用在墙背上的土压力 E。其中,对于

主动状态来说,求出 E 值最大的滑裂面是最容易下滑的面,因而也是真正的滑裂面,对应的 E 值就是主动土压力 E_a,其他的面都不会滑动;对于被动状态来说,求出 E 值最小的滑裂面是最容易上滑的面,是真正的滑裂面,对应的 E 值就是被动土压力 E_p。

因此,要计算出库仑土压力,需要求极值,利用 $dE/d\theta=0$ 的条件,即可求得作用于挡土墙上的总土压力 E_a、E_p。

三、无黏性土的主动土压力

设挡土墙如图 6-19(a)所示,墙高 H,墙后土体为无黏性填土。当墙向前移动时,BC 面为其潜在的滑动面,与水平面夹角 θ。取土楔 ABC 为隔离体,根据静力平衡条件,作用于隔离体 ABC 上的力 W、R、E 组成力的闭合三角形,如图 6-19(b)所示。

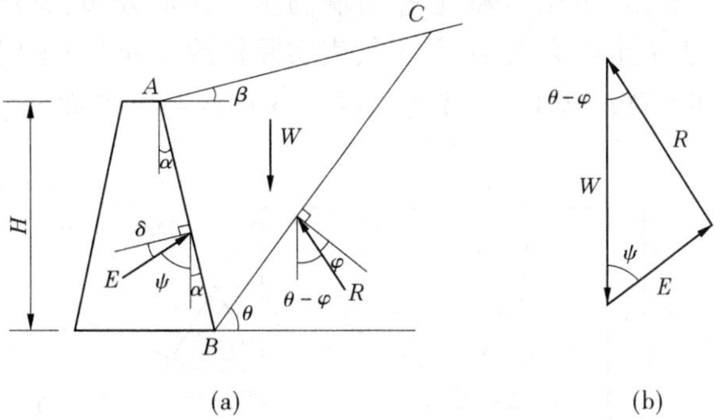

图 6-19　库仑主动土压力计算图

根据几何关系,W 与 E 之间的夹角为 $\psi=90°-\delta-\alpha$,W 与 R 之间的夹角为 $\theta-\varphi$,由正弦定律可得

$$\frac{E}{\sin(\theta-\varphi)}=\frac{W}{\sin[180°-(\theta-\varphi+\psi)]}$$

则

$$E=\frac{W\sin(\theta-\varphi)}{\sin(\theta-\varphi+\psi)} \tag{6-36}$$

由于式(6-36)中的土楔自重 W 也是 θ 的函数,故当 φ 和 ψ 为定值后,E 就只是 θ 的单值函数,即 $E=f(\theta)$。令 $dE/d\theta=0$,则可解出 θ 值,再代回式(6-36),即可得出最后作用于墙背上的总主动土压力 E_a,其表达式为

$$E_a=\frac{1}{2}\gamma H^2K_a \tag{6-37}$$

其中

$$K_a=\frac{\cos^2(\varphi-\alpha)}{\cos^2\alpha\cos(\alpha+\delta)\left[1+\sqrt{\frac{\sin(\varphi+\delta)\sin(\varphi-\beta)}{\cos(\alpha+\delta)\cos(\alpha-\beta)}}\right]^2} \tag{6-38}$$

式中　γ——墙后填土的重度;

φ——墙后填土的内摩擦角;

H——挡土墙的高度；

α——墙背与竖直线夹角，墙背仰斜时为负，墙背俯斜时为正(见图6-19)；

β——填土表面与水平面的倾角，在水平面以上为正，在水平面以下为负；

δ——墙背与填土间的摩擦角，取决于墙背面粗糙程度、填土性质、墙背面倾斜形状等，其值可由试验确定，无试验资料时，一般取为$(1/3\sim2/3)\varphi$。

K_a 称为库仑主动土压力系数，只与 α、β、δ、φ 有关，与 γ、H 无关。

根据式(6-37)可以求出作用在挡土墙背上的总土压力。接下来讨论分布在墙背上的土压力强度，即沿墙高的分布形式。可以通过对式(6-37)求导，即

$$e_a = \frac{dE_a}{dz} = \frac{d}{dz}\left(\frac{1}{2}\gamma z^2 K_a\right) = \gamma z K_a \tag{6-39}$$

从式(6-39)可以看出，土压力强度 e_a 沿墙高呈三角形分布，见图6-20。值得说明的是，这种分布形式只表示土压力大小，并不代表实际作用于墙背上的土压力方向。土压力合力的作用方向仍在墙背法线上方，并与法线成 δ 角或与水平面成$(\delta+\alpha)$角，作用点在距墙底 $H/3$ 位置处。

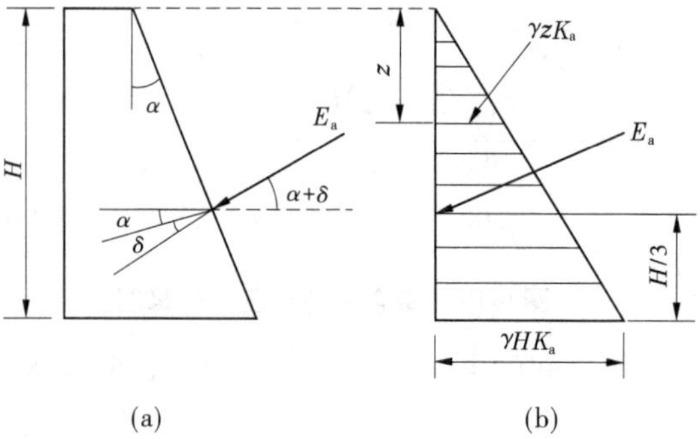

图6-20 库仑主动土压力强度分布

由于库仑土压力理论是根据滑动土体上力的平衡条件来确定土压力的，所以与朗肯土压力理论相比，其优点是可以考虑填土面为倾斜，墙背为粗糙、倾斜的情况。如果假设填土面水平，墙背竖直、光滑，即 $\alpha=0$、$\beta=0$、$\delta=0$，则由式(6-38)可得 $K_a=\tan^2(45°-\varphi/2)$，与无黏性土朗肯主动土压力两者完全相同。由此可见，某种特定条件下，朗肯土压力理论是库仑土压力理论的一个特例。

四、无黏性土的被动土压力

用同样的方法可以得出作用在墙背上的总被动土压力 E_p 为

$$E_p = \frac{1}{2}\gamma H^2 K_p \tag{6-40}$$

其中

$$K_p = \frac{\cos^2(\varphi+\alpha)}{\cos^2\alpha\cos(\alpha-\delta)\left[1-\sqrt{\dfrac{\sin(\varphi+\delta)\sin(\varphi+\beta)}{\cos(\alpha-\delta)\cos(\alpha-\beta)}}\right]^2} \tag{6-41}$$

式中　K_p——库仑被动土压力系数；

其他符号意义同前。

被动土压力强度 e_p 沿墙高呈三角形分布，如图6-21所示，合力 E 作用方向在墙背法线下方，与法线成 δ 角，与水平面成 $(\delta-\alpha)$ 角，作用点在距墙底 $H/3$ 位置处。

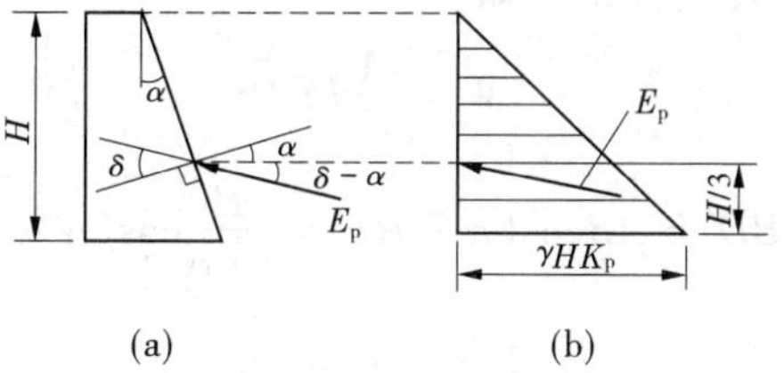

图6-21　库仑被动土压力强度分布

五、有超载作用时的土压力计算

如果填土表面作用有竖直向连续均布荷载 q，如图6-22(a)所示，则同样可以按照前述的库仑土压力理论建立主动土压力和被动土压力计算公式。与无超载情况所不同的是，在建立滑动土楔的主动或被动极限平衡条件时，尚需增加一个方向竖直向下的力的作用，其大小等于 q 与滑块表面长度的乘积，即 $G=ql$。

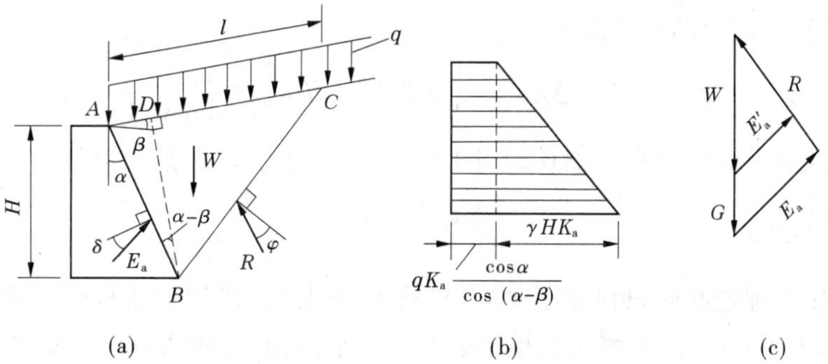

图6-22　超载情况下的库仑土压力计算图

在图6-22(c)中，设 E'_a 为填土表面没有荷载作用时的总土压力，E_a 为计入填土表面荷载作用时的总土压力，两者方向一致。根据三角形相似原理，应有

$$\frac{E_a}{E'_a}=\frac{W+G}{W}$$

故

$$E_a=E'_a\left(1+\frac{G}{W}\right)=E'_a+E'_a\frac{G}{W}$$

记

$$\Delta E_a=E'_a\frac{G}{W} \tag{6-42}$$

则

$$E_a = E'_a + \Delta E_a \tag{6-43}$$

由式(6-43)可以看出,等号右边第一项 E'_a 为土自重引起的土压力,可以由式(6-37)求出;第二项 ΔE_a 为填土表面荷载 q 引起的土压力增量。

由图6-22(a)所示的几何关系可知:

$$W = \frac{1}{2} l \overline{BD} \gamma \tag{6-44}$$

$$\overline{BD} = \overline{AB}\cos(\alpha - \beta) = \frac{H}{\cos\alpha}\cos(\alpha - \beta) \tag{6-45}$$

因为

$$E'_a = \frac{1}{2}\gamma H^2 K_a$$

所以

$$\begin{aligned} \Delta E_a &= E'_a \frac{G}{W} \\ &= \frac{1}{2}\gamma H^2 K_a \frac{2ql\cos\alpha}{lH\gamma\cos(\alpha - \beta)} \\ &= qHK_a \frac{\cos\alpha}{\cos(\alpha - \beta)} \end{aligned} \tag{6-46}$$

于是,作用在挡土墙上的总土压力

$$E_a = E'_a + \Delta E_a = \frac{1}{2}\gamma H^2 K_a + qHK_a \frac{\cos\alpha}{\cos(\alpha - \beta)} \tag{6-47}$$

土压力强度沿墙高分布如图6-22(b)所示,总土压力作用点在梯形形心处。

六、图解法

库仑土压力理论起初只讨论了 $c=0$ 的砂性土土压力问题,而且要求填土表面为平面,所以当填土为 $c \neq 0$ 的黏性土或填土表面不是平面,而是任意折线或曲线形状时,前述的库仑公式就不能应用,这种情况下可以采用图解法求解土压力。下面介绍由库尔曼1875年提出的,目前较常用的图解方法。

根据库仑土压力理论,当墙后填土达到极限平衡状态时,土体将沿着某一平面滑动,此时作用在滑动土体上的三个力 W、E、R 构成力矢三角形。在这三个力中,滑动土体重力 W 方向已知,竖直向下,墙背面反力 E(大小等于土压力)的方向已知,与竖直方向夹角为 ψ,滑动土体重力 W 的大小和破坏面下土体反力 R 的方向与破坏面位置有关。若假定一系列的破坏面,分别做出相应的力矢三角形,可以直接由作图确定出相应 E 值,则所有 E 值中的最大值就是总的主动土压力 E_a。库尔曼图解法如图6-23所示,具体步骤如下:

(1)过墙角 A 点作辅助线 AL,与水平线的夹角为 φ,再引辅助线 AM,与 AL 的夹角为 ψ。

(2)假定一破坏面 AC_1,计算滑动土体 ABC_1 的重力 W_1,并按一定的比例在 AL 线截取线段 An_1 等于 W_1,自 n_1 点引 AM 的平行线交 AC_1 线于 m_1 点,则 $m_1 n_1$ 的长度就表示破坏面为 AC_1 时的土压力 E_1。

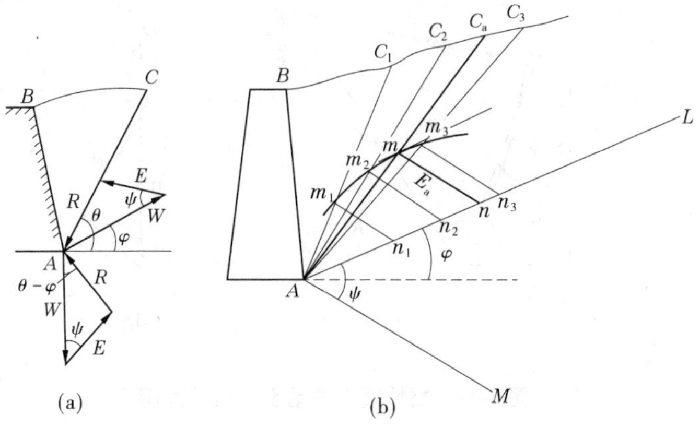

图 6-23　库尔曼图解法求主动土压力计算图

(3)同理,假定其他若干破坏面 AC_2、AC_3、…,重复以上步骤,得到 n_2、n_3、…及 m_2、m_3、…。

(4)将 m_1、m_2、m_3、…连成曲线,作该曲线与 AL 平行的切线,得到切点 m,再过 m 点作与 AM 平行的直线交 AL 线于 n 点,则 mn 的长度就表示所求的总的主动土压力 E_a。

(5)连 m 点和 A 点并延长得 AC_a,则 AC_a 即为真正的破坏面。

七、黏性土的土压力

黏性填土与无黏性填土相比,抗剪强度中包括黏聚力的贡献,因此采用库仑土压力理论对滑动土楔进行受力分析时,除前述的 W、E、R 外,在墙背面和滑动面上还存在黏聚力的作用,当墙后填土达到极限平衡状态时,这 5 个力将构成闭合的力矢多边形,按前述原理同样可以进行土压力的确定。

根据朗肯土压力理论,对于黏性填土,当墙后填土达到主动极限平衡时,在某一深度范围内可能产生拉裂缝,如图 6-24 所示,因此在这一范围内破坏面和墙背面上不应考虑有力的作用。拉裂区深度 z_0 可按朗肯土压力理论近似确定,即

$$z_0 = \frac{2c}{\gamma\sqrt{K_a}}$$

假定破裂面为 ADC 时,作用在滑动土楔上的力有:

(1)滑动土楔 $BEADC$ 的重力 W;

(2)墙背对土楔的反力 E;

(3)沿墙背 AE 的总黏聚力 $\overline{C}=\overline{c}\cdot\overline{AE}$,其中 $\overline{c}$ 为墙背与填土接触面上单位面积黏聚力,方向沿接触面,如图 6-24 所示;

(4)破裂面 AD 上的反力 R;

(5)破裂面 AD 上的总黏聚力 $C=c\cdot\overline{AD}$,其中 c 为填土内单位面积黏聚力,方向沿破裂面 AD 面,如图 6-24 所示。

这样,上述 5 个力的作用方向均为已知,且 W、$\overline{C}$ 和 C 的大小也已知,根据力系平衡时力多边形闭合的条件,即可确定 E 的大小,如图 6-24(b)所示。

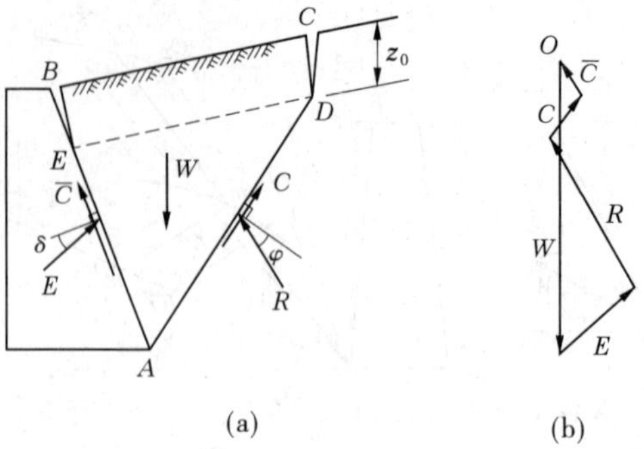

图6-24　黏性填土主动土压力计算图

用与无黏性土同样的方法,试算多个破裂面,可找到最大 E 值,即为主动土压力 E_a。

第五节　土压力问题的讨论

一、朗肯土压力理论与库仑土压力理论的比较

朗肯和库仑两种土压力理论是最基本、最常用的土压力理论,它们都是在一定的假定条件下得到的,这些假定与工程实际会有一定的出入。因此,在应用这两种理论解决工程问题时,必须对它们存在的问题和误差情况做到心中有数。另外,这两种理论各有其不同的基本假定、分析方法与适用条件,在应用时必须注意针对实际情况合理选择。

(一)分析方法的异同

朗肯土压力理论与库仑土压力理论均属于极限状态土压力理论。也就是说,用这两种理论计算出的土压力都是墙后土体处于极限平衡状态下的主动土压力与被动土压力 E_a 和 E_p,这是它们的相同点。但两者在分析方法上存在着较大的差别,主要表现在研究的出发点和途径不同。

朗肯土压力理论是从研究土中一点的极限平衡应力状态出发,首先求出的是作用在土中竖直面上的土压力强度 e_a 或 e_p 及其分布形式,然后计算出作用在墙背上的总土压力 E_a 或 E_p,因而朗肯土压力理论属于极限应力法。

库仑土压力理论则是根据墙背和滑裂面之间的土楔,整体处于极限平衡状态,用静力平衡条件,先求出作用在墙背上的总土压力 E_a 或 E_p,需要时再算出土压力强度 e_a 或 e_p 及其分布形式,因而库仑土压力理论属于滑动楔体法。

在上述两种研究途径中,朗肯土压力理论在理论上比较严密,但只能得到理想简单边界条件下的解答,在应用上受到限制。库仑土压力理论显然是一种简化理论,但由于其能适用于较为复杂的各种实际边界条件,且在一定范围内能得出比较满意的结果,因而应用更广。

(二)计算误差

如前所述,朗肯土压力理论和库仑土压力理论都是建立在某些人为假定的基础上的,例如对于竖直墙背和水平填土面的挡土墙,朗肯土压力理论假定墙背为理想的光滑面,忽

略了墙与土之间的摩擦对土压力的影响；库仑土压力理论虽计及墙背与填土的摩擦作用，但假定土中的滑裂面是通过墙踵的平面，因此计算结果都有一定的误差。比较严格的挡土墙土压力解，可以采用极限平衡理论求得。

按极限平衡理论，考虑墙背与填土之间的摩擦角 δ，土体内的滑裂面是由一段平面和一段对数螺线曲面所组成的复合滑动面，如图 6-25 所示。苏联学者索科洛夫斯基(1960)用极限平衡理论对水平填土面的挡土墙，求出理论解的主动土压力系数 K_a 和被动土压力系数 K_p，如表 6-1 所示，可供计算时查用。以下分别将朗肯土压力理论和库仑土压力理论与极限平衡理论解相对比，从而说明这两种古典土压力理论可能引起的误差。

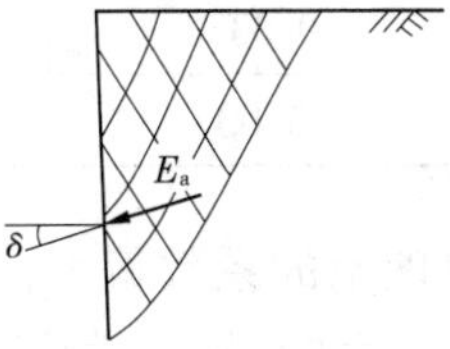

(a)主动状态

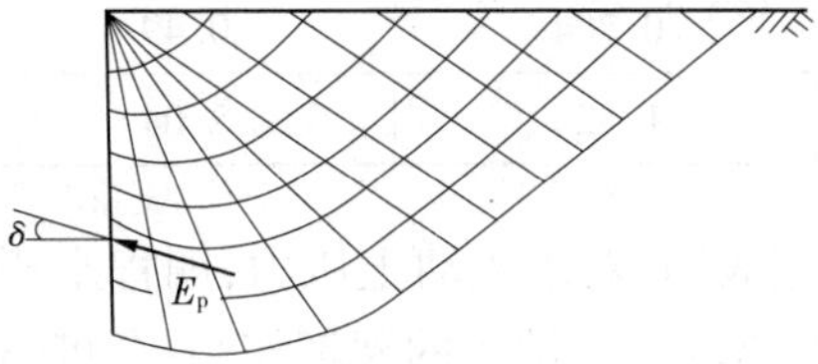

(b)被动状态

图 6-25　墙背有摩擦时的曲面滑动面

表 6-1　索科洛夫斯基解的主动与被动土压力系数值

φ (°)	δ (°)	$\alpha=0°$		$\alpha=10°$		$\alpha=20°$	
		K_a	K_p	K_a	K_p	K_a	K_p
10	0	0.70	1.42	0.72	1.31	0.73	1.18
	5	0.67	1.56	0.70	1.43	0.70	1.29
	10	0.65	1.66	0.68	1.52	0.70	1.35
20	0	0.49	2.04	0.54	1.77	0.58	1.51
	10	0.45	2.55	0.50	2.19	0.54	1.83
	20	0.44	3.04	0.50	2.57	0.54	2.13
30	0	0.33	3.00	0.40	2.39	0.46	1.90
	15	0.30	4.62	0.37	3.62	0.43	2.79
	30	0.31	6.55	0.38	5.03	0.45	3.80
40	0	0.22	4.60	0.29	3.37	0.35	2.50
	20	0.20	9.69	0.27	6.77	0.34	4.70
	40	0.22	18.20	0.29	12.30	0.38	8.23

1. 朗肯土压力理论

朗肯土压力理论假定墙背与土无摩擦，$\delta=0$，因此计算所得的主动土压力系数 K_a 偏大，而被动土压力系数 K_p 偏小。以填土面坡角 $\beta=0$，墙背倾角 $\alpha=0$ 的情况为例，朗肯土压力理论与极限平衡理论的土压力系数的比较如表 6-2 所示。

表 6-2　朗肯土压力理论与极限平衡理论土压力系数的比较

计算方法	土压力系数	$\varphi(°)$											
		10			20			30			40		
		$\delta(°)$											
		0	5	10	0	10	20	0	15	30	0	20	40
极限平衡理论	K_a	0.70	0.67	0.65	0.49	0.45	0.44	0.33	0.30	0.31	0.22	0.20	0.22
	K_p	1.42	1.56	1.66	2.04	2.55	3.04	3.00	4.62	6.55	4.60	9.69	18.2
朗肯土压力理论	K_a	0.704			0.49			0.333			0.217		
	K_p	1.420			2.04			3.00			4.60		

表 6-2 中数据表明,对于主动土压力,朗肯土压力理论的系数偏大,但差别不大。对于被动土压力,忽略墙背与填土的摩擦作用,会带来相当大的误差。特别是当 δ 和 φ 都比较大时,严格的理论解较朗肯土压力理论的被动土压力系数可以大 2 ~ 3 倍及以上。

2. *库仑土压力理论*

库仑土压力理论考虑了墙背与填土的摩擦作用,边界条件是正确的,但把土体中的滑动面假定为平面,与实际情况和理论解不符。这种平面滑裂面的假定使得破坏楔体平衡时所必须满足的力系对任一点的力矩之和等于零的条件得不到满足,这是用库仑土压力理论计算土压力,特别是被动土压力存在很大误差的重要原因。对主动土压力而言,最容易滑动的面就是产生土压力最大的真正滑动面,沿平面滑动比沿理论复合面滑动困难,因而算得的主动土压力稍偏小。相反的,对于被动土压力,最容易滑动的面就是能够承受推力最小的真正滑动面,假定为平面滑动,使阻力增加,推力加大,所以库仑土压力理论的被动土压力偏高。

表 6-3 列举出常用的 δ 和 φ 下,极限平衡理论和库仑土压力理论得到的主动土压力系数 K_a 和被动土压力系数 K_p 的对比。表中数据表明,对于主动土压力,这两种理论计算结果差别很小;对于被动土压力,当 δ 和 φ 较小时,两者的差别也在工程计算所允许的范围内,但是当 δ 和 φ 值都较大时,两种方法的差别很大,这时库仑土压力理论就不宜应用。

表 6-3　库仑土压力理论与极限平衡理论土压力系数的比较

计算方法	土压力系数	$\varphi(°)$											
		10			20			30			40		
		$\delta(°)$											
		0	5	10	0	10	20	0	15	30	0	20	40
极限平衡理论	K_a	0.70	0.67	0.65	0.49	0.45	0.44	0.33	0.30	0.31	0.22	0.20	0.22
	K_p	1.42	1.56	1.66	2.04	2.55	3.04	3.00	4.62	6.55	4.60	9.69	18.20
库仑土压力理论	K_a	0.70	0.66	0.64	0.49	0.45	0.43	0.33	0.30	0.30	0.22	0.20	0.21
	K_p	1.42	1.57	1.73	2.04	2.63	3.52	3.00	4.98	10.10	4.60	11.77	92.60

综上所述，对于计算主动土压力，各种理论的差别都不大。朗肯土压力理论公式简单，且能建立土体处于极限平衡状态时理论破裂面的形状和概念。这一概念对于分析许多土体破坏问题，如板桩墙的受力状态、地基的滑动区等都很有用，所以得到工程人员的喜爱，不过在具体使用中，要注意边界条件是否符合朗肯土压力理论的规定，以免得到错误的结果。库仑土压力理论可适用于比较广泛的边界条件，包括各种墙背倾角、填土面倾角和墙背与土的摩擦角等，在工程中应用更广。至于被动土压力的计算，当δ和φ较小时，这两种古典土压力理论尚可应用；当δ和φ较大时，误差都很大，均不宜采用。

二、三种典型土压力在工程中的应用

前面已介绍了三种典型土压力，即静止土压力、主动土压力和被动土压力的确定方法，那么在进行挡土墙设计时，究竟选择哪一种土压力是工程中十分关心也十分重要的问题，这需根据实际墙体可能发生的位移情况区别对待。

如果挡土墙直接浇筑在岩基上，且墙的刚度很大，墙体产生的位移很小，不足以使填土产生主动破坏，此时可近似按静止土压力计算，如图6-26所示。此外，对于地下结构的侧墙，若刚度大，墙顶又无法位移，也可认为墙上作用的是静止土压力。

如果挡土墙在墙后填土自重等作用下产生离开填土方向的位移，并且使墙后填土达到了极限平衡状态，可按主动土压力计算。试验研究表明，挡土墙的位移达到墙高的0.1%～0.3%，填土就可能发生主动破坏，而这是一般的挡土墙都容易达到的。因此，通常情况下挡土墙的土压力可按主动土压力计算，如图6-27中的AB面上所受的土压力。

如果挡土墙在外力作用下产生向着填土方向挤压的位移，并且使墙后填土达到了极限平衡状态，可按被动土压力计算。但试验表明，欲使填土发生被动破坏，挡土墙的位移量需达到墙高的2%～5%，而这是工程中所不允许的，所以在验算挡土墙的稳定性时，并不采用被动土压力的全部，通常取其30%，如图6-27中的EF面上所受的土压力。

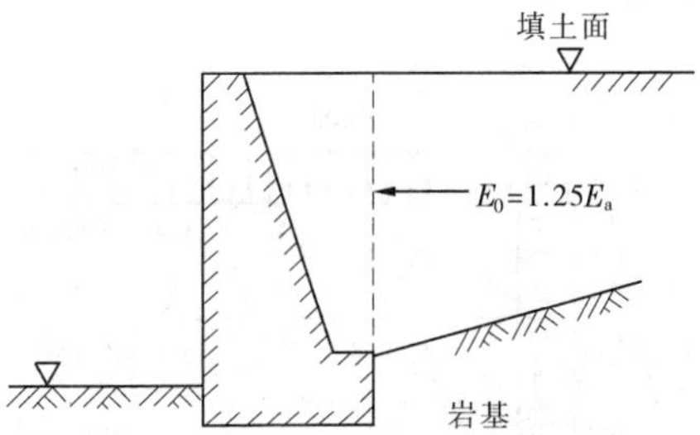

图6-26　岩基上的挡土墙土压力

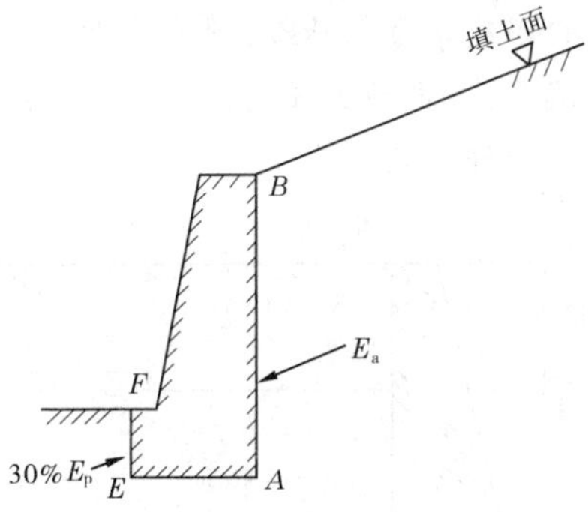

图6-27　挡土墙背上的土压力

三、挡土墙位移对土压力分布的影响

挡土墙的位移不仅对土压力大小有影响，还影响土压力的分布。如果挡土墙的下端不动，上端向外移动，无论位移多少，作用在墙背上的压力都按直线分布，总压力作用点位

于墙底以上 $H/3$ 处,如图 6-28(a)所示。当墙上端的移动达到一定数值后,墙后填土内会发生主动破坏,此时作用在墙上的土压力成为主动土压力。

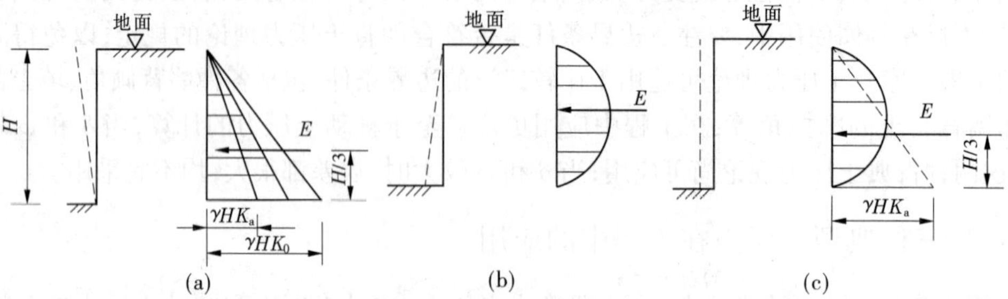

图 6-28　不同位移的土压力分布

如果挡土墙的上端不动,下端向外移动,无论位移达到多大,都不能使填土内发生主动破坏,压力为曲线分布,总压力作用点位于墙底以上约 $H/2$ 处,如图 6-28(b)所示。

如果挡土墙的上端和下端都向外移动,当位移的大小未达到足以使填土发生主动破坏时,压力也是曲线分布,总压力作用点位于墙底以上 $H/2$ 附近;当位移超过某一值后填土中将发生主动破坏,压力成为直线分布,总压力作用点降至墙高的 $H/3$ 处,如图 6-28(c)所示。

习　题

6-1　图 6-29 所示挡土墙,高 5 m,墙背竖直,墙后为砂土,墙后地下水位距地表 2 m。已知砂土的湿重度为 16 kN/m^3,饱和重度为 18 kN/m^3,内摩擦角为 30°。试求作用在墙上的静止土压力与水压力的大小和分布及其合力。

6-2　图 6-30 所示挡土墙,墙背竖直且光滑,墙高 10 m,墙后填土表面水平,其上作用着连续的超载 q 为 20 kPa,填土由两层无黏性土组成,土的物理性质指标和地下水位如图所示。试求:①主动土压力和水压力的分布;②总压力(土压力和水压力之和)的大小;③总压力的作用点。

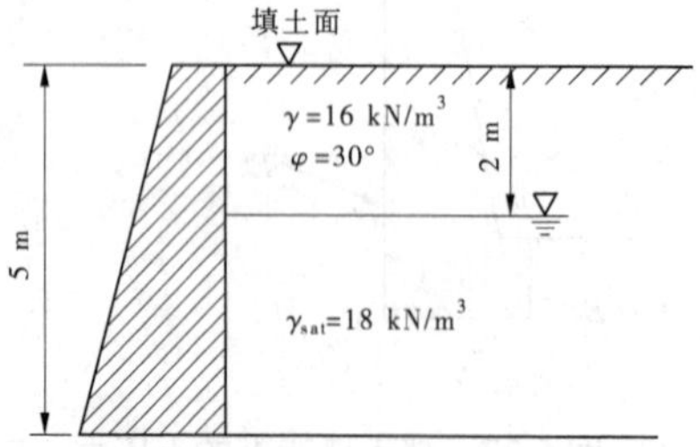

图 6-29　习题 6-1 附图

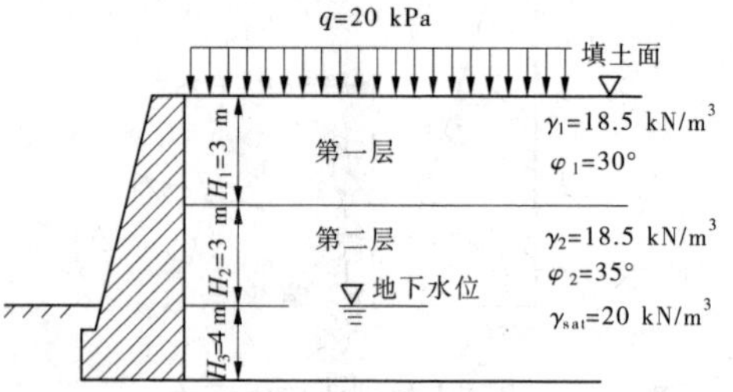

图 6-30　习题 6-2 附图

6-3　用朗肯土压力理论计算图 6-31 所示挡土墙的主动土压力和被动土压力,并绘出压力分布图。

6-4　计算图 6-32 所示挡土墙的主动土压力和被动土压力,并绘出压力分布图,假设墙背竖直且光滑。

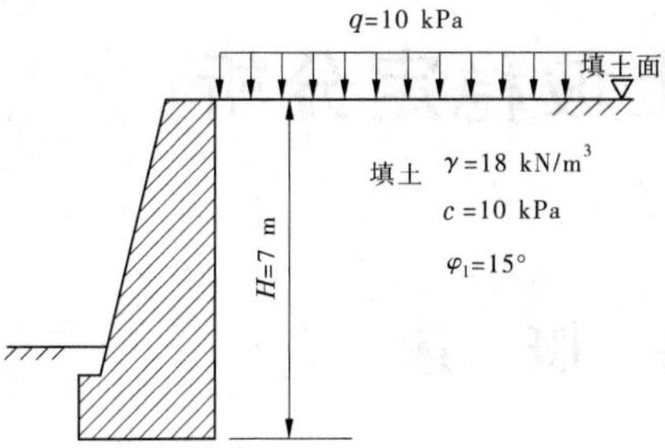

图 6-31　习题 6-3 附图

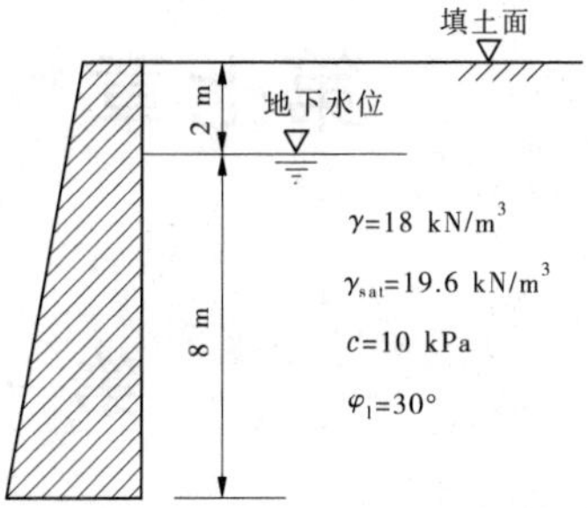

图 6-32　习题 6-4 附图

6-5　采用库仑公式和库尔曼图解法，分别计算图 6-33 所示挡土墙的主动土压力。

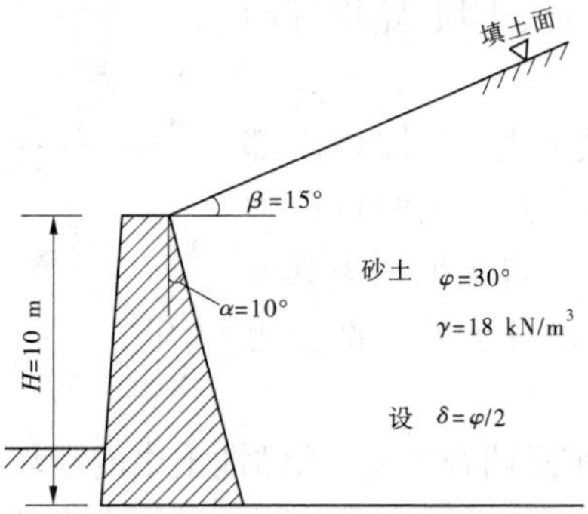

图 6-33　习题 6-5 附图

第七章 土坡稳定分析

第一节 概 述

土坡就是具有倾斜坡面的土体,它的简单外形和各部分名称如图 7-1 所示。

由自然地质作用所形成的土坡,如山坡、江河的岸坡等,称为天然土坡。由人工开挖或回填而形成的土坡,如基坑、渠道、土坝、路堤等的边坡,则称为人工土坡。

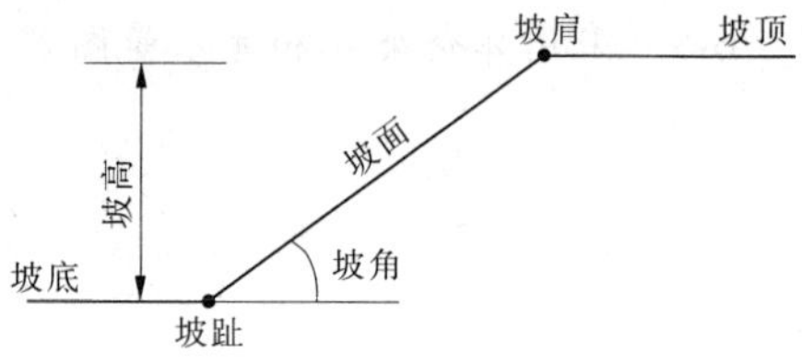

图 7-1 土坡各部分名称

在土体自重及其他外力作用下,坡体内部将会产生剪应力,如果剪应力大于土的抗剪强度,就要发生剪切破坏,最终使得土坡丧失其原有稳定性,产生一部分土体相对于另一部分土体滑动的现象,称为滑坡。

土坡滑动面的形状,经实际调查表明,无黏性土中的滑坡,深度浅而形状接近于平面,或者由两个以上的平面所组成的折线形滑动面。黏性土中的滑坡则深入坡体内。均质黏性土坡滑动面的形状按塑性理论分析为对数螺线曲面。根据经验,在稳定计算时滑动面的形状假定得稍有出入,对稳定性评价影响不大。因此,为方便起见,在计算中通常以圆弧面代替。对于非均质黏性土土坡,土坡往往沿着软弱夹层发生滑动,此时的滑动面常常是直线和曲线组成的复合滑动面。

目前,工程实践中土体稳定分析方法基本上都是采用极限平衡法。由于土坡滑动面的位置一般情况下是不知道的,所以极限平衡法的一般步骤是先假定破坏是沿土体内某一确定的滑裂面滑动。根据滑裂土体的静力平衡条件和莫尔 - 库仑破坏准则可以计算沿该滑裂面滑动的可能性,即安全系数的大小,然后系统选取多个可能的滑动面,用同样的方法计算稳定安全系数。安全系数最低的滑动面就是可能性最大的滑动面。

本章主要讨论极限平衡法在边坡稳定分析中的应用。

第二节 无黏性土土坡稳定分析

一、一般情况下的土坡

对于均质的无黏性土土坡,无论是全干的还是在完全浸水条件下,由于无黏性土颗粒间无黏聚力,因此只要位于坡面上的土单元体能够保持稳定,则整个土坡就是稳定的。

图 7-2 表示通过漏斗在地面上堆砂堆,无论砂堆多高,所能形成的最陡的坡角总是一

定的,就是土坡处于极限平衡状态时的坡角。

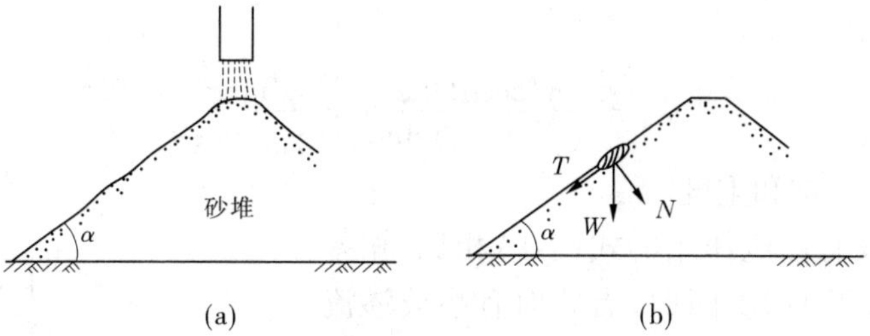

图 7-2　无黏性土土坡

现从坡面上取一小块土体来分析它的稳定条件。设小土体的重力为 W,W 沿坡面的滑动力 $T = W\sin\alpha$。垂直于坡面的正压力 $N = W\cos\alpha$,正压力产生摩擦阻力,阻抗土体下滑,称抗滑力,其值为 $R = N\tan\varphi = W\cos\alpha\tan\varphi$。定义土体的稳定安全系数 F_s 为

$$F_s = \frac{抗滑力}{滑动力} = \frac{R}{T} = \frac{W\cos\alpha\tan\varphi}{W\sin\alpha} = \frac{\tan\varphi}{\tan\alpha} \tag{7-1}$$

式中　φ——土的内摩擦角,(°);

α——土坡的坡角,(°)。

很显然,分析的土体无论在坡面上哪一个高度,都能得到式(7-1)的结果,因此安全系数 F_s 代表整个土坡的安全度。

当 $F_s = 1$ 时,$\alpha = \varphi$,α 称为天然休止角,其值等于砂在松散状态时的内摩擦角。如果是经过压密后的无黏性土,内摩擦角增大,稳定坡角也随之增大。

二、有渗透水流的均质土坡

当有渗流作用时,土坡受到一定的渗流力作用,给稳定性带来不利影响。此时在坡面上渗流逸出处以下取一单元土体,它除了本身重力 W,还受到渗流力 J 的作用,如图 7-3 所示。若渗流为顺坡出流,则逸出处渗流方向与坡面平行,渗透力 J 的方向也与坡面平行,此时使土体下滑的力为

$$T + J = W\sin\alpha + J \tag{7-2}$$

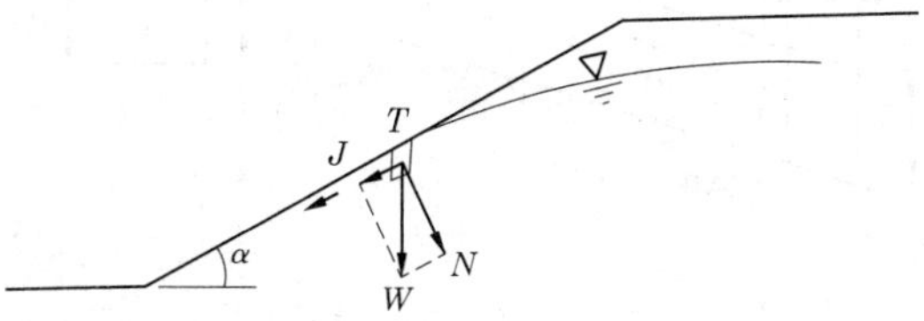

图 7-3　有渗流作用的无黏性土土坡

而单元体极限状态所能发挥的抗剪力仍为 R,于是安全系数就成为

$$F_s = \frac{R}{T + J} = \frac{W\cos\alpha\tan\varphi}{W\sin\alpha + J} \tag{7-3}$$

对单位土体来说,当直接用渗透力来考虑渗流影响时,土体自重 W 就是浮重度 γ',而

渗透力 $J=j=\gamma_w i$,式中 γ_w 为水的重度,i 则是渗流逸出处的水力坡降。因为是顺坡出流,$i=\sin\alpha$,式(7-3)即可写为

$$F_s=\frac{\gamma'\cos\alpha\tan\varphi}{(\gamma'+\gamma_w)\sin\alpha}=\frac{\gamma'\tan\varphi}{\gamma_{sat}\tan\alpha} \tag{7-4}$$

式中 γ_{sat}——土的饱和重度。

式(7-4)和没有渗流作用的式(7-1)相比,相差 γ'/γ_{sat},此值接近于 1/2。因此,当坡面有顺坡渗流作用时,无黏性土土坡的稳定安全系数将近乎降低 1/2。应特别注意。

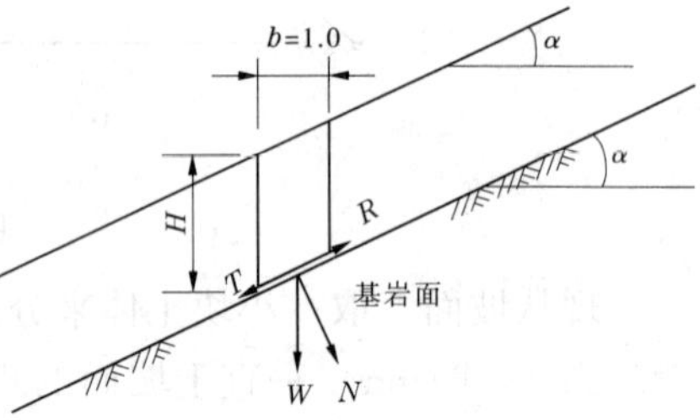

图 7-4 例 7-1 附图

【例 7-1】 一无限长土坡与水平面成 α 角(见图 7-4),土的重度 $\gamma=19\ \mathrm{kN/m^3}$,土与基岩面的抗剪强度指标 $c=0$,$\varphi=30°$。求安全系数 $F_s=1.2$ 时的 α 角容许值。

解:从无限长坡中截取单宽土柱进行稳定分析,单宽土柱的稳定安全系数与全坡相同。

土柱重量: $W=\gamma H$

沿基面滑动力: $T=W\sin\alpha$

沿基面抗滑力: $R=W\cos\alpha\tan\varphi$

土柱两侧的作用力,大小相等,方向沿坡面,对稳定无影响,故

$$F_s=\frac{W\cos\alpha\tan\varphi}{W\sin\alpha}=\frac{\tan\varphi}{\tan\alpha}$$

$$\tan\alpha=\frac{\tan\varphi}{F_s}=\frac{0.577}{1.2}=0.48$$

$$\alpha=25.6°$$

【例 7-2】 例 7-1 中,若地下水沿坡面渗流(见图 7-5),土粒比重 $G_s=2.65$,含水量 $w=20\%$,求安全系数为 1.2 时 α 角的容许值。

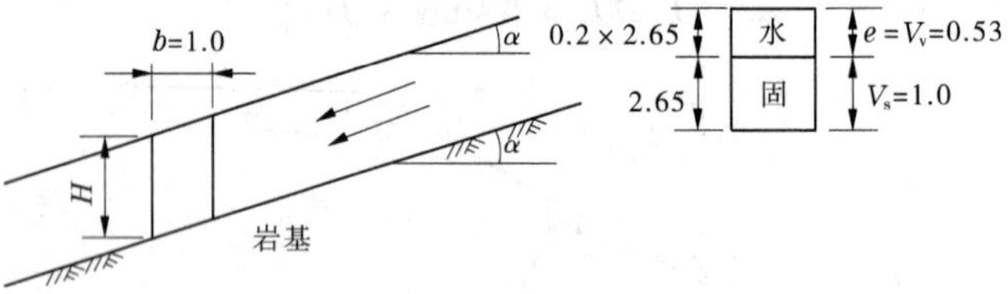

图 7-5 例 7-2 附图

解:按图 7-5 中的三相图求土的饱和重度:

$$\gamma_{sat}=\frac{2.65\times(1+0.2)}{1+0.53}\times 9.8=20.4(\mathrm{kN/m^3})$$

土的浮重度: $\gamma'=\gamma_{sat}-\gamma_w=20.4-9.8=10.6(\mathrm{kN/m^3})$

水力梯度：$i=\dfrac{\Delta h}{\Delta s}=\dfrac{b\tan\alpha}{b/\cos\alpha}=\sin\alpha$

单位渗透力：$j=\gamma_{w}i=9.8\sin\alpha$

土的总渗透力：$J=Aj=H\gamma_{w}i=9.8H\sin\alpha$

安全系数：

$$F_{s}=\frac{W'\cos\alpha\tan\varphi}{W'\sin\alpha+J}=\frac{\gamma' H\cos\alpha\tan\varphi}{\gamma' H\sin\alpha+9.8H\sin\alpha}=\frac{\gamma'}{(\gamma'+9.8)}\frac{\tan\varphi}{\tan\alpha}=\frac{10.6\tan\varphi}{(10.6+9.8)\tan\alpha}$$

$$\tan\alpha=\frac{10.6\times0.577}{1.2\times(10.6+9.8)}=\frac{6.12}{24.48}=0.25$$

$$\alpha=14.0°$$

与例7-1比较，可见有渗流时稳定坡脚要平缓得多。

第三节　黏性土土坡稳定分析基本方法

黏性土的抗剪强度包括摩擦强度和黏聚强度两个组成部分。由于黏聚力的存在，黏性土土坡不会像无黏性土土坡一样沿坡面表面滑动。与图7-2一样，在黏性土土坡面取一薄片土体进行稳定性分析。如果这片土体有一定的面积，但厚度是一个微量，则重量和由此而产生的滑动力也是一个微量。在抗滑力中，摩擦力虽然是微量，而黏聚力则因为有一定的面积，并非微量。因此，稳定安全系数很大，说明不会沿边坡表面滑动。危险的滑动面必定深入土体内部。根据土体极限平衡理论，可以推导出均质黏性土土坡的滑动面为对数螺线曲面，形状近似于圆柱面，在断面上即为圆弧面。观察现场滑坡体的形态，也与圆弧面相似。因此，在工程设计中常假定滑动面为圆弧面。建立在这一假定上的稳定分析方法称为圆弧滑动法，是极限平衡法的一种常用分析方法。

一、整体圆弧滑动法

图7-6表示一个均质的黏性土土坡。ADC为滑动圆弧，O为圆心，R为半径。认为边坡失去稳定就是滑动土体绕圆心发生转动。把滑动土体当成一个刚体，滑动土体的重量W将使土体绕圆心O旋转，转动力矩$M_{s}=Wd$，d为过滑动土体重心的竖直线与圆心O的水平距离。阻止土体滑动的是抗滑力矩，极限状态下其值等于土的抗剪强度τ_{f}与滑弧ADC长度$\hat{L}$的乘积，故极限抗滑力矩$M_{R}=\tau_{f}\hat{L}R$。这两个力矩的比值便为土坡的稳定安全系数F_{s}，即

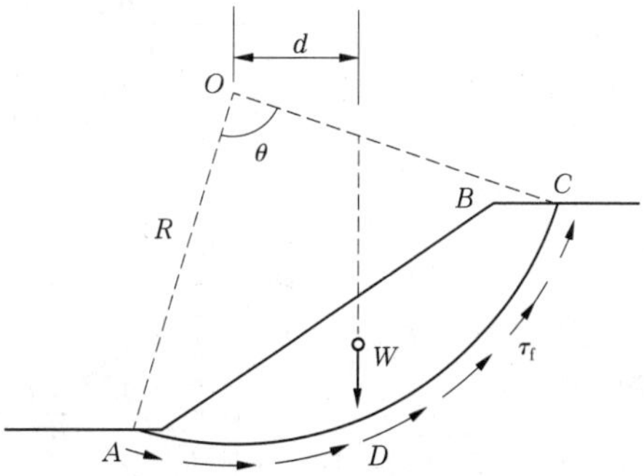

图7-6　整体圆弧滑动

$$F_{s}=\frac{\text{抗滑力矩}}{\text{滑动力矩}}=\frac{M_{R}}{M_{s}}=\frac{\tau_{f}\hat{L}R}{Wd}\tag{7-5}$$

这个方法首先由瑞典人彼得森(K. E. Petterson)于1915年提出，故也称为瑞典圆弧法。

一般情况下,土的抗剪强度 τ_f 由 c 和 $\sigma\tan\varphi$ 两部分组成,因此它是随着滑动面上法向应力的改变而变化的,沿整个滑动面并非一个常量,用式(7-5)不易直接计算安全系数。对于 $\varphi>0$ 的土,须用后面将讲述的条分法求得抗滑力矩。

当 $\varphi=0$ 时,$\tau_f=c$,即抗剪强度与滑动面上的法向应力无关。于是,式(7-5)就可写成

$$F_s = \frac{c\widehat{L}R}{Wd} \tag{7-6}$$

这就是整体圆弧法计算边坡稳定的公式,它只适用于 $\varphi=0$ 的情况。亦即适用于饱和软黏土不排水的情况。

二、最危险滑裂面的位置

以上求出的 F_s 是任意假定的某个滑动面的抗滑安全系数,而我们要求的是与最危险滑动面相对应的最小安全系数。确定最危险滑动面圆心的位置和半径大小是稳定分析中最烦琐、工作量最大的工作。需要通过多次的计算才能完成。这方面费伦纽斯(W. Fellenius)提出的经验方法,对较快地确定最危险滑动面很有帮助。

费伦纽斯认为,对于均质黏性土坡,最危险滑动面一般通过坡角。对于 $\varphi=0$ 的土,其圆心位置可由图 7-7(a)中 AO 与 BO 两线的交点确定,图中 β_1、β_2 的值根据坡角 α 由表 7-1查出。

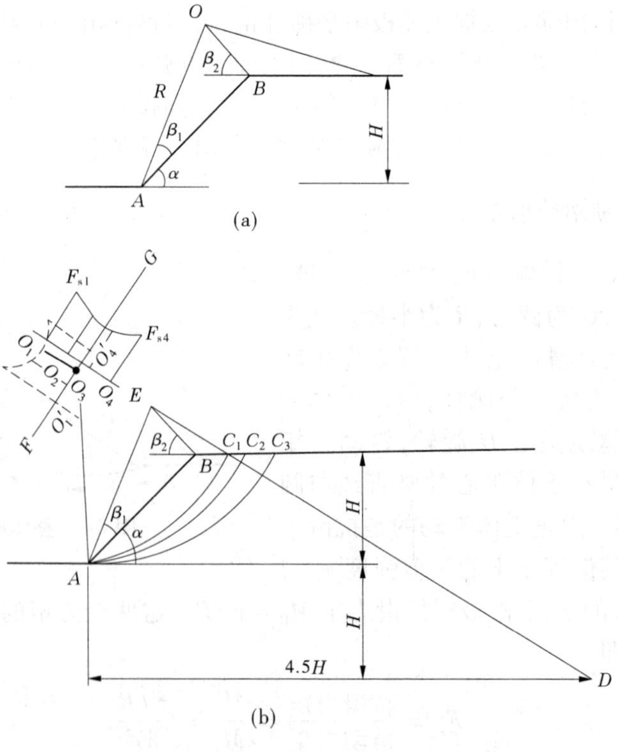

图 7-7　最危险滑动圆心的确定方法

表 7-1　不同坡角的 β_1、β_2 值

坡角(°)	坡度	β_1(°)	β_2(°)
60	1∶0.58	29	40
45	1∶1.0	28	37
33.69	1∶1.5	26	35
26.57	1∶2.0	25	35
18.43	1∶3.0	25	35
14.03	1∶4.0	25	36
11.31	1∶5.0	25	39

注:坡度为坡面的垂直高度和水平宽度的比。

对于 $\varphi>0$ 的土坡,最危险滑动面的圆心位置可能在图 7-7(b)中 DE 线的延长线上。DE 线的位置按图 7-7(b)中所示的方法确定。自 E 点向 DE 延长线上取圆心 O_1、O_2、…,通过坡脚 A 分别作圆弧 AC_1、AC_2、…,并求出相应的安全系数 F_{s1}、F_{s2}、…。然后将安全系数的值标在相应的圆心点上,并连成稳定安全系数 F_s 随圆心位置的变化曲线。曲线的最低点即为圆心在 DE 线上时安全系数的最小值。但是真正的最危险滑弧圆心并不一定在 DE 线上。通过这个最低点,引 DE 的垂直线 FG,在 FG 线上,在 DE 延长线的最小值前后再定几个圆心 O_1'、O_2'、…,用类似步骤确定圆心在 FG 线上时的最小稳定安全系数的圆心,这个圆心才认为是通过坡脚滑出时的最危险滑动圆弧的中心。

当地基土层性质比填土软弱,或者边坡不是单一土坡,或者坡体填土种类不一、强度互异时,最危险滑动面不一定从坡角滑出。这时寻找最危险滑动面位置就更为烦琐。实际上,对于非均质的、边界条件较为复杂的土坡,用上述方法寻找最危险滑动面的位置将是十分困难的。随着计算机技术的发展,目前可以采用最优化方法,通过随机搜索寻找最危险滑动面的位置。

三、条分法的基本概念

为了将圆弧滑动法应用于 $\varphi>0$ 的黏性土,通常采用条分法。条分法就是将滑动土体竖直分成若干土条,把土条当成刚体,在分析土条受力的基础上,由平衡条件建立稳定安全系数表达式,进而求出稳定安全系数,这就是圆弧滑动面条分法。

另外,对于稳定安全系数,除式(7-1)和式(7-5)所定义的形式外,毕肖普等将其定义为沿滑裂面的抗剪强度与实际产生的抗剪应力之比,即

$$F_s=\frac{\tau_f}{\tau} \tag{7-7}$$

这样定义的稳定安全系数属于材料强度的储备系数性质。这使稳定安全系数的物理意义更加明确,而且使用范围更广泛。

如图 7-8 所示,先假设滑动面,然后把滑动面以上的土体分成 n 条,当滑动面确定以后,土条的有关几何尺寸如法线方向、宽度 b_i、高度 H_i、滑弧长度 l_i,以及滑面上的强度指

标 c_i、φ_i 也都是定值。作用在土条 i 的力,除重力 W_i 外,土条侧面 ac 和 bd 作用有法向 H_i、H_{i+1},切向 V_i、V_{i+1},两者的作用点离弧面 $\overset{\frown}{cd}$ 分别为 h_i、h_{i+1}。滑弧段 $\overset{\frown}{cd}$ 的长度为 l_i,其上作用着法向力 N_i 和切向力 T_i,T_i 中包括黏聚阻力 $c_i l_i$ 和摩擦阻力 $N_i\tan\varphi_i$。由于土条的宽度不大,W_i 和 N_i 可假设作用于弧段 $\overset{\frown}{cd}$ 的中点。在这些力中,V_i、H_i 和 h_i 在分析前一土条时已经出现,可视为已知量,因此待定的未知量有 V_{i+1}、H_{i+1}、h_{i+1}、N_i 和 T_i 5 个。每个土条可建立三个力的平衡方程,即 $\sum F_{xi}=0$,$\sum F_{zi}=0$ 和 $\sum M_i=0$ 和一个极限平衡方程 $T_i=\dfrac{N_i\tan\varphi_i+c_i l_i}{F_s}$。

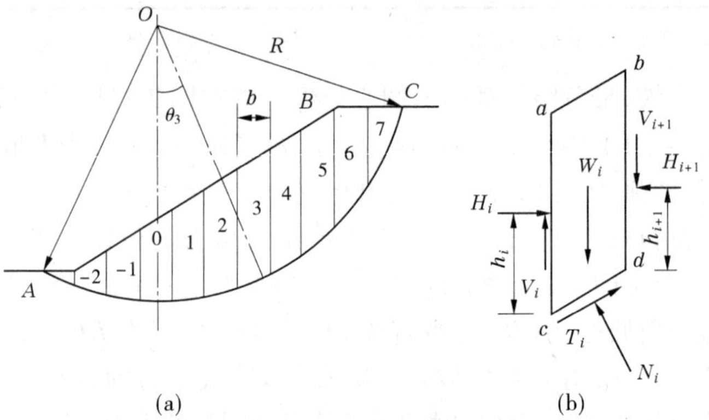

图 7-8　条块的作用力

如果把滑动土体分成 n 个条块,则除两端边界条件为已知外,条块间为分界面还有 $(n-1)$ 个。界面上力的未知量为 $3(n-1)$,滑动面上力的未知量为 $2n$,加上待求的安全系数 F_s,总计未知量个数为 $(5n-2)$。可以建立的静力平衡方程 $3n$ 个和极限平衡方程为 n 个。待求未知量与方程数的差为 $(n-2)$。一般用条分法计算中,n 在 10 个以上,因此是一个高次的超静定问题。要使问题得到解答,必须建立新的条件方程。有两个可能的途径,一是放弃刚体的概念,把土当成变形体,通过对土坡进行应力变形分析,可以计算出滑动面上的应力变形分布,因而不能用条分法,这就是有限元法。另一种途径是仍以条分法为基础,但对条块间作用力加上一些可以接受的简化假定,以减少未知量或增加方程数。目前有许多种不同的条分法,其差别都在于采用不同的简化假定上。这些简化假定,大体上分为三种类型:①不考虑条间作用力或仅考虑其中的一个分量,下述的瑞典条分法和简化毕肖甫法属于此类;②假定条间力的作用方向或规定 V_i 和 H_i 的比值,推力传递法属于这一类;③假定条块间力的作用位置,假定规定 h_i 等于侧面高度的 1/2 或 1/3,普通条分法属于这一类。

第四节　瑞典条分法

一、基本假设和基本公式

瑞典条分法是条分法中最简单、最古老的一种。该法假定滑动面是一个圆弧面，并认为条块间的作用力对边坡的整体稳定性影响不大，可以忽略，或者说，假定条块两侧的作用力大小相等、方向相反且作用于同一条直线上。图7-9中取条块 i 进行分析，由于不考虑条块间的作用力，根据滑动面法向力的平衡条件，有

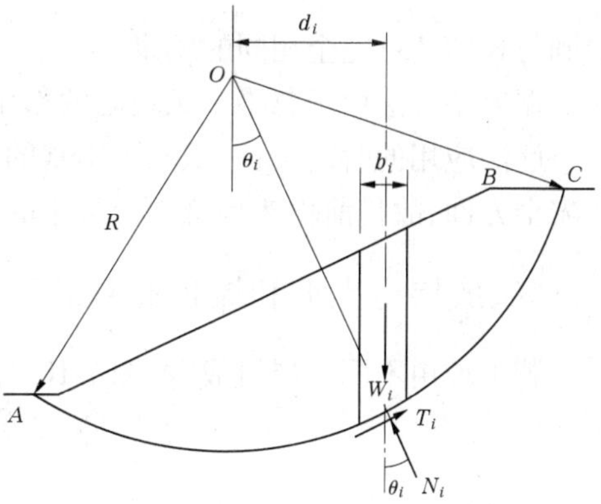

图7-9　瑞典条分法

$$N_i = W_i\cos\theta_i \tag{7-8}$$

根据滑弧面上极限平衡条件，有

$$T_i = \frac{T_{fi}}{F_s} = \frac{c_i l_i + N_i\tan\varphi_i}{F_s} \tag{7-9}$$

式中　T_{fi}——条块 i 在滑动面上的抗剪强度；

F_s——滑动圆弧的稳定安全系数。

按整体力矩平衡条件，外力对圆心力矩之和为零。在条块的三个作用力中，法向力 N_i 过圆心不引起力矩。重力 W_i 产生的滑动力矩为

$$\sum W_i d_i = \sum W_i R\sin\theta_i \tag{7-10}$$

滑动面上抗滑力矩为

$$\sum T_i R = \sum \frac{c_i l_i + N_i\tan\varphi_i}{F_s}R \tag{7-11}$$

因为整体力矩平衡，即 $\sum M_i = 0$，故

$$\sum W_i d_i = \sum T_i R \tag{7-12}$$

将式(7-10)和式(7-11)代入式(7-12)，并进行简化，得

$$\sum W_i R\sin\theta_i = \sum \frac{c_i l_i + W_i\cos\theta_i\tan\varphi_i}{F_s}R$$

$$F_s = \frac{\sum (c_i l_i + W_i\cos\theta_i\tan\varphi_i)}{\sum W_i\sin\theta_i} \tag{7-13}$$

这就是最简单的条分法的计算公式，因为是瑞典人首先提出的，所以称为瑞典条分法。在上述推导中，稳定安全系数采用了毕肖普定义的形式。

如果采用式(7-5)对稳定安全系数 F_s 的定义形式，将条块 i 的重力 W_i 沿滑动面分解成切向力 $T_i = W_i\sin\theta_i$ 和法向力 $N_i = W_i\cos\theta_i$，切向力对圆心产生滑动力矩 $M_s = T_i R$，法向力引起摩擦力，与滑动面上的黏聚力一起组成抗滑力，产生抗滑力矩 M_R，引用式(7-5)，可

得

$$F_s = \frac{M_R}{M_s} = \frac{\sum (c_i l_i + W_i \cos\theta_i \tan\varphi_i)}{\sum W_i \sin\theta_i} \tag{7-14}$$

得到与式(7-13)完全相同的结果。

瑞典条分法由于忽略了条块间的作用力,不满足条块所有静力平衡条件。

此法应用的时间很长,积累了丰富的工程经验,一般得到的安全系数偏低,即误差偏于安全方面,故目前仍然是工程上常用的方法。

二、成层土土坡和坡顶有超载时稳定安全系数计算

若土坡由不同土层组成,如图 7-10 所示,式(7-13)仍可适用,但应用时要注意:

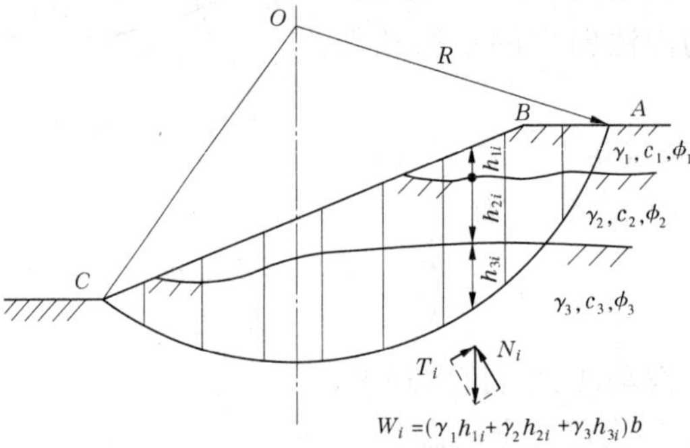

图 7-10　成层土边坡条块作用力分析

(1)在计算土条重力时应分层计算,然后叠加,如 i 土条包括 m 层土,则

$$W_i = b_i(\gamma_{1i}h_{1i} + \gamma_{2i}h_{2i} + \cdots + \gamma_{mi}h_{mi})$$

(2)黏聚力 c 和内摩擦角 φ 应按土条 i 的滑动面所在土层位置而采用相应的数值。

因此,对于成层土坡,安全系数 F_s 的计算公式可写成

$$F_s = \frac{\sum [c_i l_i + b_i(\gamma_{1i}h_{1i} + \gamma_{2i}h_{2i} + \cdots + \gamma_{mi}h_{mi})\cos\theta_i \tan\varphi_i)]}{\sum b_i(\gamma_{1i}h_{1i} + \gamma_{2i}h_{2i} + \cdots + \gamma_{mi}h_{mi})\sin\theta_i} \tag{7-15}$$

如果在土坡的坡顶或坡面上作用着超载 q,如图 7-11 所示,则只要将超载分别加到有关土条的重量中去即可,此时土坡的稳定安全系数为

$$F_s = \frac{\sum [c_i l_i + (W_i + qb_i)\cos\theta_i \tan\varphi_i]}{\sum (W_i + qb_i)\sin\theta_i} \tag{7-16}$$

三、浸水和稳定渗流时稳定安全系数计算

如果土坡部分浸水,水位以下的重度用浮重度 γ' 代替即可,其计算公式与成层土坡类似,可写成如下形式:

$$F_s = \frac{\sum [c_i' l_i + b_i(\gamma_i h_{1i} + \gamma_i' h_{2i})\cos\theta_i \tan\varphi_i']}{\sum b_i(\gamma_i h_{1i} + \gamma_i' h_{2i})\sin\theta_i} \tag{7-17}$$

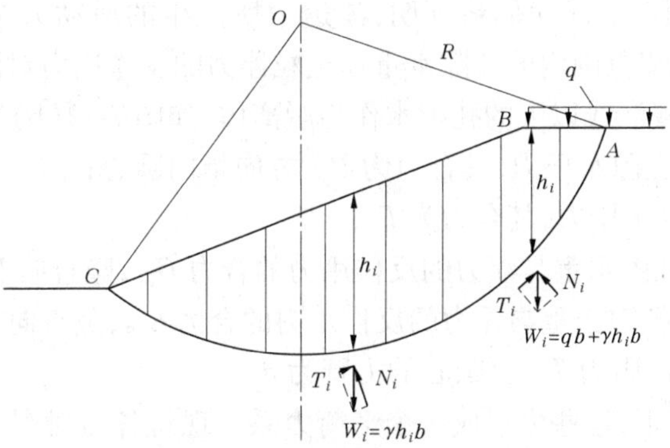

图 7-11　坡顶有超载条块作用力分析

当水库蓄水或库水位降落,或码头岸坡处于低潮位而地下水位又比较高,或基坑排水时,都要产生渗流而经受渗透力的作用,在进行土坡稳定分析时必须考虑它的影响。

如图 7-12 所示土坡,地下水处在稳定渗流状态。用浮重度和渗流力分析,首先去掉浸润线及坡外水位以下的水体,把水对土骨架的作用力加在土骨架上,然后分析土骨架系统的稳定性。这时浸润线及坡外水位下的土重按浮重度计算,即

$$W_i' = b_i(\gamma h_{1i} + \gamma' h_{2i} + \gamma' h_{3i}) \tag{7-18}$$

式中,h_{1i}、h_{2i}、h_{3i}见图 7-12(c)。与此同时,还要考虑作用在土骨架上的渗透力。每个土条的浸润线及坡外水位以下部分,都作用有渗透力。如果浸润线及坡外水位以下的滑动土体 $lmnCl'l$ 所承受的总渗透力为 T_j,对圆心 O 的力臂为 d_j,则 $T_j d_j$ 就是渗透力所产生的滑动力矩。忽略各土条所受渗透力对该土条滑动面上法向反力 N_i' 的影响,则式(7-13)可改写为

$$F_s = \frac{R\sum(W_i'\cos\theta_i\tan\varphi_i' + c_i' l_i)}{T_j d_j + R\sum W_i'\sin\theta_i} \tag{7-19}$$

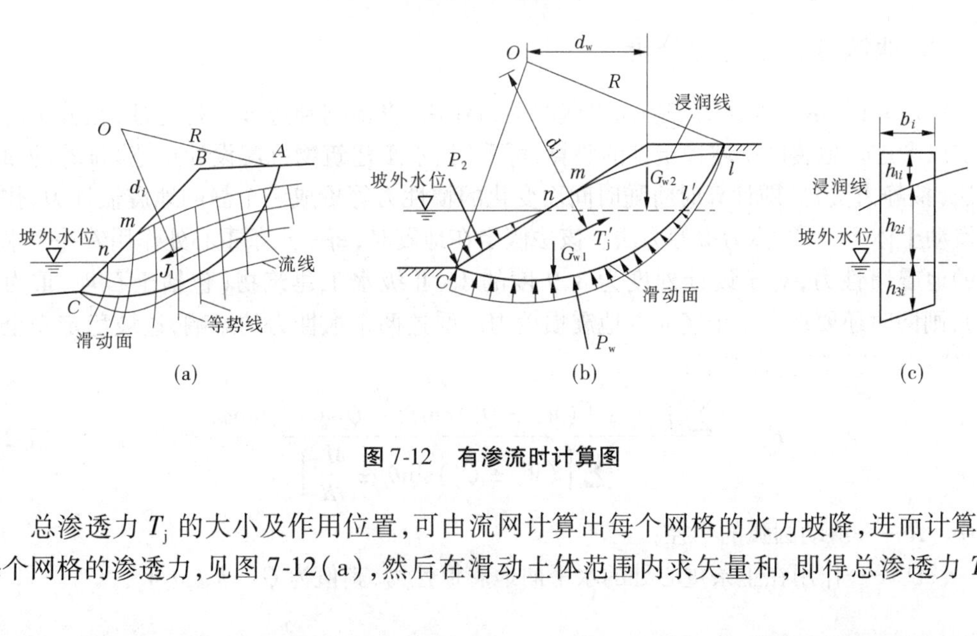

图 7-12　有渗流时计算图

总渗透力 T_j 的大小及作用位置,可由流网计算出每个网格的水力坡降,进而计算出每个网格的渗透力,见图 7-12(a),然后在滑动土体范围内求矢量和,即得总渗透力 T_j。

但这样计算十分烦琐。下面我们将证明:渗透力所产生的滑动力矩 $T_j d_j$ 可用浸润线以下、坡外水位以上 $lmnl'$ 范围内的孔隙水重加土粒浮力的反作用力对圆心的力矩来代替。

取滑动面以上、浸润线以下的孔隙水作为脱离体,如图7-12(b)所示,其上作用力有:

(1)滑动面上的孔隙水压力,其合力为 P_w,方向指向圆心;

(2)坡面 nC 上的水压力,其合力为 P_2;

(3)nCl' 范围内孔隙水重与浮力的反作用力的合力 G_{w1},竖直向下;

(4)$lmnl'$ 范围内孔隙水重与浮力的反作用力的合力 G_{w2},竖直向下,至圆心力臂为 d_w;

(5)土粒对渗流的阻力 T_j',至圆心的力臂为 d_j。

在稳定渗流条件下,这些力组成一个平衡力系。现将各力对圆心 O 取矩,P_w 通过圆心,其力矩为零,容易证明 P_2 与 G_{w1} 对圆心取矩后相互抵消。最后只剩下(4)、(5)两项的力矩相平衡,即

$$T_j' d_j = G_{w2} d_w$$

因 T_j' 与渗透力的合力大小相同、方向相反,因此上式证明了渗透力对滑动圆心的矩可用浸润线以下坡外水位以上滑弧范围内孔隙水重和浮力的反作用力对滑动圆心的矩来代替。G_{w2} 对圆心的力矩可分条计算后叠加,即

$$G_{w2} d_w = \sum \gamma_w h_{2i} b_i \sin\theta_i R$$

将此值代替式(7-19)中的 $T_j d_j$,并注意到 $\gamma_w h_{2i}$ 与式(7-18)中的 $\gamma' h_{2i}$ 可合并成为 $\gamma_{sat} h_{2i}$,于是可得到稳定渗流情况下土坡稳定安全系数的公式:

$$F_s = \frac{\sum (c_i' l_i + W_i' \cos\theta_i \tan\varphi_i')}{\sum W_i \sin\theta_i} \tag{7-20}$$

式中,$W_i' = b_i(\gamma h_{1i} + \gamma' h_{2i} + \gamma' h_{3i})$,$W_i = b_i(\gamma h_{1i} + \gamma_{sat} h_{2i} + \gamma' h_{3i})$。

这就是考虑渗流作用的重度代替法公式。比较 W_i' 与 W_i,其差别在于浸润线以下坡外水位以上的 h_{2i} 部分重度的取值,W_i' 用浮重度 γ',W_i 用饱和重度 γ_{sat}。

四、地震区边坡稳定分析

在地震区,由于地壳的震动而引起的动力作用,将影响到边坡的稳定性,在分析时必须加以考虑。地震区土坡稳定性的验算,可采用《水工建筑物抗震设计规范》推荐的惯性力法(拟静力法)。即计算时将随时间而变化的惯性力等价成一个静的地震惯性力,作用于滑动土体上,所以称为拟静力法。该法假定在地震时,每一土条重心处作用着一个水平向的地震惯性力,对于设计烈度为8、9度的Ⅰ、Ⅱ级水工建筑物(包括土石坝、重力坝等),则同时还要加上一个竖向的地震惯性力。受这两个惯性力的影响,边坡稳定安全系数将减小,其计算公式如下:

$$F_s = \frac{\sum \{c_i l_i + [(W_i \pm Q_i')\cos\theta_i - Q_i \sin\theta_i]\tan\varphi_i\}}{\sum \left[(W_i \pm Q_i')\sin\theta_i \pm \frac{M_{ci}}{R}\right]} \tag{7-21}$$

式中　R——滑动圆弧的半径;

Q_i——作用在土条重心处的水平向地震惯性力,其值为 $Q_i = k_h c_z a_i W_i$;

Q_i'——作用在土条重心处的竖向地震惯性力，其值为 $Q_i' = k_v c_z a_i W_i$；

M_{ci}——水平向地震惯性力 Q_i 对滑动圆心的矩。

当竖向地震惯性力单独作用时，竖向地震系数 k_v 取 $2k_h/3$；如果同时考虑水平向和竖向地震惯性力，还要乘以0.5的耦合系数，即

$$Q_i' = \frac{1}{3} k_h c_z a_i W_i \tag{7-22}$$

式中　k_h——水平向地震系数，为地震时地面水平最大加速度的统计平均值与重力加速度的比值，设计烈度为7、8、9度的 k_h 分别为0.1、0.2、0.4；

c_z——综合影响系数，一般可取1/4；

a_i——土条重心处的地震加速度动态分布系数，按表7-2内插取值；

W_i——土条实际重力，水上用湿重度计算，水下用饱和重度计算。

表7-2　地震加速度动态分布系数 a_i

坝高 $H \leqslant 40$ m	坝高 $H > 40$ m	说明
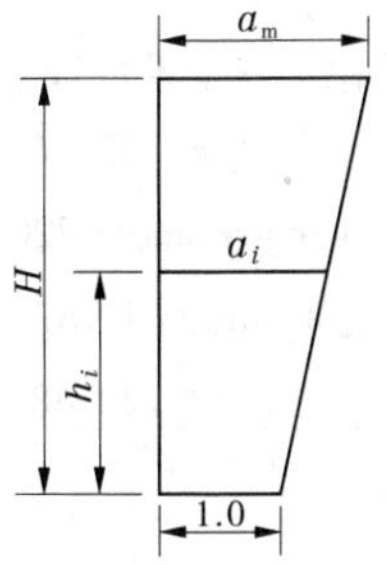	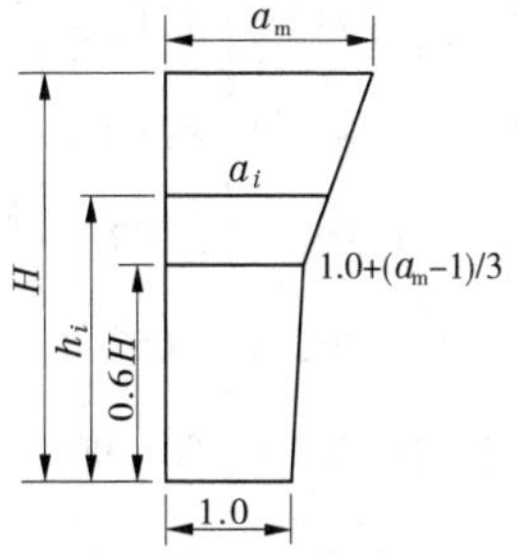	当设计烈度为7、8、9度时，a_m 分别取3.0、2.5、2.0

必须注意：Q_i' 的方向可能向上（－）也可能向下（＋），以最不利于稳定为准，因此需通过试算确定。

抗剪强度指标最好能通过动力试验测定。若动力试验给出的动态强度高于相应的静态强度，取静态强度值。当没有试验条件时，对黏性土和紧密砂砾等非液化土，建议采用有效应力强度指标；对堆石、砂砾石等粗粒无黏性土，则采用对数函数或指数函数表达的非线性静态抗剪强度指标。

【例7-3】　一均质黏性土土坡，高15 m，坡比为1∶2，填土黏聚力 c 为40 kPa，内摩擦角 φ 为8°，重度 γ 为19.5 kN/m^3，如图7-13所示。试用瑞典条分法计算土坡的稳定安全系数。

解：(1)按比例绘出土坡，选择滑弧圆心，作出相应的滑动圆弧。在可能滑动范围内选取圆心 O_1，取半径 $R=27$ m，得如图7-13所示圆弧。

(2)将滑动土体分成若干土条（本例题将该滑弧分成10个土条），并对土条编号。

(3)量出各土条中心高度 h_i、宽度 b_i，并列表计算 $\sin\alpha_i$、$\cos\alpha_i$ 及 W_i 等值（见表7-3）。计算与该圆心、半径对应的安全系数。

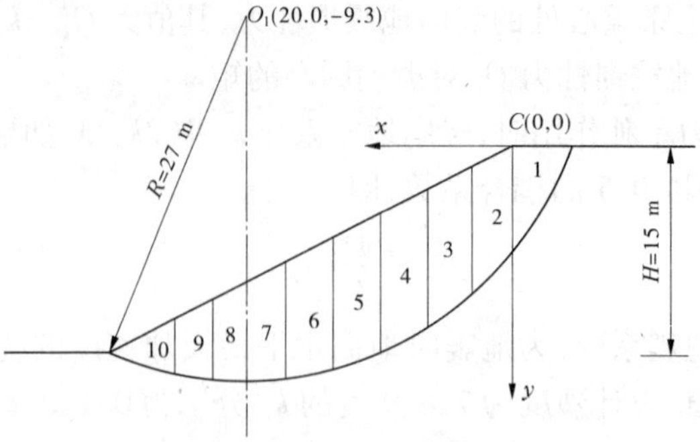

图 7-13　例 7-3 附图

表 7-3　瑞典条分法计算(圆心编号 O_1,滑弧半径 27 m)

土条编号	h_i(m)	b_i(m)	l_i(m)	$\sin\alpha_i$	$\cos\alpha_i$	W_i(kN)	c_i(kPa)	
1	4.5	4.2	7.31	0.818 5	0.574 5	368.55	40	稳定安全系数计算： $\sum cl_i = 1\ 621.6$ $\sum W_i\cos\alpha_i\tan\varphi = 720.48$ $\sum W_i\sin\alpha_i = 1\ 967.73$ $F_s = \frac{1\ 621.6 + 720.48}{1\ 967.73} = 1.19$
2	4.8	3.4	4.62	0.677 8	0.735 2	563.55		
3	14.8	3.1	3.73	0.557 4	0.830 2	894.66		
4	15.2	3.5	3.89	0.435 2	0.900 3	1 037.4		
5	15.0	3.6	3.78	0.303 7	0.952 8	1 053.0		
6	9.2	3.5	3.55	0.172 2	0.985 1	627.90		
7	8.0	3.0	3.00	0.055 6	0.998 5	648.00		
8	6.5	2.5	2.50	-0.046	0.998 9	316.88		
9	4.8	2.9	2.93	-0.146	0.989 2	271.44		
10	2.3	5.0	5.23	-0.293	0.956 2	224.25		

(4)对圆心 O_1 选不同半径,得到 O_1 对应的最小安全系数。

(5)在可能滑动范围内,选择其他圆心 O_2、O_3、…,重复上述计算,从而求出最小的安全系数,即为该土坡的稳定安全系数。

第五节　简化毕肖普条分法

毕肖普(A. N. Bishop)于 1955 年提出一个考虑条块侧面力的土坡稳定分析方法,称为毕肖普法。如图 7-14 所示,从圆弧滑动体内取出土条 i 进行分析。作用在条块 i 上的力,除重力 W_i 外,滑动面上有切向力 T_i 和法向力 N_i,条块的侧面分别有法向力 H_i、H_{i+1} 和切向力 V_i、V_{i+1}。毕肖普采用的静定化条件是假定土条间竖直方向的作用力相等,即

$$V_i = V_{i+1}$$

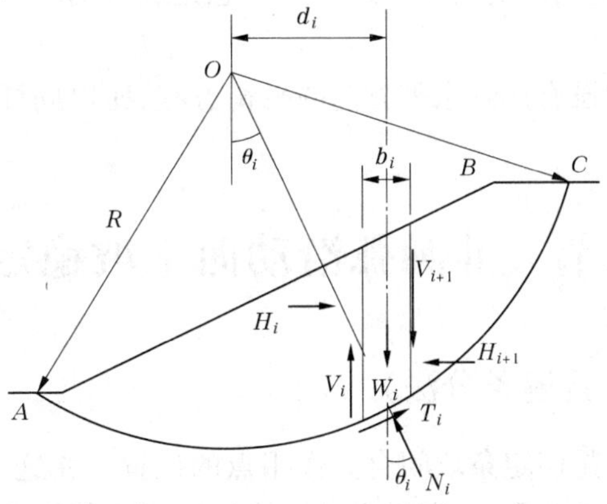

图 7-14　简化毕肖普法条块作用力分析

并且,如果考虑到端部土条的 $V_1=0$,从而有

$$V_i = 0 \quad (i = 2,3,\cdots,n)$$

若条块处于静力平衡状态,根据竖向力平衡条件,应有

$$T_i\sin\theta_i + N_i\cos\theta_i = W_i \tag{7-23a}$$

根据极限平衡条件

$$T_i = \frac{c_i l_i + N_i\tan\varphi_i}{F_s} \tag{7-23b}$$

将式(7-23b)代入式(7-23a),整理后得

$$N_i = \frac{W_i - \dfrac{c_i l_i \sin\theta_i}{F_s}}{\cos\theta_i + \dfrac{\sin\theta_i\tan\varphi_i}{F_s}} = \frac{1}{m_{\theta i}}\left(W_i - \frac{c_i l_i\sin\theta_i}{F_s}\right) \tag{7-24}$$

式中

$$m_{\theta i} = \cos\theta_i + \frac{\sin\theta_i\tan\varphi_i}{F_s} \tag{7-25a}$$

由力矩平衡条件得

$$\sum W_i d_i = \sum T_i R \tag{7-25b}$$

因为 H_i、H_{i+1} 是内力,所以对土块整体取力矩时不出现在公式中。

把式(7-23b)代入式(7-25b),在得出的公式中再引入式(7-24)中的 N_i 便可求出稳定安全系数 F_s:

$$F_s = \frac{\sum \dfrac{1}{m_{\theta i}}(c_i b_i + W_i\tan\varphi_i)}{\sum W_i\sin\theta_i} \tag{7-26}$$

式中,参数 $m_{\theta i}$ 包含有稳定安全系数 F_s。因此,不能直接求出稳定安全系数,而需要采用逐次逼近法求解。计算时,可先假定 $F_s = 1.0$,由式(7-25)计算出 $m_{\theta i}$ 值,代入式(7-26)中,求得边坡的稳定安全系数 F'_s。若 F'_s 与 F_s 之差大于规定的误差,进一步用 F'_s 计算 $m_{\theta i}$,再次计算出稳定安全系数 F''_s,如是反复迭代计算,直至前后两次计算的安全系数非常接近,满足规定精度的要求。通常迭代总是收敛的,一般只要3~4次就可满足精度的要求。

毕肖普条分法因为没有用到水平方向的平衡方程,所以同样不能满足所有的平衡条件。

第六节　非圆弧滑动面土坡稳定分析

一、简布条分法(普遍条分法)

普遍条分法的特点是假定条块间合力作用点的位置。在这一前提下,每个条块都满足全部静力平衡条件和极限平衡条件,滑动土体的整体平衡条件也自然得到满足,而且它适用于任何滑动面而不必规定滑动面是一个圆弧面,所以称为普遍条分法,是简布(N. Janbu)提出的,又称简布条分法。

从图7-15滑动土体 ABC 中取任一条块 i 进行静力分析。作用在条块上的力及其作用点如图7-15(b)所示。按静力平衡条件:

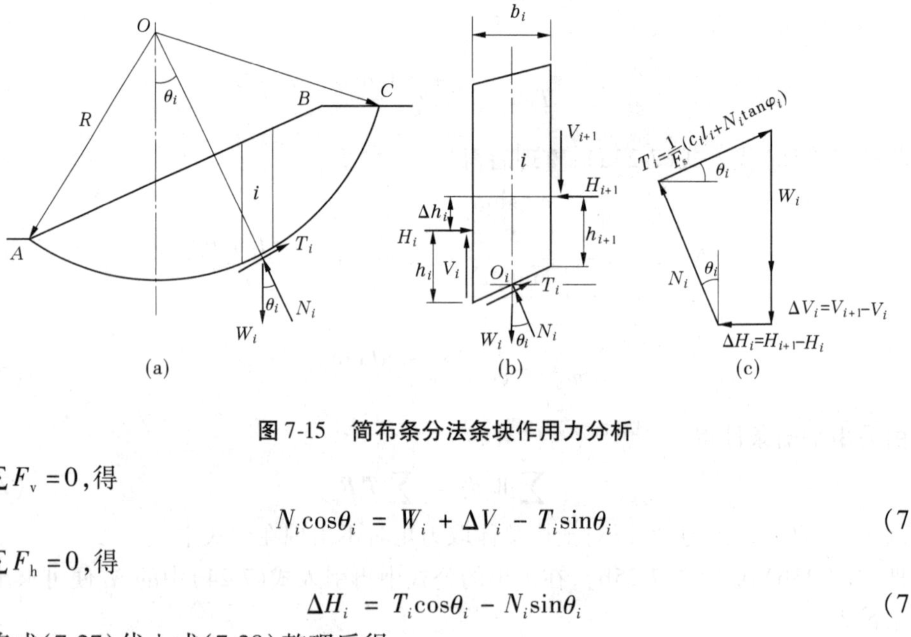

图7-15　简布条分法条块作用力分析

$\sum F_v=0$,得

$$N_i\cos\theta_i = W_i + \Delta V_i - T_i\sin\theta_i \tag{7-27}$$

$\sum F_h=0$,得

$$\Delta H_i = T_i\cos\theta_i - N_i\sin\theta_i \tag{7-28}$$

将式(7-27)代入式(7-28)整理后得

$$\Delta H_i = T_i\left(\cos\theta_i + \frac{\sin^2\theta_i}{\cos\theta_i}\right) - (W_i + \Delta V_i)\tan\theta_i \tag{7-29a}$$

根据极限平衡条件,考虑安全系数 F_s

$$T_i = \frac{1}{F_s}(c_il_i + N_i\tan\varphi_i) \tag{7-29b}$$

由式(7-27)得

$$N_i = \frac{1}{\cos\theta_i}(W_i + \Delta V_i - T_i\sin\theta_i) \tag{7-30}$$

代入式(7-29b),整理后得

$$T_i = \frac{\frac{1}{F_s}\left[c_i l_i + \frac{1}{\cos\theta_i}(W_i + \Delta V_i)\tan\varphi_i\right]}{1 + \frac{\tan\theta_i\tan\varphi_i}{F_s}} \tag{7-31}$$

将式(7-31)代入式(7-29),得

$$\Delta H_i = \frac{1}{F_s}\frac{\sec^2\theta_i}{1 + \frac{\tan\theta_i\tan\varphi_i}{F_s}}[c_i l_i\cos\theta_i + (W_i + \Delta V_i)\tan\varphi_i] - (W_i + \Delta V_i)\tan\theta_i \tag{7-32}$$

图 7-16 表示作用在条块侧面的法向力 H,显然有 $H_1 = \Delta H_1$,$H_2 = H_1 + \Delta H_2 = \Delta H_1 + \Delta H_2$,依此类推,有

$$H_i = \sum_{i=1}^{i}\Delta H_i \tag{7-33}$$

若全部条块的总数为 n,则有

$$H_n = \sum_{i=1}^{n}\Delta H_i = 0 \tag{7-34}$$

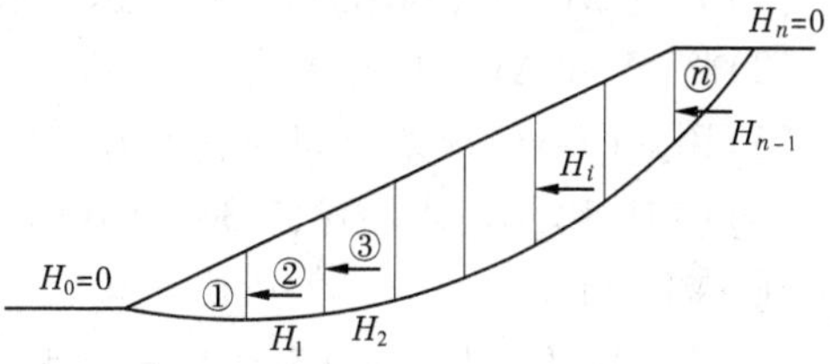

图 7-16　条块侧面法向力

将式(7-32)代入式(7-34),得

$$\sum\frac{1}{F_s}\frac{\sec^2\theta_i}{1 + \frac{\tan\theta_i\tan\varphi_i}{F_s}}[c_i l_i\cos\theta_i + (W_i + \Delta V_i)\tan\varphi_i] - \sum(W_i + \Delta V_i)\tan\theta_i = 0$$

整理后得

$$F_s = \frac{\sum[c_i l_i\cos\theta_i + (W_i + \Delta V_i)\tan\varphi_i]\frac{\sec^2\theta_i}{1 + \tan\theta_i\tan\varphi_i/F_s}}{\sum(W_i + \Delta V_i)\tan\theta_i}$$

$$= \frac{\sum[c_i b_i + (W_i + \Delta V_i)\tan\varphi_i]\frac{1}{m_{\theta i}}\frac{1}{\cos\theta_i}}{\sum(W_i + \Delta V_i)\tan\theta_i} \tag{7-35}$$

比较毕肖普公式(7-26)和简布公式(7-35),两者很相似,但有差别,毕肖普公式是根据滑动面为圆弧面,滑动土体满足整体力矩平衡条件推导出的。简布公式则是利用力的多边形闭合和极限平衡条件,最后从 $\sum_{i=1}^{n}\Delta H_i = 0$ 得出的。显然这些条件适用于任何形式的滑动面而不仅限于圆弧面,在式(7-35)中,ΔV_i 仍然是待定的未知量。

将作用在条块上的力对条块滑弧段中点 O_i 取矩,并让 $\sum M_{O_i} = 0$。重力 W_i 及滑弧段上的力 N_i 和 T_i 均通过 O_i,不产生力矩。条块间力的作用点位置在假设土条侧面的 1/3 高度处,并如图 7-15(b)所示,故有

$$V_i \frac{b_i}{2} + (V_i + \Delta V_i)\frac{b_i}{2} - (H_i + \Delta H_i)\left(h_i + \Delta h_i - \frac{1}{2}b_i\tan\theta_i\right) + H_i\left(h_i - \frac{1}{2}b_i\tan\theta_i\right) = 0$$

略去高阶微量整理后得

$$V_i b_i - H_i \Delta h_i - \Delta H_i h_i = 0$$

$$V_i = H_i \frac{\Delta h_i}{b_i} + \Delta H_i \frac{h_i}{b_i} \tag{7-36}$$

$$\Delta V_i = V_{i+1} - V_i \tag{7-37}$$

式(7-36)表示条块间切向力与法向力之间的关系。式中符号意义见图7-15。

由式(7-32)~式(7-37),利用迭代法可以求得简布条分法的边坡稳定安全系数。其步骤如下:

(1)假定 $\Delta V_i = 0$,利用式(7-35),迭代求第一次近似的安全系数 F_{s1}。

(2)将 F_{s1} 和 $\Delta V_i = 0$ 代入式(7-32),求相应的 ΔH_i(对每一条块,从1到 n)。

(3)用式(7-33)求条块间的法向力(对每一条块,从1到 n)。

(4)将 H_i 和 ΔH_i 代入式(7-36)和式(7-37),求条块间的切向作用力 V_i(对每一条块,从1到 n)和 ΔV_i。

(5)将 ΔV_i 重新代入式(7-35),迭代求新的稳定安全系数 F_{s2}。

如果 $F_{s2} - F_{s1} > \Delta$,Δ 为规定的安全系数计算精度,重新按上述步骤(2)~(5)进行第二轮计算。如此反复进行,直至 $F_s(k) - F_s(k-1) \leqslant \Delta$。$F_s(k)$ 就是该假定滑动面的稳定安全系数。边坡的真正安全系数还要计算很多滑动面,进行比较,找出最危险的滑动面,其安全系数才是真正的安全系数。工作量相当浩繁,一般要编成程序在计算机上计算。

二、不平衡推力传递法

山区一些土坡往往覆盖在起伏变化的岩基面上,土坡失稳多数沿这些界面发生,形成折线滑动面。对于岩质边坡,破坏面沿断层或裂隙发生,一般也为折线滑动面。对这类边坡的稳定分析可采用不平衡推力传递法。

按折线滑动面将滑动土体分成条块,而假定条间力的合力与上一条土条底面平行,如图7-17所示。然后根据各分条力的平衡条件,逐条向下推求,直至最后一条土条的推力为零。

对任一土条,取垂直与平行于土条底面方向力的平衡,有

$$\overline{N}_i - W_i\cos\alpha_i - P_{i-1}\sin(\alpha_{i-1} - \alpha_i) = 0 \tag{7-38}$$

$$\overline{T}_i + P_i - W_i\sin\alpha_i - P_{i-1}\cos(\alpha_{i-1} - \alpha_i) = 0 \tag{7-39}$$

同样根据极限平衡条件,有

$$\overline{T}_i = \frac{c_i l_i + \overline{N}_i\tan\varphi_i}{F_s} \tag{7-40}$$

联合解式(7-38)~式(7-40),消去 $\overline{T}_i$、$\overline{N}_i$,得如下计算公式:

$$P_i = W_i\sin\alpha_i - \left(\frac{c_i l_i + W_i\cos\alpha_i\tan\varphi_i}{F_s}\right) + P_{i-1}\psi_i \tag{7-41}$$

式中,ψ_i 称为传递系数,以下式表示:

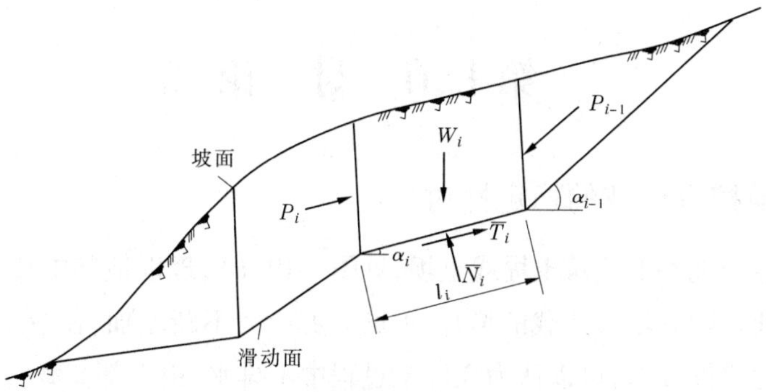

图 7-17　不平衡推力传递法条块作用力分析

$$\psi_i = \cos(\alpha_{i-1} - \alpha_i) - \frac{\tan\varphi_i}{F_s}\sin(\alpha_{i-1} - \alpha_i) \tag{7-42}$$

当采用不平衡推力法计算时，先假设 $F_s = 1$，然后从坡顶第一条开始逐条向下推求 P_i，直至求出最后一条的推力 P_n，P_n 必须为零，否则要重新假定 F_s，进行试算。

采用不平衡推力法计算时，抗剪强度指标 c、φ 值可根据土的性质及当地经验，采用试验和滑坡反算相结合的方法确定。另外，因为分条之间不能承受拉力，所以任何土条的推力 P_i 如果为负值，此 P_i 不再向下传递，而对下一土条取 P_{i-1} 为零。本法也常用来按照设定的安全系数，反推各土条和最后一条土条承受的推力大小，以便确定是否需要和如何设置挡土建筑物。

【例 7-4】　如图 7-18 所示，试求该土坡沿复合滑动面的稳定安全系数。

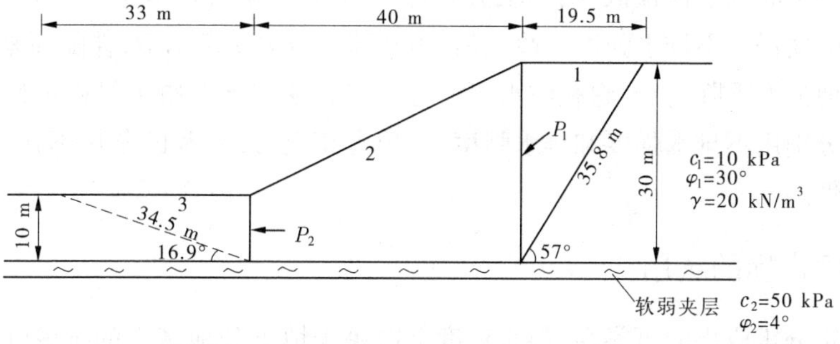

图 7-18　例 7-4 附图

解：采用不平衡推力法的式(7-41)和式(7-42)计算。计算过程与结果见表 7-4。

表 7-4　不平衡推力法计算过程与结果

土条编号	W_i (kN/m)	F_s=4.0 P_i(kN/m)	F_s=4.4 P_i(kN/m)	F_s=4.3 P_i(kN/m)	F_s=4.2 P_i(kN/m)	F_s=4.25 P_i(kN/m)	
1	5 850	4 356.8	4 406.8	4 395.2	4 383.0	4 389.2	计算结果：F_s=4.26
2	16 000	1 529.3	1 632.5	1 608.5	1 583.4	1 596.1	
3	3 300	−102.2	47.7	12.8	−23.8	−5.3	

第七节　讨　论

一、填方与挖方土坡的稳定性讨论

在饱和黏性土地基上填筑土堤或土坝,见图 7-19(a),现以地基中某一点 A 为例来说明稳定性的变化。随着填筑荷载的增加,A 点的剪应力不断增加,在竣工时达到最大值。由于黏性土的透水性较差,可以认为在施工过程中不排水,由上部荷载引起的超孔隙水压力不消散,直到竣工之前,孔隙水压力将随填筑高度的增加而增大。竣工时土的抗剪强度也一直保持与施工开始时的不排水强度相同。竣工以后,总应力保持不变,而超孔隙水压力则由于地基土的固结而逐渐消散,直至消散为零。土体的固结不仅使孔隙比减小,还使有效应力与抗剪强度增加。因此,当填土结束时,土坡的稳定性可用总应力法和不排水强度来分析,而长期稳定性则需用有效应力法和有效强度指标进行计算。显然,土坡稳定的安全系数在施工刚刚结束时是最小的,以后会随着时间的延长而增大。当然,对于蓄水水库的土坝,还必须校核水库运用期稳定渗流对下游坡和库水位骤降对上游坡稳定性的影响。

在黏性土中挖方形成如图 7-19(b)所示边坡时土坡稳定性的变化分析如下。仍以 A 点为例,由于开挖使 A 点的平均上覆荷重减小,并引起孔隙水压力下降,出现负孔隙水压力。如果黏性土的透水性很低,则和填方一样,A 点的剪应力在施工结束时达到最大,竣工时的抗剪强度仍为不排水强度。竣工后,负孔隙水压力逐渐消散,伴随而来的是有效应力降低和抗剪强度下降,直至超孔隙水压力等于零。挖方土坡竣工时稳定性和长期稳定性的分析可分别用不排水强度和排水强度;与填方相反,最不利的条件不在竣工时,而是其长期稳定性。

二、强度指标的选用

土坡稳定分析成果的可靠性,很大程度上取决于填土和地基土的抗剪强度的正确确定。因为对任一种给定的土来说,抗剪强度变化幅度之大远超过不同静力计算方法之间的差别。所以,在测定土的强度时,原则上应使试验的模拟条件尽量符合土在现场的实际受力和排水条件,使试验指标具有较好的代表性。因此,对于控制土坡稳定的各个时期,应分别采用不同的试验方法和测定结果,现归纳于表 7-5。总的来说,对于总应力分析,土坝施工期可采用不排水剪强度指标,水库水位降落期,也可采用固结不排水剪强度指标。稳定渗流期不管采用何种分析方法,实质上均属于有效应力分析的范畴,应采用有效应力强度指标 c'、φ'或排水剪强度指标。对于软基受压固结或坝体施工期孔隙水压力消散的影响,要考虑不同时期的固结度,采用相应的强度指标。

如果采用有效应力分析,当然应该用有效应力强度指标,但此时对使用的孔隙水压力

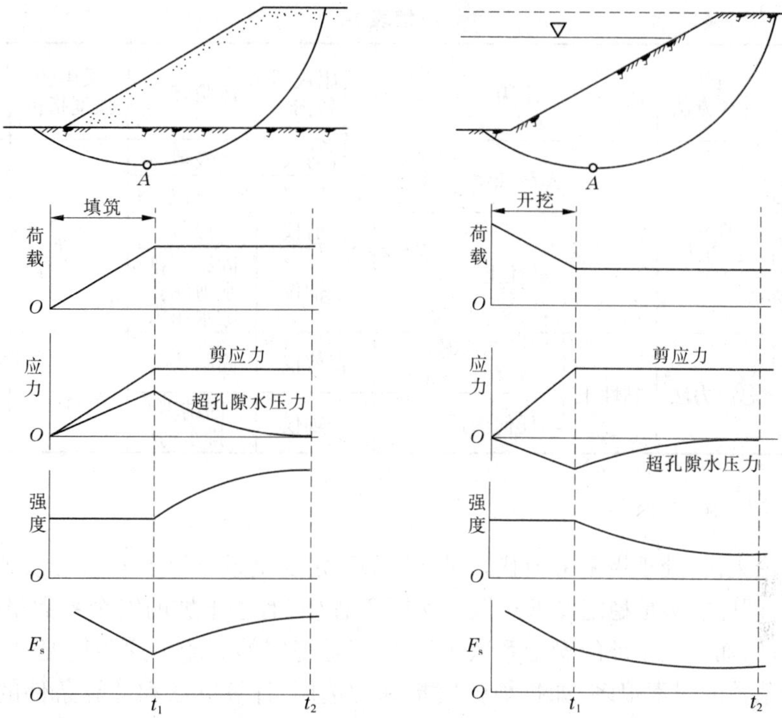

(a)填方　(b)挖方

图 7-19　填土与挖方边坡土体内抗剪强度变化

的正确程度要有足够的估计，最好通过现场观测，由实测孔隙水压力资料加以验证。

表 7-5　稳定计算时抗剪强度指标的选用

<table>
<tr><th>控制稳定的时期</th><th>强度计算方法</th><th colspan="2">土类</th><th>使用仪器名称</th><th>试验方法</th><th>采用的强度指标</th><th>试样初始状态</th></tr>
<tr><td rowspan="8">施工期</td><td rowspan="6">有效应力法</td><td colspan="2" rowspan="2">无黏性土</td><td>直剪仪</td><td>慢剪</td><td rowspan="6">c'、φ'</td><td rowspan="8">填土用填筑含水量和填筑密度的土，地基用原状土</td></tr>
<tr><td>三轴仪</td><td>固结排水剪</td></tr>
<tr><td rowspan="4">黏性土</td><td rowspan="2">饱和度小于 80%</td><td>直剪仪</td><td>慢剪</td></tr>
<tr><td>三轴仪</td><td>不排水剪测孔隙水压力</td></tr>
<tr><td rowspan="2">饱和度大于 80%</td><td>直剪仪</td><td>慢剪</td></tr>
<tr><td>三轴仪</td><td>固结不排水剪测孔隙水压力</td></tr>
<tr><td rowspan="2">总应力法</td><td rowspan="2">黏性土</td><td>渗透系数小于 10^{-7} cm/s</td><td>直剪仪</td><td>快剪</td><td rowspan="2">c_u、φ_u</td></tr>
<tr><td>任何渗透系数</td><td>三轴仪</td><td>不排水剪</td></tr>
</table>

续表 7-5

<table>
<tr><th>控制稳定的时期</th><th>强度计算方法</th><th colspan="2">土类</th><th>使用仪器名称</th><th>试验方法</th><th>采用的强度指标</th><th>试样初始状态</th></tr>
<tr><td rowspan="4">稳定渗流期和水库水位降落期</td><td rowspan="4">有效应力法</td><td colspan="2" rowspan="2">无黏性土</td><td>直剪仪</td><td>慢剪</td><td rowspan="4">c'、φ'</td><td rowspan="6">同上，但要预先饱和，浸润线以上的土不需饱和</td></tr>
<tr><td>三轴仪</td><td>固结排水剪</td></tr>
<tr><td colspan="2" rowspan="2">黏性土</td><td>直剪仪</td><td>慢剪</td></tr>
<tr><td>三轴仪</td><td>固结不排水剪测孔隙水压力</td></tr>
<tr><td rowspan="2">水库水位降落期</td><td rowspan="2">总应力法</td><td rowspan="2">黏性土</td><td>渗透系数小于 10^{-7} cm/s</td><td>直剪仪</td><td>固结快剪</td><td rowspan="2">c_{cu}、φ_{cu}</td></tr>
<tr><td>任何渗透系数</td><td>三轴仪</td><td>固结不排水剪</td></tr>
</table>

三、容许安全系数

从理论上讲，处于极限平衡状态时土坡的稳定安全系数等于 1。因此，若设计土坡的 F_s 大于 1，理应能满足稳定要求。但在实际工程中，有些土坡的安全系数虽大于 1，还是发生了滑动，而有些土坡的安全系数小于 1，却是稳定的。产生这些情况的主要原因，是影响安全系数的因素很多，如抗剪强度指标的选用、计算方法和计算条件的选择等。目前，对于土坡稳定容许安全系数的数值，各部门尚无统一标准，考虑的角度也不一样，在选用时要注意计算方法、强度指标和容许安全系数必须互相配套，并要根据工程不同情况，结合当地已有实践经验加以确定。

习　题

7-1　一砂砾土坡，其饱和重度 γ_{sat} 为 19 kN/m^3，内摩擦角 φ 为 32°，坡度为 1∶3。试问在干坡或完全浸水时，其稳定安全系数为多少？又问当有顺坡向渗流时土坡还能保持稳定吗？若坡比改成 1∶4，其稳定性又如何？

7-2　一均质黏性土坡，高 20 m，坡度为 1∶3，填土的黏聚力 c 为 10 kPa，内摩擦角 φ 为 20°，重度 γ 为 18 kN/m^3。假定滑弧通过坡脚，半径 R 取 55 m，圆心位置可用图 7-7 的方法确定。试用瑞典条分法(总应力)计算土坡在该滑弧时的安全系数。

7-3　某均质挖方土坡，坡高 10 m，坡度 1∶2，填土的重度 γ 为 18 kN/m^3，内摩擦角 φ 为 25°，黏聚力 c 为 5 kPa，在坑底以下 3 m 处有一软土薄层，其黏聚力 c 为 10 kPa，内摩擦角 φ 为 5°。试用不平衡推力法计算其稳定安全系数。

第八章　地基承载力

第一节　概　述

地基承受建筑物荷载的作用后,内部应力发生变化,表现在两方面:一方面是由于地基土在建筑物荷载作用下产生压缩变形,引起基础产生过大的沉降量或沉降差,使上部结构倾斜,造成建筑物下沉;另一方面是由于建筑物的荷载过大,超过了基础下持力层土体所能承受荷载的能力,从而使地基产生破坏。因此,在设计建筑物地基时,必须满足下列两个基本条件:①建筑物地基在荷载作用下可能产生的最大沉降量或沉降差,应在该种建筑物所允许的范围之内;②作用于建筑物基础底面的压力,应小于或等于地基的允许承载力。因此,确定地基承载力是工程实践中迫切需要解决的问题。

一、地基的承载机制

通过地基现场载荷试验可得到其荷载 p 与沉降量 s 的关系曲线即 p—s 曲线,从p—s 曲线形态来看,地基破坏的过程一般经历如下三个阶段:

(1)压密阶段(或称线弹性变形阶段)。在这一阶段,p—s 曲线接近于直线,土中各点的剪应力均小于土的抗剪强度,土体处于弹性平衡状态。在这一阶段,载荷板的沉降主要是由土的压密变形引起的,见图 8-1(a)中 p—s 曲线上的 Oa 段和图 8-1(b)。通常将 p—s 曲线上相应于 a 点的荷载称为比例界限荷载 p_{cr},也称临塑荷载。

(2)剪切阶段(或称弹塑性变形阶段)。在这一阶段,p—s 曲线已不再保持线性关系,沉降的增长率随荷载的增大而增加。在这个阶段,地基土中局部范围内(首先在基础边缘处)的剪应力首先达到土的抗剪强度,土体发生剪切破坏,这些区域也称塑性区。随着荷载的继续增加,土中塑性区的范围也逐步扩大,直到土中形成连续的滑动面。因此,剪切阶段也是地基中塑性区的发生与发展阶段。剪切阶段相当于图 8-1(a)中 p—s 曲线上的 ab 段和图 8-1(c),而 b 点对应的荷载称为极限荷载 p_u。

(3)破坏阶段。当荷载超过极限荷载后,载荷板急剧下沉,即使不增加荷载,沉降也不能稳定,这表明地基进入了破坏阶段。在这一阶段,由于土中塑性区范围的不断扩展,最后在土中形成连续滑动面,土从载荷板四周挤出,周围土体出现隆起现象,基础急剧下沉或向一侧倾斜,地基发生整体剪切破坏,破坏阶段相当于图 8-1(a)中 p—s 曲线上的 bc 段和图 8-1(d)。

二、地基的破坏形式

试验研究表明,地基剪切破坏的形式除上述整体剪切破坏(见图 8-1(d)和图 8-2(a))外,还有局部剪切破坏和冲剪破坏形式。

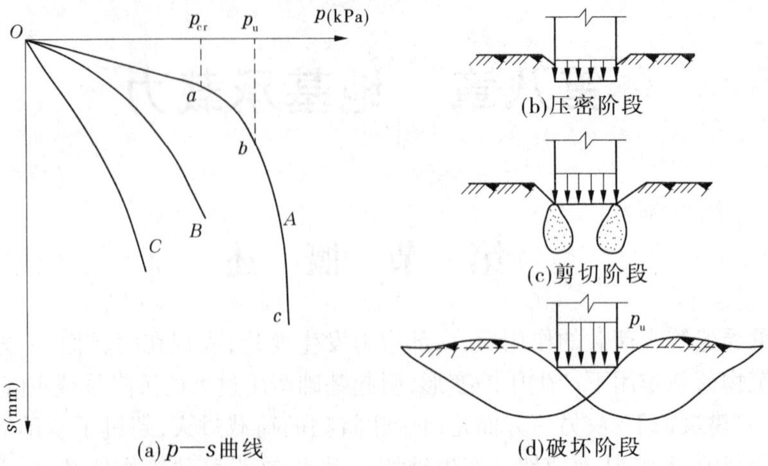

图 8-1　地基破坏过程的三个阶段

局部剪切破坏的特征是,随着荷载的增加,基础下塑性区仅仅发展到地基某一范围内,土中滑动面并不延伸到地面,基础两侧地面微微隆起,没有出现明显的裂缝,见图 8-2(b)。其 p—s 曲线如图 8-1(a)中的曲线 B,该曲线从一开始即呈非碱性变化。

冲剪破坏又称刺入剪切破坏,其特征是随着荷载的增加,基础下土层发生压缩变形,基础随之下沉,当荷载继续增加,基础周围附近土体发生竖向剪切破坏,使基础刺入土中,而基础两边的土体并没有移动,见图 8-2(c)。刺入剪切破坏的 p—s 曲线如图 8-1(a)中的曲线 C,在 p—s 曲线上没有明显的转折点,也没有明显的比例界限和极限荷载。

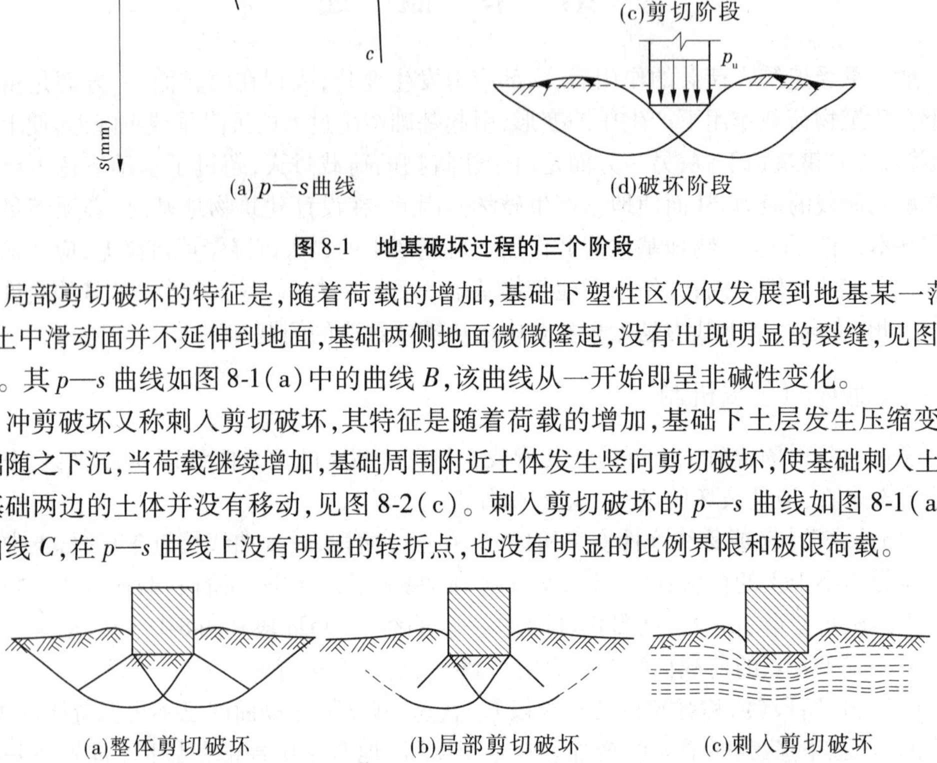

图 8-2　地基的破坏形式

地基的破坏形式主要与土的特性有关。一般来说,对于密实砂土和坚硬黏土将出现整体剪切破坏,而对于压缩性比较大的松砂和软黏土,将可能出现局部剪切破坏或刺入剪切破坏。此外,破坏形式还与基础埋深、加荷速率等因素有关。当基础埋深较小、荷载快速施加时,将趋向于发生整体剪切破坏;若基础埋深较大,无论是砂性土还是黏性土地基,最常见的破坏形态均是局部剪切破坏。

三、确定地基承载力的方法

地基承载力是指地基土单位面积上所能承受荷载的能力。通常把地基土单位面积上所能承受的最大荷载称为极限荷载或极限承载力,而地基承载力特征值是指由载荷试验测定的地基土 p—s 曲线线性变形段内规定的变形所对应的压力值,其最大值为比例界限值。地基承载力特征值可由载荷试验或其他原位测试(如标准贯入试验、静力触探试验等)、公式计算,并结合工程实践经验等方法综合确定,经过对承载力特征值进行修正得到的承载力特征值即为进行基础设计时所采用的地基承载力设计值。

(一)根据载荷试验确定

确定地基承载力最直接的方法是现场载荷试验。载荷试验是一种基础受荷的模型试验,方法是在地基土上放置一块刚性载荷板(深度一般位于基底的设计标高处,对不同的土,可参考规范选用合适的载荷板面积,一般约为 0.5 m^2),然后在载荷板上逐级施加荷载,同时测定在各级荷载下载荷板的沉降量,并观察周围土体位移情况,直到地基土破坏失稳。

根据试验结果可绘出载荷试验的 p—s 曲线,如图 8-1(a)所示,根据地基土的 p—s 曲线确定地基承载力特征值。如果 p—s 曲线上能够明显地区分其承载过程的三个阶段,则可以取该地基土的比例界限 p_{cr} 作为该地基土的承载力特征值,或者,当极限荷载 p_u 小于比例界限荷载 p_{cr} 的 2 倍时,取极限荷载值的一半作为该地基土的承载力特征值。若 p—s 曲线上没有明显的三个阶段,可取对应于某一相对沉降值(s/b,b 为承压板直径)的压力,如载荷板面积为 0.25～0.50 m^2,可取 $s/b=0.01\sim0.015$ 所对应的荷载作为该地基土的承载力特征值,但其值不应大于最大加载量的一半。

当基础宽度大于 3 m 或埋深大于 0.5 m 时,从载荷试验或其他原位测试、经验值等方法确定的地基承载力特征值,尚应按下式进行修正:

$$f_a = f_{ak} + \eta_b \gamma (b-3) + \eta_d \gamma_m (d-0.5) \tag{8-1}$$

式中　f_a——修正后的地基承载力特征值;

f_{ak}——地基承载力特征值,可由载荷试验或其他原位测试、公式计算,并结合工程实践经验等方法综合确定;

η_b、η_d——基础宽度和埋深的地基承载力修正系数,可按表 8-1 进行取值;

γ——基础底面以下土的重度,地下水位以下取浮重度;

b——基础底面宽度,m,基础宽度小于 3 m 时按 3 m 取值,大于 6 m 时按 6 m 取值;

γ_m——基础底面以上土的加权平均重度,地下水位以下取浮重度;

d——基础埋深,m,一般自室外地面标高算起。

(二)根据土的抗剪强度指标确定

当偏心距 $e \leqslant 0.033b$ 时,可按式(8-2)根据土的抗剪强度指标确定地基承载力特征值,同时还应满足变形要求:

$$f_a = M_b \gamma b + M_d \gamma_m d + M_c c_k \tag{8-2}$$

式中　f_a——由土的抗剪强度指标确定的地基承载力特征值;

M_b、M_d、M_c——承载力系数,可按表 8-2 进行取值;

b——基础底面宽度,m,大于 6 m 时按 6 m 取值,对于砂土,小于 3 m 时按 3 m 取值;

c_k——基底下 1 倍短边宽深度内土的黏聚力标准值。

表 8-1　地基承载力修正系数 η_b、η_d

土的类别		η_b	η_d
淤泥或淤泥质土		0	1.0
人工填土,e 或 I_L 大于等于 0.85 的黏性土		0	1.0
红黏土	含水比 $a_w > 0.8$	0	1.2
	含水比 $a_w \leqslant 0.8$	0.15	1.4
大面积压实填土	压实系数大于 0.95、黏粒含量 $\rho_c \geqslant 10\%$ 的粉土	0	1.5
	最大干密度大于 2.1 t/m^3 的级配砂石	0	2.0
粉土	黏粒含量 $\rho_c \geqslant 10\%$ 的粉土	0.3	1.5
	黏粒含量 $\rho_c < 10\%$ 的粉土	0.5	2.0
e 及 I_L 均小于 0.85 的黏性土		0.3	1.6
粉砂、细砂(不包括很湿与饱和时的稍密状态)		2.0	3.0
中砂、粗砂、砾砂和碎石土		3.0	4.4

注:地基承载力特征值按深层平板载荷试验确定时,η_d 取 0。

表 8-2　承载力系数 M_b、M_d、M_c

土的内摩擦角标准值 φ_k(°)	M_b	M_d	M_c
0	0	1.00	3.14
2	0.03	1.12	3.32
4	0.06	1.25	3.51
6	0.10	1.39	3.71
8	0.14	1.55	3.93
10	0.18	1.73	4.17
12	0.23	1.94	4.42
14	0.29	2.17	4.69
16	0.36	2.43	5.00
18	0.43	2.72	5.31
20	0.51	3.06	5.66
22	0.61	3.44	6.04
24	0.80	3.87	6.45
26	1.10	4.37	6.90
28	1.40	4.93	7.40
30	1.90	5.59	7.95
32	2.60	6.35	8.55
34	3.40	7.21	9.22
36	4.20	8.25	9.97
38	5.00	9.44	10.80
40	5.80	10.84	11.73

注:φ_k 为基底下 1 倍短边宽深度内土的内摩擦角标准值。

除根据规范规定进行承载力计算外，还可以根据地基承载力理论公式进行确定。地基承载力理论公式是在一定的假定条件下通过弹性理论或弹塑性理论导出的解析解，包括地基临塑荷载 p_{cr} 公式、临界荷载 $p_{1/4}$ 公式、太沙基公式、斯肯普顿和汉森公式等。

第二节　临塑荷载和临界荷载

一、塑性区边界方程

临塑荷载及临界荷载的大小与塑性区的开展深度有关，要确定塑性区的最大开展深度 z_{max}，就要先求得土中塑性区边界的表达式。

如图 8-3(a)所示，在地基表面作用条形均布荷载 p，可按第三章中计算条形荷载下土中任一点的主应力公式计算土中任一点 M 由条形均布荷载 p 引起的大主应力 σ_1 与小主应力 σ_3，即

$$\left.\begin{matrix}\sigma_1\\ \sigma_3\end{matrix}\right\} = \frac{p}{\pi}[2\alpha \pm \sin 2\alpha]$$

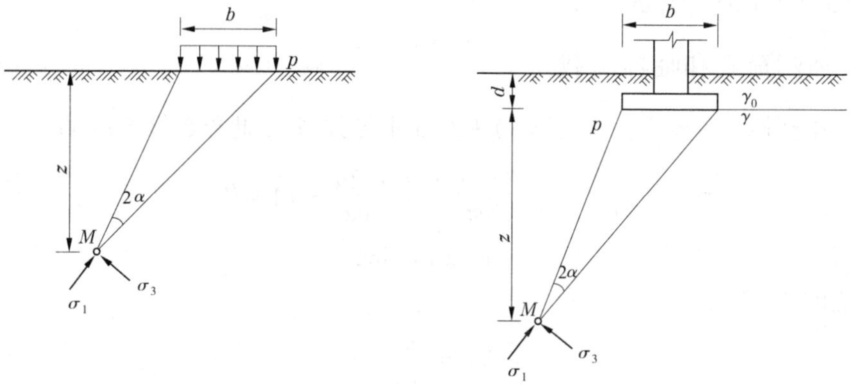

(a)基础无埋深　(b)基础有埋深

图 8-3　均布条形荷载下地基中主应力计算

若考虑土体重力的影响，则 M 点由土体重力产生的竖向应力为 $\sigma_{cz} = \gamma z$，水平向应力为 $\sigma_{cx} = K_0\gamma z$。若土体处于极限平衡状态，可假定土的侧压力系数 $K_0 = 1.0$，此时土的重力产生的压应力将如同静水压力一样，在各个方向均相等且为 γz。于是，当考虑土的重力时，M 点的最大、最小主应力为

$$\left.\begin{matrix}\sigma_1\\ \sigma_3\end{matrix}\right\} = \frac{p}{\pi}[2\alpha \pm \sin 2\alpha] + \gamma z \tag{8-3}$$

若条形基础的埋深为 d，如图 8-3(b)所示，基底附加压力为 $p - \gamma_0 d$，由土自重作用在 M 点产生的主应力为 $\gamma z + \gamma_0 d$。由此可得土中任一点 M 的主应力为

$$\left.\begin{matrix}\sigma_1\\ \sigma_3\end{matrix}\right\} = \frac{p - \gamma_0 d}{\pi}[2\alpha \pm \sin 2\alpha] + \gamma z + \gamma_0 d \tag{8-4}$$

若 M 点位于塑性区的边界上，它就处于极限平衡状态。根据土的极限平衡条件可

知,土中某点处于极限平衡状态时,其主应力应满足下述条件:

$$\sin\varphi = \frac{\frac{1}{2}(\sigma_1 - \sigma_3)}{\frac{1}{2}(\sigma_1 + \sigma_3) + c\cot\varphi} \tag{8-5}$$

将 M 点处土体的主应力式(8-4)代入式(8-5)得

$$\sin\varphi = \frac{\frac{p - \gamma_0 d}{\pi}\sin 2\alpha}{\frac{p - \gamma_0 d}{\pi}2\alpha + \gamma z + \gamma_0 d + c\cot\varphi} \tag{8-6}$$

整理后得

$$z = \frac{p - \gamma_0 d}{\gamma\pi}\left(\frac{\sin 2\alpha}{\sin\varphi} - 2\alpha\right) - \frac{c\cot\varphi}{\gamma} - d\frac{\gamma_0}{\gamma} \tag{8-7}$$

式(8-7)即为土中塑性区边界线的表达式。若已知条形基础的宽度 b、基础埋深 d、荷载 p 以及土性指标,假定不同的视角 2α 值,代入式(8-7)即可求出相应的深度 z 值。把这一系列由(2α,z)坐标点决定的位置连起来,就得到条形均布荷载作用下土中塑性区的边界线,即土中塑性区的开展范围。

二、临塑荷载和临界荷载

在土中塑性区边界线表达式(8-7)中对 α 求导数,并令此导数等于零,即

$$\frac{\mathrm{d}z}{\mathrm{d}\alpha} = \frac{2(p - \gamma_0 d)}{\gamma\pi}\left(\frac{\cos 2\alpha}{\sin\varphi} - 1\right) = 0$$

由此解得

$$\cos 2\alpha = \sin\varphi$$

求得相应的 2α 角为

$$2\alpha = \frac{\pi}{2} - \varphi$$

将此 2α 值代入塑性区边界线表达式(8-7),即得地基土中塑性区开展的最大深度 $z_{\max}$ 的计算公式:

$$z_{\max} = \frac{p - \gamma_0 d}{\gamma\pi}\left[\cot\varphi - \left(\frac{\pi}{2} - \varphi\right)\right] - \frac{c\cot\varphi}{\gamma} - d\frac{\gamma_0}{\gamma} \tag{8-8}$$

从式(8-8)即可得到相应的基底均布荷载 p 的表达式:

$$p = \frac{\pi}{\cot\varphi - \left(\frac{\pi}{2} - \varphi\right)}\gamma z_{\max} + \frac{\cot\varphi + \frac{\pi}{2} + \varphi}{\cot\varphi - \left(\frac{\pi}{2} - \varphi\right)}\gamma_0 d + \frac{\pi\cot\varphi}{\cot\varphi - \left(\frac{\pi}{2} - \varphi\right)}c \tag{8-9}$$

式(8-9)是计算临塑荷载和临界荷载的基本公式。可见,地基承载力由黏聚力 c、基底以上超载 $\gamma_0 d$ 以及基底以下塑性区土的自重 $\gamma z_{\max}$ 提供的三部分承载力所组成。可将式(8-9)改写为

$$p = 4N_\gamma \gamma z_{\max} + N_q \gamma_0 d + N_c c \tag{8-10}$$

式中，N_γ、N_q、N_c 称为承载力系数，它只与土的内摩擦角有关，其计算公式分别如下：$N_\gamma = \dfrac{\pi}{4\left[\cot\varphi - \left(\dfrac{\pi}{2} - \varphi\right)\right]}$，$N_q = \dfrac{\cot\varphi + \dfrac{\pi}{2} + \varphi}{\cot\varphi - \left(\dfrac{\pi}{2} - \varphi\right)}$，$N_c = \dfrac{\pi\cot\varphi}{\cot\varphi - \left(\dfrac{\pi}{2} - \varphi\right)}$，承载力系数 N_γ、N_q、N_c 也可从相应的表 8-3 中查得。

表 8-3　承载力系数 N_γ、N_q、N_c

φ(°)	N_γ	N_q	N_c	φ(°)	N_γ	N_q	N_c
0	0.00	1.00	3.14	22	0.61	3.44	6.04
2	0.03	1.12	3.32	24	0.72	3.87	6.45
4	0.06	1.25	3.51	26	0.84	4.37	6.90
6	0.10	1.39	3.71	28	0.98	4.93	7.40
8	0.14	1.55	3.93	30	1.15	5.59	7.95
10	0.18	1.73	4.17	32	1.34	6.35	8.55
12	0.23	1.94	4.42	34	1.55	7.21	9.22
14	0.29	2.17	4.69	36	1.81	8.25	9.97
16	0.36	2.43	5.00	38	2.11	9.44	10.80
18	0.43	2.72	5.31	40	2.46	10.84	11.73
20	0.51	3.06	5.66	45	3.66	15.64	14.64

分别令 $z_{max}=0$ 和 $z_{max}=b/4$（b 为基础宽度），对应的基底压力即为临塑荷载 p_{cr} 和临界荷载 $p_{1/4}$：

$$p_{cr} = N_q\gamma_0 d + N_c c \tag{8-11}$$

$$p_{1/4} = N_\gamma \gamma b + N_q\gamma_0 d + N_c c \tag{8-12}$$

三、临塑荷载及临界荷载计算公式的适用条件

综上所述，从临塑荷载及临界荷载计算公式的推导过程可以看到，这些公式是在下列假定条件的基础上建立的：

(1) 计算公式适用于条形基础。这些计算公式是从平面问题的条形均布荷载情况下导得的，若将它近似地用于矩形基础，其结果是偏于安全的。

(2) 计算土中由自重产生的主应力时，假定土的侧压力系数 $K_0=1$，这与土的实际情况不符，但这样可使计算公式简化。

(3) 在计算临界荷载时，土中已出现塑性区，但这时仍按弹性理论计算土中应力，这在理论上是相互矛盾的，其所引起的误差随着塑性区范围的扩大而扩大。

【例 8-1】　某条形基础宽度 $b=1$ m，基础埋深 $d=1.2$ m，地基土为粉质黏土，天然重度 $\gamma=18.8$ kN/m^3，饱和重度 $\gamma_{sat}=20$ kN/m^3，土的强度指标 $\varphi=14°$，$c=16$ kPa。试求：

(1) 地基承载力 p_{cr} 和 $p_{1/4}$ 的值。

(2) 若地下水位上升至基础底面，承载力有何变化？

解：(1) 由 $\varphi=14°$，查表 8-3，得 $N_\gamma=0.29$、$N_q=2.17$、$N_c=4.69$，代入式(8-11)与

式(8-12)中得

$$p_{cr} = N_q\gamma_0 d + N_c c = 2.17 \times 18.8 \times 1.2 + 4.69 \times 16 = 124.00(\text{kPa})$$

$$p_{1/4} = N_\gamma \gamma b + N_q\gamma_0 d + N_c c = 0.29 \times 18.8 \times 1 + 2.17 \times 18.8 \times 1.2 + 4.69 \times 16 = 129.45(\text{kPa})$$

(2)当地下水位上升至基底时,若假设土的强度指标 φ、c 值不变,因而承载力系数同上。地下水位以下的土重度采用浮重度 $\gamma' = \gamma_{sat} - \gamma_w = 20 - 9.8 = 10.2(\text{kN/m}^3)$。因此,临塑荷载 p_{cr} 不变,将 γ' 及承载力系数代入式(8-12)中,即可得出地下水位上升后的临界荷载 $p_{1/4}$ 为

$$p_{1/4} = N_\gamma \gamma' b + N_q\gamma_0 d + N_c c = 0.29 \times 10.2 \times 1 + 2.17 \times 18.8 \times 1.2 + 4.69 \times 16 = 126.95(\text{kPa})$$

从计算结果可以看出,当有地下水时,会降低地基土的承载力。因此,当地下水位变化很大时,对地基土的稳定是不利的。

第三节　极限承载力计算

极限荷载即地基变形第二阶段与第三阶段的分界点相对应的荷载,是地基土达到完全剪切破坏时的最小压力。极限承载力的理论推导目前只能针对整体剪切破坏模式进行。确定极限承载力的计算公式可归纳为两大类:一类是假定滑动面法,先假定在极限荷载作用时土中滑动面的形状,然后根据滑动土体的静力平衡条件求解;另一类是理论解,根据塑性平衡理论导出在已知边界条件下,滑动面的数学方程式来求解。

一、普朗特尔地基极限承载力公式

普朗特尔(L. Prandtl,1920)在假定条形基础置于地基表面($d=0$),地基土无重量($\gamma=0$)且基础底面光滑无摩擦力的条件下,根据塑性力学理论求得了基础下形成连续塑性区而处于极限平衡状态时的地基滑动面形态如图 8-4 所示。地基的极限平衡区可分为三个:在基底下的朗肯主动状态区(Ⅰ区),因假定基底无摩擦力,故基底平面是最大主应力面,基底竖向压力是大主应力,两组滑动面与基础底面成$\left(45° + \frac{\varphi}{2}\right)$夹角;基础外侧的朗肯被动状态区(Ⅲ区),随着基础下沉,Ⅰ区土楔向两边挤压,因此Ⅲ区因水平向应力成为大主应力而为朗肯被动状态区,滑动面也是由两组平面组成的,由于地基表面为小主应力平面,故滑动面与地基表面成$\left(45° - \frac{\varphi}{2}\right)$夹角;Ⅰ区与Ⅲ区之间为过渡区(Ⅱ区),Ⅱ区的滑动面是对数螺旋曲线 $r = r_0 e^{\theta\tan\varphi}$,如图 8-4 中的 CD 和 CE。普朗特尔得出地基极限承载力理论公式为

$$p_u = N_c c \tag{8-13}$$

式中,承载力系数 $N_c = \left[e^{\pi\tan\varphi}\tan^2\left(45° + \frac{\varphi}{2}\right) - 1\right]\cot\varphi$,它是地基土内摩擦角 φ 的函数,也可由表 8-4 查得。

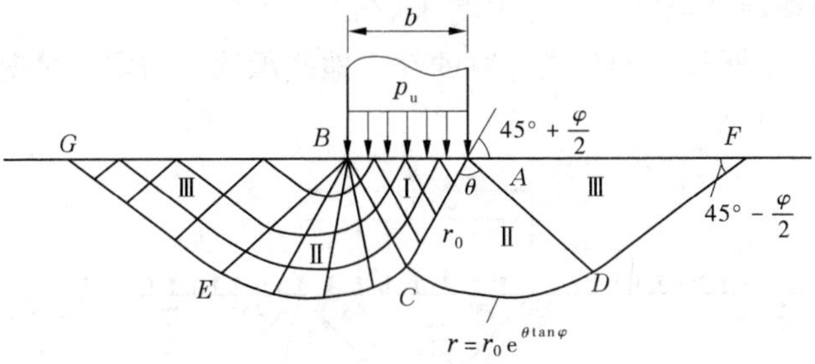

图 8-4　普朗特尔地基滑动面形态

若基础埋深 $d\neq0$,即为雷斯诺－普朗特尔公式

$$p_u = N_q q + N_c c \tag{8-14}$$

式中,承载力系数 $N_q=e^{\pi\tan\varphi}\tan^2\left(45°+\frac{\varphi}{2}\right)$,它是地基土内摩擦角 φ 的函数,也可由表 8-4 查得。

表 8-4　普朗特尔公式承载力系数 N_γ、N_q、N_c

φ(°)	0	5	10	15	20	25	30	35	40	45
N_γ	0.00	0.62	1.75	3.82	7.71	15.2	30.1	62.0	135.5	322.7
N_q	1.00	1.57	2.47	3.94	6.40	10.7	18.4	33.3	64.2	134.9
N_c	5.14	6.49	8.35	11.0	14.8	20.7	30.1	46.1	75.3	133.9

若基础埋深 $d\neq0$,同时,考虑地基土重量,即 $\gamma\neq0$,即为泰勒－普朗特尔公式:

$$p_u = \frac{1}{2}N_\gamma\gamma b + N_q q + N_c c \tag{8-15}$$

式中,承载力系数 $N_\gamma=\tan\left(45°+\frac{\varphi}{2}\right)\left[e^{\pi\tan\varphi}\tan^2\left(45°+\frac{\varphi}{2}\right)-1\right]=\tan\left(45°+\frac{\varphi}{2}\right)(N_q-1)$,它是地基土内摩擦角 φ 的函数,也可由表 8-4 查得。

二、斯肯普顿地基极限承载力公式

对于饱和软黏土地基土($\varphi=0$),连续滑动面Ⅱ区的对数螺旋线蜕变成圆弧,如图 8-5 所示。斯肯普顿(A. W. Skempton,1952)根据极限状态下各滑动体的平衡条件,导出其地基极限承载力的计算公式为

$$p_u = 5.14c + \gamma_0 d \tag{8-16}$$

对于矩形基础,地基极限承载力公式为

$$p_u = 5c\left(1+\frac{b}{5l}\right)\left(1+\frac{d}{5b}\right)+\gamma_0 d \tag{8-17}$$

式中　c——地基土黏聚力,kPa,取基底以下 0.707b 深度范围内的平均值,考虑饱和黏性土和粉土在不排水条件下的短期承载力时,黏聚力应采用土的不排水抗剪强度 c_u;

b、l——基础的宽度和长度,m;

γ_0——基础埋深 d 范围内土的重度,kN/m^3。

工程实践证明,用斯肯普顿公式计算的软土地基承载力与实际情况是比较接近的,安全系数 F_s 可取 1.1 ~1.3。

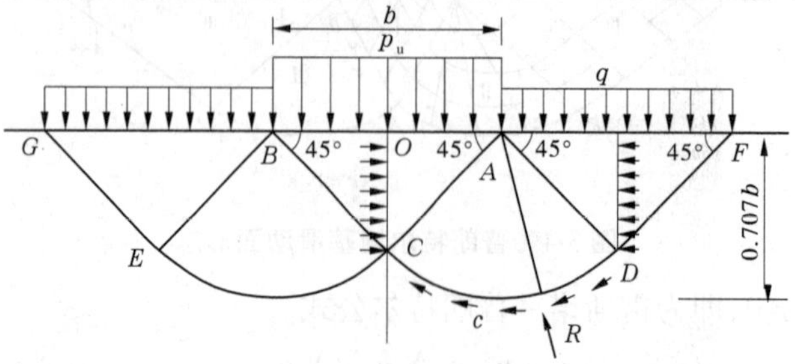

图 8-5　斯肯普顿滑动面形态

三、太沙基地基极限承载力公式

(一)太沙基地基极限承载力基本公式

太沙基(K. Terzaghi,1943)假定基础底面粗糙,并忽略土的重度对滑动面的影响,假定地基滑动面的形状也可以分成三个区,但Ⅰ区内土体不是处于朗肯主动状态,而是处于弹性压密状态,它与基础底面一起移动,并假定滑动面与水平面成 φ 角。Ⅱ区、Ⅲ区与普朗特尔解相似,分别是由辐射线和对数螺旋曲线组成的过渡区与朗肯被动状态区,见图 8-6。为了推导地基极限承载力公式,太沙基从实际工程的精度要求出发做了进一步简化,认为浅基础的地基极限承载力可近似地假设为以下三种情况的总和:

(1)土是没有重量的,有黏聚力和内摩擦角,没有超载,即 $\gamma=0,c\neq0,\varphi\neq0,q=0$;

(2)土是没有重量的,无黏聚力,有内摩擦角,有超载,即 $\gamma=0,c=0,\varphi\neq0,q\neq0$;

(3)土是有重量的,没有黏聚力,但有内摩擦角,没有超载,即 $\gamma\neq0,c=0,\varphi\neq0,q=0$。

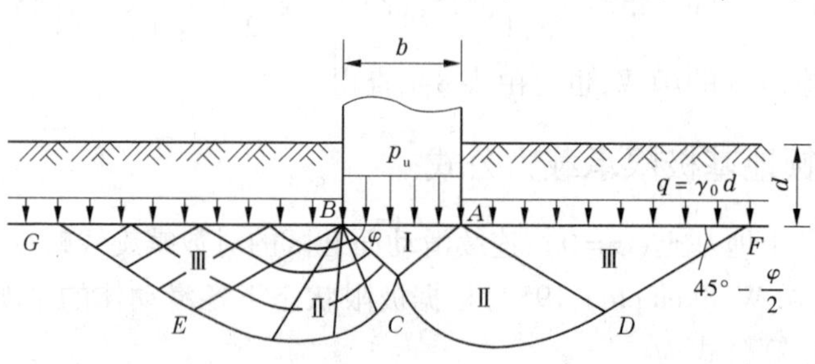

图 8-6　太沙基公式滑动面形态

若作用在基底的极限荷载为 p_u,假设此时发生整体剪切破坏,那么基底下的弹性压密区(Ⅰ区)ABC 将贯入土中,向两侧挤压土体 $ACDF$ 及 $BCEG$ 达到被动破坏。因此,在 AC 面及 BC 面上将作用被动力 p_p,p_p 与作用面的法线方向成 δ 角,已知内摩擦角 $\varphi=\delta$,故 p_p 是竖直向上的,见图 8-7。取弹性楔体 ABC 为脱离体,考虑单位长基础,根据平衡条件

$$p_u b = 2C_1\sin\varphi + 2p_p - W \tag{8-18}$$

式中　C_1——AC 面及 BC 面上土黏聚力的合力,$C_1 = c\,\overline{AC} = \dfrac{cb}{2\cos\varphi}$;

W——弹性楔体 ABC 的自重，$W=\frac{1}{2}\gamma Hb=\frac{1}{4}\gamma b^2\tan\varphi$。

据此导出如下地基极限承载力公式：

$$p_u=\frac{1}{2}\gamma bN_\gamma+qN_q+cN_c \tag{8-19}$$

式中　N_γ、N_q、N_c——太沙基承载力系数，它只与土的内摩擦角有关，可从表8-5查得。

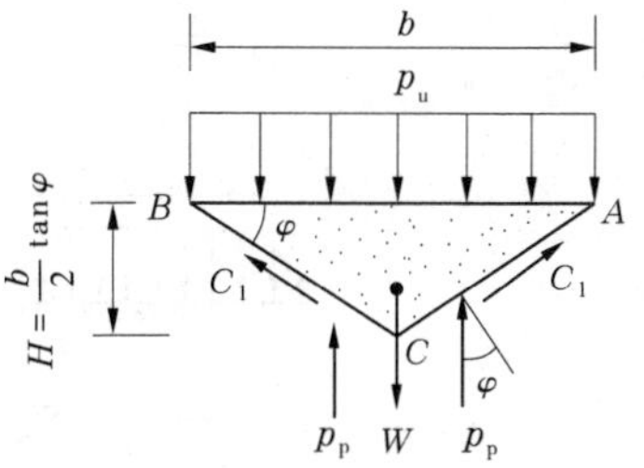

图8-7　弹性楔体 ABC 受力示意图

表8-5　太沙基公式承载力系数

φ(°)	0	5	10	15	20	25	30	35	40	45
N_γ	0	0.51	1.20	1.80	4.0	11.0	21.8	45.4	125	326
N_q	1.0	1.64	2.69	4.45	7.42	12.7	22.5	41.4	81.3	173.3
N_c	5.71	7.32	9.58	12.9	17.6	25.1	37.2	57.7	95.7	172.2

（二）非条形基础时的太沙基地基极限承载力公式

太沙基地基极限承载力基本公式只适用于条形基础（埋深 $d\leqslant b$），对于方形基础或圆形基础，太沙基提出了半经验的极限荷载公式：

方形基础

$$p_u=0.4\gamma bN_\gamma+qN_q+1.2cN_c \tag{8-20}$$

圆形基础

$$p_u=0.3\gamma DN_\gamma+qN_q+1.2cN_c \tag{8-21}$$

式中　D——圆形基础的直径。

上述承载力公式只适用于地基土是整体剪切破坏情况，即地基土较密实、其 p—s 曲线有明显的转折点、破坏前沉降不大等情况。对于松软土质，地基破坏是局部剪切破坏，沉降较大，其极限荷载较小。在这种情况下，太沙基建议采用较小的等效强度指标值 $\bar{c}$、$\bar{\varphi}$ 代入上述各式计算极限承载力，即令

$$\tan\bar{\varphi}=\frac{2}{3}\tan\varphi,\quad \bar{c}=\frac{2}{3}c$$

根据 $\bar{\varphi}$ 值由表8-5查得承载力系数后，再将 $\bar{c}$ 代入承载力公式，即可计算出局部剪切破坏模式下的地基承载力。

用太沙基极限承载力公式计算地基承载力时，其安全系数一般可取为3。

【例8-2】　某路堤断面如图8-8所示。已知路堤土 $\gamma=18.8\ \text{kN/m}^3$，地基土的 $\gamma=16.0\ \text{kN/m}^3$，$c=8.7\ \text{kPa}$，$\varphi=10°$。试求：

（1）用太沙基公式验算路堤下地基承载力是否满足，要求安全系数 $F_s=3$；

（2）若不满足，在路堤两侧采用反压马道压重方法，以提高地基承载力，则马道填土厚度 h 要多少才能满足要求（填土重度与路堤土相同）？马道宽 L 应为多少？

解：（1）根据 $\varphi=10°$ 查表8-5得：$N_\gamma=1.20$，$N_q=2.69$，$N_c=9.58$，则

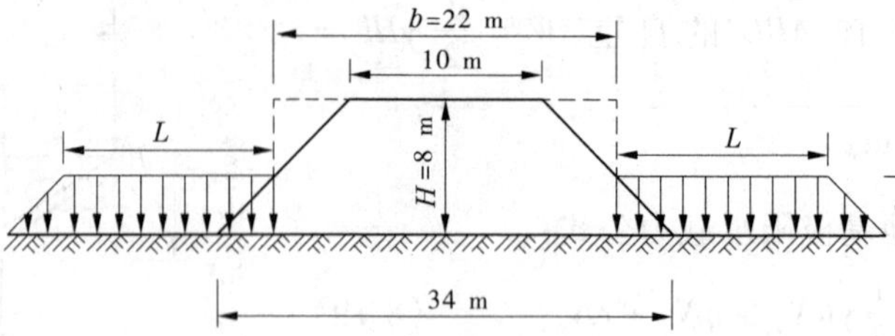

图 8-8　例 8-2 附图

$$p_u = \frac{1}{2}\gamma b N_\gamma + qN_q + cN_c$$

$$= \frac{1}{2}\times 16.0\times 22\times 1.20 + 8.7\times 9.58 = 294.55(\text{kPa})$$

$$p = \gamma H = 18.8\times 8 = 150.4(\text{kPa})$$

$$\frac{p_u}{p} = \frac{294.55}{150.4} = 1.96 < F_s = 3$$

故不满足。

$$(2)h \geqslant \frac{F_s\gamma H - \frac{1}{2}\gamma b N_\gamma - cN_c}{\gamma N_q}$$

$$= \frac{3\times 18.8\times 8 - \frac{1}{2}\times 16.0\times 22\times 1.20 - 8.7\times 9.58}{2.69\times 18.8} = 3.1(\text{m})$$

参照图 8-6,填土范围 L 就是基底两侧的滑动范围 AF 或 BG,只有在这个范围的超载才能限制朗肯被动区(Ⅲ区)的隆起。根据图 8-6 的几何关系可知:

$$L = \overline{AF} = 2\,\overline{AD}\cdot\cos(45^\circ - \frac{\varphi}{2})$$

$$\overline{AD} = \overline{AC}\cdot e^{\theta\tan\varphi}$$

$$\overline{AC} = \frac{b}{2\cos\varphi}$$

$$\theta = \pi - \varphi - \left(\frac{\pi}{4} - \frac{\varphi}{2}\right) = \frac{3}{4}\pi - \frac{\varphi}{2}$$

因此　$$L = \overline{AF} = 2\times\frac{b}{2\cos\varphi}e^{\left(\frac{3}{4}\pi - \frac{\varphi}{2}\right)\tan\varphi}\cos(45^\circ - \frac{\varphi}{2}) = 25.53(\text{m})$$

四、汉森极限承载力公式

普朗特尔和太沙基等的极限承载力公式,都只适用于中心竖向荷载作用时的条形基础,同时不考虑基底以上土的抗剪强度的作用。若基础上作用的荷载是倾斜的或有偏心,基础的埋深较深,计算时需要考虑基底以上土的抗剪强度影响时,地基承载力可采用汉森公式计算。

汉森(B. Hanson,1961)提出的在中心倾斜荷载作用下,不同基础形状及不同埋深时的极限承载力计算公式如下:

$$p_u = \frac{1}{2}\gamma b N_\gamma i_\gamma s_\gamma d_\gamma + qN_q i_q s_q d_q + cN_c i_c s_c d_c \tag{8-22}$$

式中　γ——基础底面下土的重度，kN/m^3，地下水位以下取浮重度，若在计算范围内存在多层土层，应取层厚的加权平均值；

b——基础宽度，m，若作用在基础底面的荷载是竖直偏心荷载，计算极限承载力时，可以引入假想的基础有效宽度 $b' = b - 2e_b$ 来代替基础的实际宽度 b，其中 e_b 为荷载的偏心距，这个修正方法对基础长度方向的偏心荷载也同样适用，即用有效长度 $l' = l - 2e_l$ 代替基础的实际长度 l；

q——基础底面以上土的自重，$q = \gamma d$，其中 γ 为基础底面以上土的重度，地下水位以下取浮重度，若在计算范围内存在多层土层，应取层厚的加权平均值；

N_γ、N_q、N_c——承载力系数，N_q、N_c 值与普朗特尔公式相同，N_γ 值按式 $N_\gamma = 1.8(N_q - 1)\tan\varphi$ 计算；

i_γ、i_q、i_c——荷载倾斜系数，其表达式见表 8-6；

s_γ、s_q、s_c——基础形状系数，其表达式见表 8-7；

d_γ、d_q、d_c——深度系数，其表达式见表 8-8。

表 8-6　荷载倾斜系数

$i_\gamma = \left(1 - \frac{0.7H}{N + Ac\cot\varphi}\right)^5 > 0$	$i_q = \left(1 - \frac{0.5H}{N + Ac\cot\varphi}\right)^5 > 0$
$i_c = i_q - \frac{1 - i_q}{N_q - 1}\quad(\varphi > 0)$	$i_c = 0.5 - 0.5\sqrt{1 - \frac{H}{Ac}}\quad(\varphi = 0)$

注：N、H 分别为作用在基础底面的竖向荷载及水平荷载，A 为基底面积（偏心时为有效面积 $A = b'l'$）。

表 8-7　基础形状系数

矩形基础	方形或圆形基础
$s_\gamma = 1 - 0.4 i_\gamma \frac{b}{l}$	$s_\gamma = 1 - 0.4 i_\gamma$
$s_q = 1 + 0.4 i_q \frac{b}{l}\sin\varphi$	$s_q = 1 + 0.4 i_q \sin\varphi$
$s_c = 1 + 0.2 i_c \frac{b}{l}$	$s_c = 1 + 0.2 i_c$

表 8-8　深度系数

$\frac{d}{b} \leqslant 1$	$\frac{d}{b} > 1$
$d_\gamma = 1$	$d_\gamma = 1$
$d_q = 1 + 2\tan\varphi(1 - \sin\varphi)^2 \frac{d}{b}$	$d_q = 1 + 2\tan\varphi(1 - \sin\varphi)^2 \arctan\frac{d}{b}$
$d_c = d_q - \frac{1 - d_q}{N_q - 1}\quad(\varphi > 0)$	$d_c = d_q - \frac{1 - d_c}{N_q - 1}\quad(\varphi > 0)$
$d_c = 1 + 0.4\frac{d}{b}\quad(\varphi = 0)$	$d_c = 1 + 0.4\arctan\frac{d}{b}\quad(\varphi = 0)$

注：偏心荷载时，表中 b、l 均采用有效宽、长度 b'、l'。

五、影响极限承载力的因素

从上述确定极限承载力公式可知,影响极限承载力的因素主要有土的重度γ、基础埋深d、基础宽度b、土的抗剪强度指标φ和c。γ、φ、c、d、b越大,土的极限承载力也越大:对于饱和软土,$N_\gamma=0$,增大基础宽度b对极限承载力几乎没有影响;对于$\varphi>0$的土,随φ的增大,改变基础宽度对地基承载力的影响逐渐明显;对无黏性土($c=0$),基础埋深对地基承载力的影响显著,埋深太浅,地基承载力会显著下降;对黏性高的土,地基承载力主要取决于土黏聚力。在这五个影响因素中,对极限承载力影响很大的就是φ、c,正确采用φ、c值是合理确定极限承载力的关键。

【例8-3】 某一宽$b=18$ m的条形水闸基础,基础埋深$d=1.6$ m,地基土的饱和重度$\gamma_{sat}=20.65$ kN/m^3,湿重度$\gamma=19.5$ kN/m^3,地下水位与基底齐平,地基土的内摩擦角$\varphi=16°$,黏聚力$c=20$ kPa,闸前后地形平整(不考虑地面倾斜系数)。水闸未挡水时,总竖向荷载$p=2\ 000$ kN/m,偏心距$e_b=0.21$ m。在设计水位时,总竖向荷载$p=1\ 550$ kN/m,偏心距$e_b=0.78$ m。总水平荷载为300 kN/m。试按汉森公式分别求出水闸未挡水时及在设计水位时地基的承载力,并验算该水闸是否安全。

解:(1)水闸未挡水时,根据$\varphi=16°$查表8-4得:$N_q=4.34$、$N_c=11.6$、$N_\gamma=1.8(N_q-1)\tan\varphi=1.72$。

由于d/b很小,可不作深度修正,$d_\gamma=d_q=d_c=1$。对于条形基础,形状系数$s_\gamma=s_q=s_c=1$。无水平荷载,$H=0$,$i_\gamma=i_q=i_c=1$。因偏心距$e_b=0.21$ m,故有效宽度$b'=b-2e_b=18-2\times0.21=17.58$(m)。由式(8-22),得垂直极限荷载:

$$
\begin{aligned}
p_u &=\frac{1}{2}\gamma' b' N_\gamma i_\gamma s_\gamma d_\gamma+qN_q i_q s_q d_q+cN_c i_c s_c d_c\\
&=\frac{1}{2}\times(20.65-9.8)\times17.58\times1.72\times1\times1\times1+19.5\times1.6\times4.34\times1\times1\times1+\\
&\quad 20\times11.6\times1\times1\times1=531.45(\text{kPa})
\end{aligned}
$$

若取安全系数$F_s=2$,则地基承载力设计值为

$$
\frac{p_u}{F_s}=\frac{531.45}{2}=265.7(\text{kPa})
$$

由第三章基底压力公式$p_{max}=\dfrac{N}{lb}\left(1+\dfrac{6e}{l}\right)$,地基实际所受的最大基底压应力为

$$
p_{max}=\frac{2\ 000}{18}\times\left(1+\frac{6\times0.21}{18}\right)=118.9(\text{kPa})
$$

因地基承载力设计值远大于实际存在的基底最大压应力,故水闸安全。

(2)当水闸挡水至设计水位时,由于φ不变,各承载力系数也不变,但此时须做偏心荷载及水平荷载两种修正。因$e_b=0.78$ m,故有效宽度$b'=b-2e_b=18-2\times0.78=16.44$(m)。

总竖向荷载$p=1\ 550$ kN/m,总水平荷载为300 kN/m,由$i_\gamma=\left(1-\dfrac{0.7H}{N+Ac\cot\varphi}\right)^5$,$i_q=\left(1-\dfrac{0.5H}{N+Ac\cot\varphi}\right)^5$,$i_c=i_q-\dfrac{1-i_q}{N_q-1}(\varphi>0)$可知:

$$i_\gamma = 0.46,\quad i_q = 0.68,\quad i_c = 0.58$$

由式(8-22),得垂直极限荷载:

$$p_u = \frac{1}{2}\gamma b' N_\gamma i_\gamma s_\gamma d_\gamma + qN_q i_q s_q d_q + cN_c i_c s_c d_c$$

$$= \frac{1}{2} \times (20.65 - 9.8) \times 16.44 \times 1.72 \times 0.46 \times 1 \times 1 + 19.5 \times 1.6 \times 4.34 \times 0.68 \times 1 \times 1 + 20 \times 11.6 \times 0.58 \times 1 \times 1 = 297.20(\text{kPa})$$

若仍取安全系数 $F_s = 2$,则地基承载力设计值为

$$\frac{p_u}{F_s} = \frac{297.20}{2} = 148.6(\text{kPa})$$

而此时地基实际所受的最大基底压应力为

$$p_{max} = \frac{1\,550}{18} \times \left(1 + \frac{6 \times 0.78}{18}\right) = 108.5(\text{kPa})$$

因此时地基承载力设计值仍大于实际基底产生的最大压应力,故水闸仍安全。

第四节　地基承载力的应用——浅基础设计

确定地基土承载力的目的是用于浅基础的设计,地基承载力(包括持力层和下卧层)是地基所提供的承担外荷载的能力。浅基础设计的内容主要包括:选择基础类型,确定基础埋深 d,确定基础底面尺寸。依据建筑物的使用要求、荷载特征等,并充分利用地基有利条件避开不利因素进行基础设计,并完成必要的演算,力求主、客观的协调统一,同时在确保使用安全的前提下使设计的基础经济合理、施工方便。

基础类型很多,选择时需要综合考虑多方面因素,即上部结构的特点、使用要求、地基条件、基础刚度、材料及耐久性、环境要求及施工条件等。确定基础埋深 d 应考虑上部结构的特点、使用要求和地基条件(包括工程地质条件、水文地质条件、季节性冻土的冻融条件),但基础埋深的最小值不得小于 0.5 m。本节着重介绍基础底面尺寸的确定,由此了解如何应用所确定的地基承载力进行基础设计。

满足浅基础地基持力层的稳定条件是:

$$p \leqslant f_a \tag{8-23}$$

$$p_{max} \leqslant 1.2 f_a \tag{8-24}$$

式中　p——基础底面处的平均基底压力,kPa;

p_{max}——受偏心荷载作用时,相应于荷载效应标准组合时基础底面边缘的最大基底压力,kPa;

f_a——修正后的地基承载力特征值,kPa,可以用前面提到的规范方法或理论方法确定,或几种方法综合确定。

对于中心荷载作用的矩形基础,根据第三章基底压力计算公式:

$$p = \frac{F + G}{A} \tag{8-25}$$

式中　F——上部结构传至基础顶面的竖向力值,kN;

G——基础自重和基础上的土重,kN,可按式 $G=\gamma_G Ad$ 进行计算,其中 γ_G 为基础和填土的平均重度,一般取 $\gamma_G=20\ \text{kN/m}^3$,地下水位以下取有效重度;

A——基础底面面积,m^2。

将式(8-25)代入式(8-23),可得基础底面面积 A 为

$$A=\frac{F}{f_a-\gamma_G d} \tag{8-26}$$

对于受偏心荷载作用的矩形基础,根据第三章基底压力计算公式:

$$p_{\min}^{\max}=\frac{F+G}{lb}\left(1\pm\frac{6e}{l}\right) \tag{8-27}$$

式中　l、b——基础底平面的长度和宽度,m;

e——荷载偏心距,m,$e=\dfrac{M}{F+G}$,其中,M 为作用在基础底面的力矩,kN · m。

根据式(8-27)和式(8-24)可建立下式:

$$p_{\max}=\frac{F+G}{A}\left(1+\frac{6e}{l}\right)\leqslant 1.2f_a \tag{8-28}$$

为保证基础在偏心荷载作用下不致过分倾斜,通常要求边缘最小基底压力 $p_{\min}\geqslant 0$,即要求偏心距满足条件

$$e=\frac{M}{F+G}\leqslant\frac{l}{6}\quad(l\text{ 为荷载偏心方向的边长}) \tag{8-29}$$

设计偏心荷载作用基础底面尺寸时要同时满足式(8-23)、式(8-28)、式(8-29)三个条件。但同时应用三个条件计算较为烦琐,具体计算时可视偏心距的大小将式(8-26)中的 f_a 前乘以一系数 ξ,可在0.6与1之间根据经验先假定 ξ 的一个取值,计算基础底面面积的初始值 A_0,即

$$A_0=\frac{F}{\xi f_a-\gamma_G d} \tag{8-30}$$

假定一个矩形基础底面的长宽比 $n=\dfrac{l}{b}$,则 $b=\sqrt{\dfrac{A_0}{n}}$,于是求得 $l=nb$。根据 l、b 再利用式(8-28)、式(8-29)进行复核验算。若不满足,则适当调整 ξ,应用式(8-30)重新计算 A_0,再验算直到满足。

若地基持力层下面存在软弱下卧层,在基础底面尺寸 l 和 b 确定之后还必须进行下卧层的承载力验算。要求满足下式:

$$p_z+p_{cz}\leqslant f_{az} \tag{8-31}$$

式中　f_{az}——软弱下卧层顶面处经深度修正后的地基承载力特征值(设计取值),kPa;

p_{cz}——软弱下卧层顶面处的自重压力,kPa;

p_z——软弱下卧层顶面处的附加压力,kPa。

根据基底处的平均附加压力(平均基底净压力)的合力与应力扩散后软弱下卧层顶面处附加压力合力相等的条件,采用下列简化公式计算(见图8-9):

条形基础

$$p_z=\frac{b(p-p_c)}{b+2z\tan\theta}=\frac{bp_0}{b+2z\tan\theta} \tag{8-32}$$

矩形基础
$$p_z=\frac{lb(p-p_c)}{(b+2z\tan\theta)(l+2z\tan\theta)}=\frac{lbp_0}{(b+2z\tan\theta)(l+2z\tan\theta)} \tag{8-33}$$

式中　$p_0=p-p_c$——基底平均附加压力，kPa；

z——基础底面至软弱下卧层顶面的距离，m；

θ——地基压力扩散角，(°)，按表 8-9 取值。

软弱下卧层的承载力验算后，若不满足式(8-31)，则须调整基础底面尺寸(加大 l、b)，也可适当调整基础埋深重新进行验算，直到满足。调整基础底面尺寸和适当调整基础埋深必须恰当，否则应从头考虑更合理的基础设计方案。

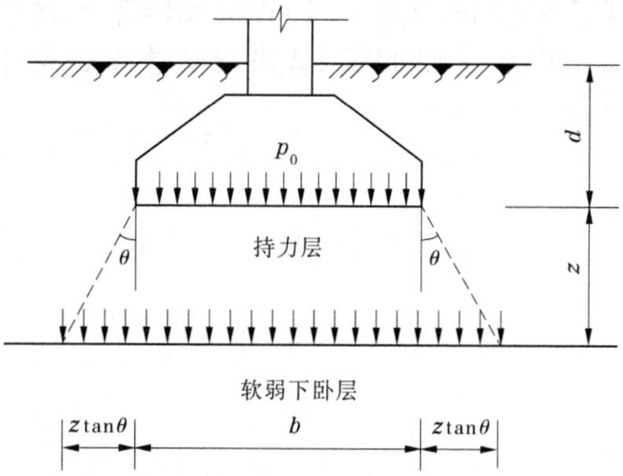

图 8-9　软弱下卧层顶面附加压力计算

表 8-9　地基压力扩散角 θ

E_{s1}/E_{s2}	z/b	
	0.25	0.5
3	6°	23°
5	10°	25°
10	20°	30°

注：1. E_{s1}、E_{s2} 分别为上层土、下层土的压缩模量。

2. 当 $z/b<0.25$ 时，取 $\theta=0$，必要时，宜由试验确定；当 $z/b>0.50$ 时，θ 不变。

3. 其他情况可内插取值。

习　题

8-1　某条形基础基底宽度 $b=3.00$ m，基础埋深 $d=2.00$ m，地下水位接近地面。地基为砂土，饱和重度 $\gamma_{sat}=21.1$ kN/m^3，内摩擦角 $\varphi=30°$，荷载为中心荷载。求：

(1)地基的临界荷载；

(2)若基础埋深 d 不变，基底宽度 b 加大 1 倍，求地基的临界荷载；

(3)若基底宽度 b 不变，基础埋深 d 加大 1 倍，求地基的临界荷载；

(4)从上述计算结果可以发现什么规律？

8-2　某条形基础基底宽 $b=2.40$ m，埋深 $d=1.20$ m。地基表层为人工填土，天然重

度 $\gamma_1 = 18.0\ kN/m^3$,层厚 1.20 m;第二层为黏土,饱和重度 $\gamma_2 = 19.0\ kN/m^3$,内摩擦角 $\varphi = 15°$,黏聚力 $c = 16$ kPa。地下水位埋深 1.20 m。按太沙基公式计算基底处地基的极限承载力。

8-3　条形筏板基础宽度 $b = 12$ m,埋深 $d = 2$ m,建于均匀黏土地基上,黏土的 $\gamma = 18\ kN/m^3$,$\varphi = 15°$,$c = 15$ kPa。试求:

(1)临塑荷载 p_{cr} 和临限荷载 $p_{1/4}$ 值;

(2)用太沙基公式计算地基极限承载力 p_u 值;

(3)若地下水位位于基础底面处($\gamma_{sat} = 19.7\ kN/m^3$),计算 p_{cr} 和 $p_{1/4}$ 值。

8-4　一矩形基础宽度 $b = 3$ m,长度 $l = 4$ m,埋深 $d = 2$ m,建于饱和软黏土地基上,地基土的 $\gamma = 18\ kN/m^3$,$\varphi = 0°$,$c_u = 12$ kPa。试用斯肯普顿公式计算该地基的短期承载力值。

第九章　土的动力特性

第一节　概　述

在本章以前所研究的问题，无论是土体的变形问题还是稳定问题，都认为荷载是静止的，不随时间而变化，称为静力问题。即便在土压力和边坡稳定分析中，考虑地震力的作用时，也是把惯性力作为静力进行考虑的。严格来说，大多数实际荷载都不是静止不变的，只是它对被作用体系引起的动力效应很小，可以忽略不计。所谓动荷载，是指荷载的大小、力向、作用位置随时间而发生变化，而且对被作用体系所产生的动力效应不能忽略。一般情况下，当荷载变化的周期为结构自振周期的 5 倍以上时，就可以将动荷载简化为静荷载来进行考虑。

作用在地基或土工建筑物上的动荷载可以由机器动力部分的惯性力产生，可以由坠落重物所引起的冲击力产生，可以由地震或大能量的爆破作用产生，也可以由移动荷载（如火车、汽车等）的作用产生，还可以由流体在管腔内流动所引起的脉冲力、高耸建筑物上作用的风力、海洋建筑物上的浪压力以及由各种爆炸引起的气浪压力等产生。这些由不同原因引起的动荷载具有不同的作用特点（见图 9-1）。从动荷载作用的基本要素即振幅、频率、持续时间和波形的变化来分析，动力机器运行时引起的动荷载，对于不同类型的机器，振幅和频率的变化范围较大，且有随时间变化的多样性和作用的长期性；坠落重物所引起的动荷载为冲击型，其大小取决于传递结构的弹性和惯性，作用时间较短；地震所引起的动荷载，振动复杂，缺乏规律性，幅值大，频率低（1 ~ 5 Hz），历时短（通常只有几十秒），变化大；车辆移动荷载，其特性受道路的不平整度影响，有时很大，有时很小；海浪的动荷载作用，周期长（5 ~ 20 s），持时久（3 ~ 9 h），循环次数多（几千次）；流体运动的动荷载作用，其特性与抽、压力机械的性质和管腔的几何形状有关；风荷载引起的动荷载作用，振幅的变化很大，时增时减，不够稳定；气浪的动荷载作用为多次连续的冲击，持续时间不等；爆炸引起的动荷载主要为大压力幅的单脉冲，持续时间很短，压力上升很快（几毫秒或几十毫秒）。显然，动荷载一般是往复多次施加或周期性连续作用，与静荷载一次施加不同，随着加荷次数的增多，如松砂将因引起体积压缩而密实，在不排水条件下则易引起孔隙水压力上升而使土的强度下降，甚至引起液化现象的发生，故土体在动荷载作用下要考虑加荷次数的影响。对于这些复杂多变的动荷载，按加荷次数可将其分为如下三种类型：

（1）周期荷载。以同一振幅和周期往复循环作用的荷载。周期荷载的最简单形式是简谐荷载，简谐荷载随时间 t 的变化规律可用正弦函数或余弦函数表示，如图 9-2 所示。

$$P(t) = P_0\sin(\omega t + \theta) \tag{9-1}$$

式中　P_0——简谐荷载的单幅值；

ω——圆频率,rad/s;

θ——初相位角,rad。

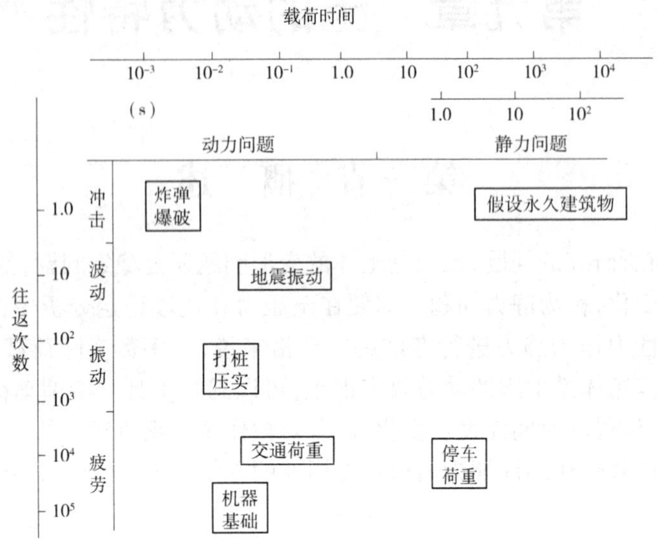

图 9-1　不同原因引起的振动荷载

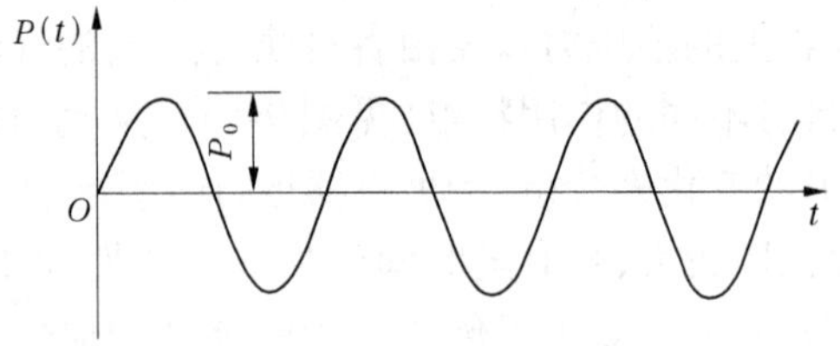

图 9-2　简谐荷载

半周期内的峰值荷载 P_0,称为振幅;双幅值 $2P_0$ 指在一个周期 T 内荷载变化的最大幅度;2π 弧度相当于一个加载循环;单位时间内所完成的循环数 $f=\dfrac{\omega}{2\pi}$,称为频率,即每秒内的循环次数,单位为赫兹(Hz);完成一个循环所需的时间,称为周期,以 T 表示。

$$T=\frac{1}{f}=\frac{2\pi}{\omega} \tag{9-2}$$

简谐荷载是工程中常用的荷载,许多机械振动(如电机、汽轮机等)以及一般波浪荷载都属于这种荷载,所以实验室中的动力试验常采用这种荷载。

若干个振幅和周期各不相同的简谐荷载可相互叠加,组成一般性的周期荷载,如图 9-3所示。

(2)冲击荷载。是一种瞬时荷载,强度大,持续时间短,如图 9-4 所示。如爆破荷载、打桩时的冲击荷载等,可表示为

$$P(t)=P_0\varphi\left(\frac{t}{t_0}\right) \tag{9-3}$$

式中　P_0——冲击荷载的峰值;

$\varphi\left(\frac{t}{t_0}\right)$——描述冲击荷载形状的无因次时间函数。

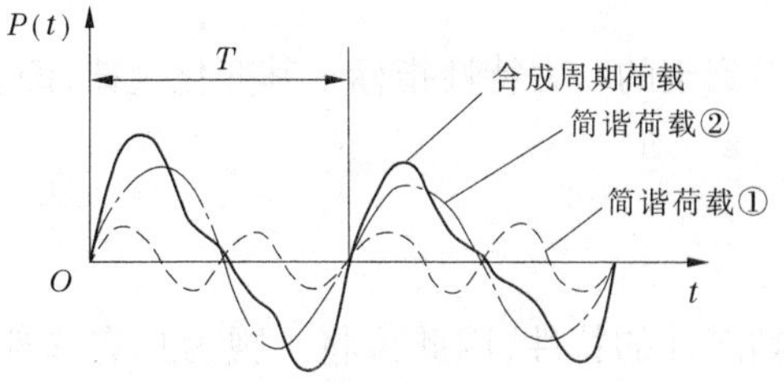

图 9-3　周期荷载

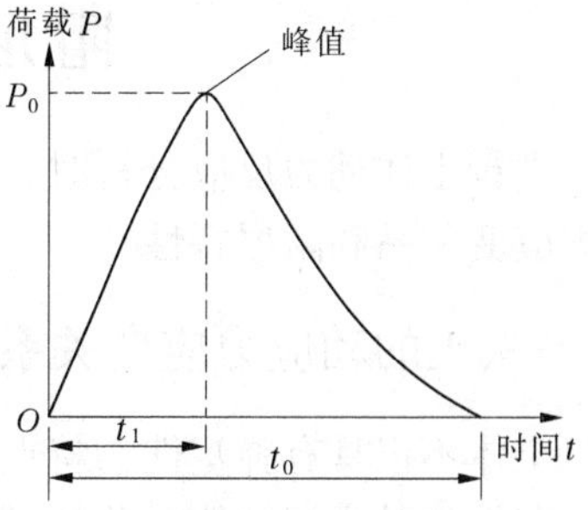

图 9-4　冲击荷载

(3)不规则荷载。随时间的变化没有规律可循,如地震荷载。图 9-5 是 1976 年唐山地震时在迁安测得的余震记录,就是一种不规则荷载。

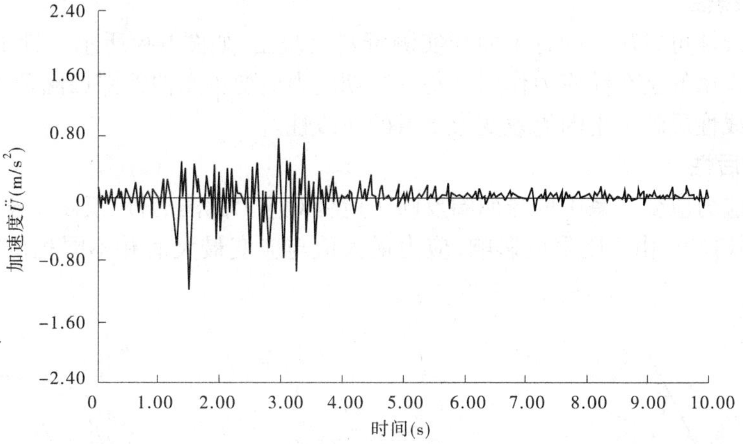

图 9-5　地震荷载

综上所述,各种动荷载作用的共同特点是它的大小随时间而发生变化,那么对动荷载随时间发生变化过程中的两种效应就必须注意:一是速率效应,即荷载在很短的时间内以很高的速率施加于土体所引起的效应;二是循环效应,即荷载的增减,多次往复循环地施加于土体所引起的效应。对于第一类动荷载,主要表现在速率效应的影响;对于第二类动荷载,则主要表现在循环效应的影响;对于第三类动荷载,其速率效应与循环效应的影响视地震的震级大小和距震中的远近而不同,表现出两种效应共同影响的结果。由于循环效应的影响,即使应变量级远小于某一应变范围(如 10^{-3} 的应变)(静荷载情况下才予以注意的范围)仍会对材料特性甚至结构稳定性造成巨大的影响。通常,在小应变范围内主要研究土的弹性参数、动模量、动泊松比和阻尼比问题,在大应变范围内主要研究土的动强度、动变形、液化特性以及土体的动力稳定性问题。本章将简要介绍在土体动力分析中常用的动力特性指标的概念、测定方法和变化规律,包括土的动应力应变关系、阻尼特性、动强度和液化问题等。

第二节　动荷载下土的应力应变关系和阻尼特性及其测定方法

进行土体动力反应分析时,首先需要得到土的动力特性指标及其变化规律,即土的动应力应变关系和阻尼特性。

一、土的动应力应变关系

土体不仅具有弹塑性的特点,还具有黏滞性的特性,因此可将土视为具有弹性、塑性和黏滞性的黏弹塑性体。此外,还由于土具有明显的各向异性(结构各向异性、应力历史的各向异性),加上土中水的影响,使土的动应力应变关系表现得极为复杂。因此,描述土的动应力应变关系,必须对土的非线性、滞后性和变形积累三方面的特性均有较深入的了解。

(一)非线性

土的非线性可以从土的骨干曲线实测资料反映出,如图 9-6 所示。骨干曲线是受同一固结压力作用的土在动应力作用下每一周期应力应变关系曲线滞回圈顶点的连线。骨干曲线的非线性反映了土的等效变形模量的非线性。

(二)滞后性

土体动应力应变关系中的滞回圈反映了应变对应力的滞后性,反映了土的黏性特性。从图 9-7 可以看出,由于阻尼的影响,应力最大值与应变最大值并不同相位,变形滞后于应力。

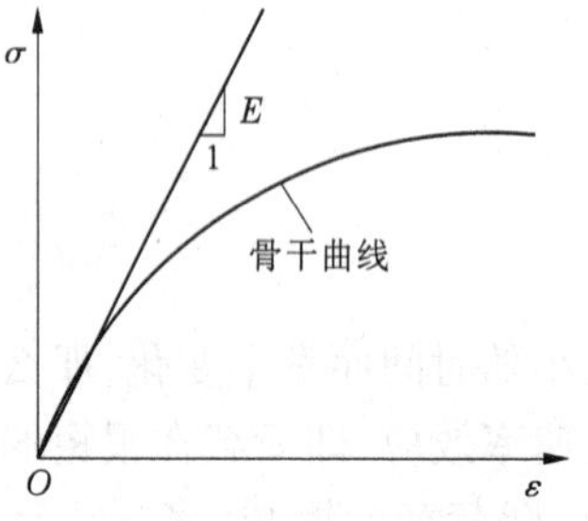

图 9-6　骨干曲线

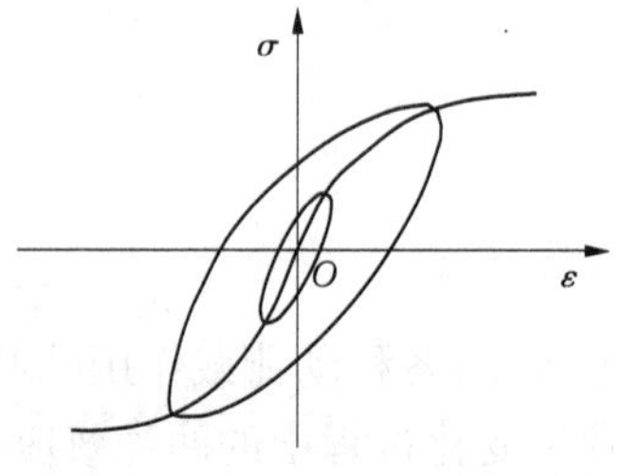

图 9-7　滞回曲线(圈)

(三)变形积累

土体在受荷过程中会产生不可恢复的塑性变形,这一部分变形在循环荷载的作用下会逐渐积累。从图 9-8 可见,即使荷载大小不变,随着荷载作用次数的增加,变形愈来愈大,滞回圈中心不断朝一个方向移动。滞回圈中心的变化反映了土对荷载的变形积累效应,它产生于土的塑性即荷载作用下土的不可恢复的结构破坏。变形的积累效应也包含了应力应变的影响。

骨干曲线给出了动荷载下最大动应力与最大动应变的关系,而滞回圈绘出了同一周期内应力应变曲线的形状,变形积累则给出了滞回圈中心的位置变化,一旦这三方面都被确定,就可以很容易地定出土的动应力应变关系。

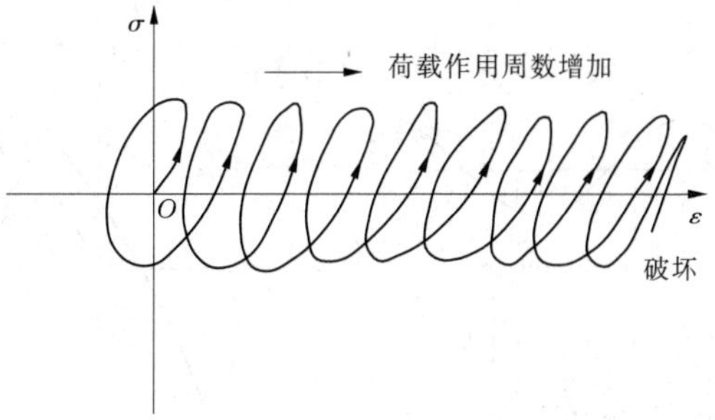

图 9-8　随着振动次数的增加滞回圈的变化规律

在动三轴试验中,试样固结后施加均匀周期荷载,量测出动应力和动应变的时程曲线如图 9-9 所示。若选取一个应力循环,并在 σ_d—ε_d 坐标上绘制这一周期内的动应力应变关系,可以得到如图 9-10 所示的滞回圈。滞回圈两顶点连线的斜率就是该应力水平下土的平均动模量 $E_d=\dfrac{\sigma_{d0}}{\varepsilon_{d0}}$。理想的黏弹性体,当应力幅相同时,滞回圈的形状和大小不因振次而变化。增加应力幅值,同样可绘制另一个滞回圈,与小应力幅的滞回圈相比,大应力幅滞回圈的特点是:①端点连线的斜率减小,即土的动模量降低;②应变滞后于应力的相位增加,滞回圈的宽度加大,面积和阻尼力也都加大。改变几种动应力幅值,可以绘制相应的几个滞回圈,如图 9-11 所示。滞回圈同侧诸端点的连线,称为动荷载作用下土的应力应变骨干曲线。大量试验资料表明,骨干曲线大体上符合双曲线规律,即可表示为

$$\sigma_d=\frac{\varepsilon_d}{a+b\varepsilon_d} \tag{9-4}$$

式中,σ_d 和 ε_d 都是指周期应力和周期应变的幅值,也即 σ_{d0} 和 ε_{d0} 的简写。因此

$$E_d=\frac{\sigma_d}{\varepsilon_d}=\frac{1}{a+b\varepsilon_d} \tag{9-5}$$

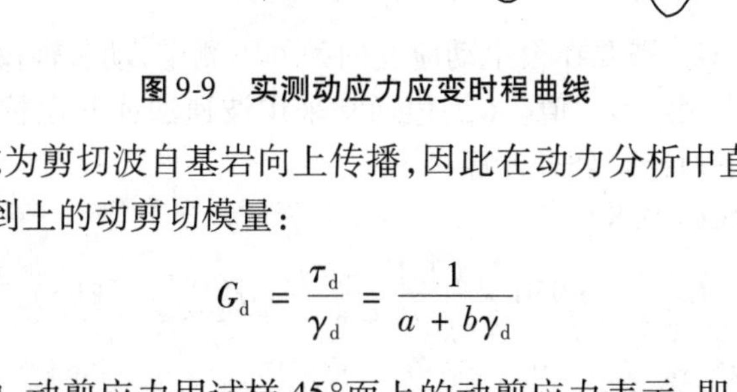

图 9-9　实测动应力应变时程曲线

地震通常被考虑为剪切波自基岩向上传播,因此在动力分析中直接计算土体的动剪应力和动剪应变,得到土的动剪切模量:

$$G_d=\frac{\tau_d}{\gamma_d}=\frac{1}{a+b\gamma_d} \tag{9-6}$$

在动三轴试验中,动剪应力用试样 45°面上的动剪应力表示,即 $\tau_d=\dfrac{1}{2}\sigma_d$。相应地,

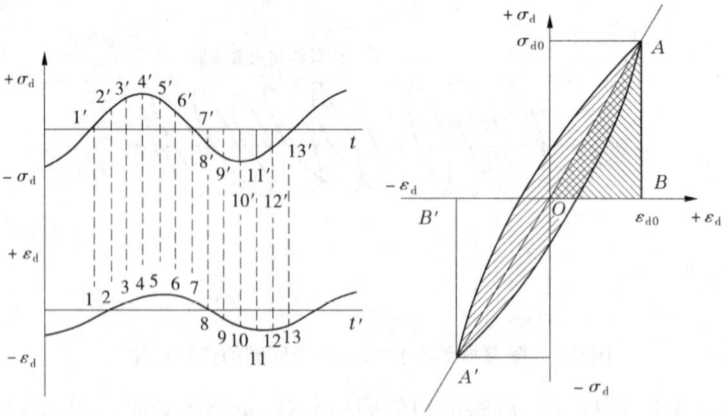

图 9-10　滞回圈

该面上的动剪应变为 $\gamma_d=(1+\mu)\varepsilon_d$，其中，$\mu$ 为土的泊松比，对于饱和土，μ 取 0.5。

试验系数 a、b 取决于土的性质。为说明它们的物理概念，将式(9-6)用倒数表示，即

$$\frac{\gamma_d}{\tau_d}=a+b\gamma_d \tag{9-7}$$

若以 $\dfrac{\gamma_d}{\tau_d}$ 为纵坐标、γ_d 为横坐标，将骨干曲线点绘在这一坐标系中，应该是一条直线，直线的斜率就是 b，直线的截距是 a。当 $\gamma_d=0$ 时，$a=\left(\dfrac{\gamma_d}{\tau_d}\right)_{\gamma_d=0}=\dfrac{1}{G_{max}}$，$G_{max}$ 就是骨干曲线在原点处切线的斜率，也就是最大的动剪切模量。

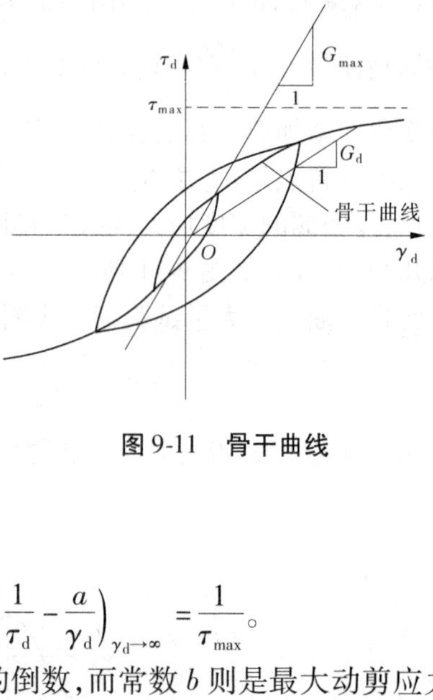

图 9-11　骨干曲线

把式(9-7)改写为 $\dfrac{1}{\tau_d}=\dfrac{a}{\gamma_d}+b$，当 $\gamma_d\to\infty$ 时，$b=\left(\dfrac{1}{\tau_d}-\dfrac{a}{\gamma_d}\right)_{\gamma_d\to\infty}=\dfrac{1}{\tau_{max}}$。

所以，常数 a 是该种土的最大动剪切模量 G_{max} 的倒数，而常数 b 则是最大动剪应力的倒数。这样，式(9-6)可以改写为

$$G_d=\frac{1}{\dfrac{1}{G_{max}}+\dfrac{\gamma_d}{\tau_{max}}} \tag{9-8}$$

最大动剪切模量 G_{max} 需要在很小动应变的条件下测定，动三轴仪在动应变很小时，量测精度很差，不适用于测定 G_{max} 值。G_{max} 值通常采用波速法或共振柱法测定，当没有这类试验条件时，可以用下列经验公式计算：

对于圆粒干净砂($e<0.8$)

$$G_{max}=6\,930\times\frac{(2.17-e)^2}{1+e}(\sigma_0')^{0.5}\quad(\text{kPa}) \tag{9-9}$$

对于角粒干净砂

$$G_{\max} = 3\ 230 \times \frac{(2.97 - e)^2}{1 + e}(\sigma_0')^{0.5} \quad (\text{kPa}) \tag{9-10}$$

对于黏性土

$$G_{\max} = 3\ 230 \times \frac{(2.97 - e)^2}{1 + e} OCR^k (\sigma_0')^{0.5} \quad (\text{kPa}) \tag{9-11}$$

式中　e——土的孔隙比；

σ_0'——土的平均有效固结应力，kPa；

OCR——土的超固结比；

k——与黏性土的塑性指数 I_P 有关的常数，可参考表 9-1。

表 9-1　常数 k 值

I_P	0	20	40	60	80	≥100
k	0	0.18	0.30	0.41	0.48	0.50

$G_{\max}$ 和 $\tau_{\max}$ 确定后，动剪切模量就是动剪应变 γ_d 的一维函数，计算中应根据实际的 γ_d 选择相对应的动剪切模量 G_d。应当注意的是，动力计算所用的模型是黏弹性模型。在试验资料的整理中，γ_d 是指弹性变形阶段的动剪应变幅。因此，计算分析所得到的应变是指可恢复的动应变，而不包括振动所产生的不可恢复的残余应变。

二、土的阻尼特性

假定土体为一个振动体系，这个振动体系的质点在运动过程中由于内摩擦的作用而有一定的能量损失，这种现象称为阻尼。土体振动中的内摩擦类似于黏滞液体流动中的黏滞摩擦，所以也称为黏滞阻尼。在自由振动中，阻尼表现为质点的振幅随振次而逐渐衰减，如图 9-12 所示。在强迫振动中则表现为应变滞后于应力而形成滞回圈。振幅衰减的速度或滞回圈面积的大小都表示振动中能量损失的大小，也就是阻尼的大小。

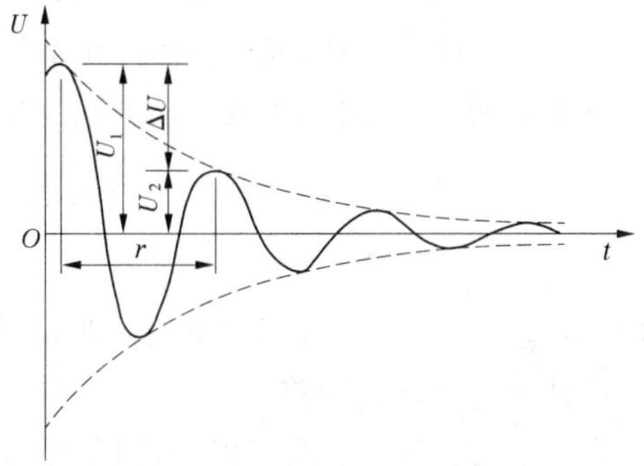

图 9-12　自由振动衰减曲线

介质的黏滞阻尼力与运动的速度成正比，可表示为

$$F = c\dot{U} \tag{9-12}$$

式中　$\dot{U}$——黏滞介质质点的运动速度；

c——黏滞介质的阻尼系数。

如果阻尼力很大，以至于振动体系振不起来，这种阻尼称为超阻尼。通常情况下，体系能够振动的阻尼称为弱阻尼。弱阻尼过渡为超阻尼之间的临界值称为临界阻尼，这时的阻尼系数称为临界阻尼系数 c_{cr}。在土体的动力反应分析中，土的阻尼常用另一个土质常数 λ 表示，λ 称为阻尼比。

$$\lambda = \frac{c}{c_{cr}} \tag{9-13}$$

阻尼比的大小可以通过试验方法测定。常用两类方法:一类是让土样受一个瞬时荷载的作用,引起自由振动,量测振幅的衰减规律,用下式求土的阻尼比:

$$\lambda = \frac{1}{2\pi}\frac{\omega_r}{\omega}\ln\frac{U_k}{U_{k+1}} \tag{9-14}$$

式中　ω_r——有阻尼时试件的自振圆频率;

ω——无阻尼时试件的自振圆频率;

U_k——第 k 次循环的振幅;

U_{k+1}——第 $k+1$ 次循环的振幅。

一般 ω_r 与 ω 差别不大,故式(9-14)可简化为

$$\lambda = \frac{1}{2\pi}\ln\frac{U_k}{U_{k+1}} \tag{9-15}$$

另一类测定阻尼比的方法是让土样在某一扰动力的作用下强迫振动,测出动应力应变时程曲线,取曲线上某一应力循环,在应力应变坐标上绘制滞回圈如图9-10所示,测得滞回圈的面积,用下式计算土的阻尼比:

$$\lambda = \frac{1}{4\pi}\frac{A}{A_L} \tag{9-16}$$

式中　A——滞回圈的面积;

A_L——图9-10中三角形 OAB 的面积,它表示把土当成弹性体时,加载至应力幅值所作的功,或弹性体内所蓄存的弹性能。

试验证明,土的阻尼比也与动剪应变呈双曲线变化规律,可表示为

$$\lambda = \lambda_{max}\frac{\gamma_d}{\gamma_d + \dfrac{\tau_{max}}{G_{max}}} \tag{9-17}$$

式中　λ_{max}——土体在变形很大时的阻尼比,称为最大阻尼比;

其他符号含义同前。

当 λ_{max}、G_{max} 和 τ_{max} 确定以后,阻尼比 λ 也是动剪应变 γ_d 的一维函数,应根据实际的 γ_d 值选用。

图9-13是一种土的实测 G_d/G_{max}—γ_d 曲线和 λ—γ_d 曲线,是土体动力反应分析中必用的基本资料。曲线表明,动剪切模量随动剪应变的增加而减小,阻尼比则随动剪应变的增加而增加。当动剪应变 $\gamma_d < 10^{-5}$ 以后,动剪切模量 G_d 和阻尼比 λ 的变化均很小,所以常用 $\gamma_d = 10^{-5}$ 作为测定 G_{max} 的最大应变值。

三、土的动力特性试验

土的动力测试和其他土工测试一样,原位测试能得到代表实际土层性质的试验资料。但是限于原位试验的条件和较高的试验费用,一般在原位只做小应变试验,在实验室内则可以做从小应变到大应变的试验,来测定大应变时的剪切模量、阻尼比和液化剪应力。室内常用的测试方法有超声波脉冲试验、共振柱试验、周期加荷的动三轴试验、单剪试验和扭剪试验。这些试验方法适用的剪应变范围如图9-14所示。用这些试验能确定的土动

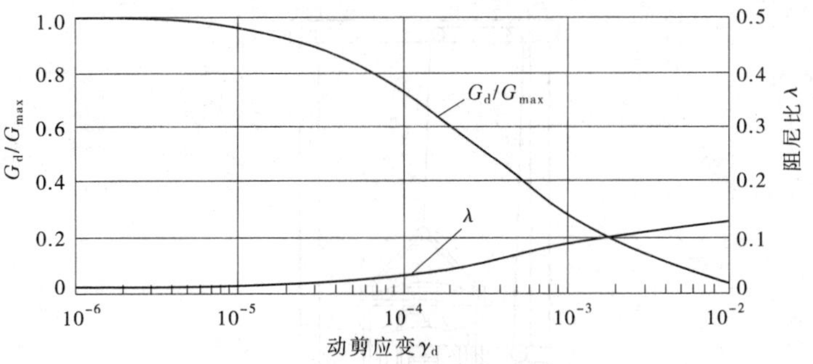

图 9-13 土的动变形特性曲线和阻尼比曲线

力特性参数如表 9-2 所示。

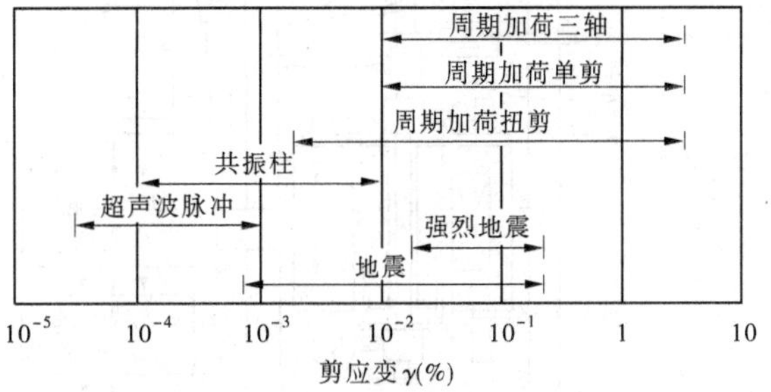

图 9-14 各种室内动试验方法测试的应变范围

表 9-2 各种室内动试验测定的土动力特性参数

试验方法	弹性模量	剪切模量	阻尼比	衰减系数	动强度
超声波脉冲	✓	✓		✓	
共振柱	✓	✓	✓		
动三轴	✓		✓		✓
周期单剪		✓	✓		✓
周期扭剪		✓	✓		✓

目前,在实验室内进行土的动力特性试验最常用的是动三轴仪。现仅就其设备和原理作简单介绍,对于其他测试手段,本章不作逐一详细介绍。

动三轴仪的装置简图见图 9-15。它的基本构造类似于静三轴仪,但增加一套轴向的动力加载装置,所以构造要复杂得多。动三轴仪的形式有多种,其差别主要是周期加荷的方式不同,有用电磁激振器激振的,有用气动或液压激振的,但是各种形式的仪器都由以下三个部分组成:①压力室及固结试样的加压系统;②激振器及调节激振力大小的激振系统;③量测试样轴向应力、应变和孔隙水压力的量测装置。

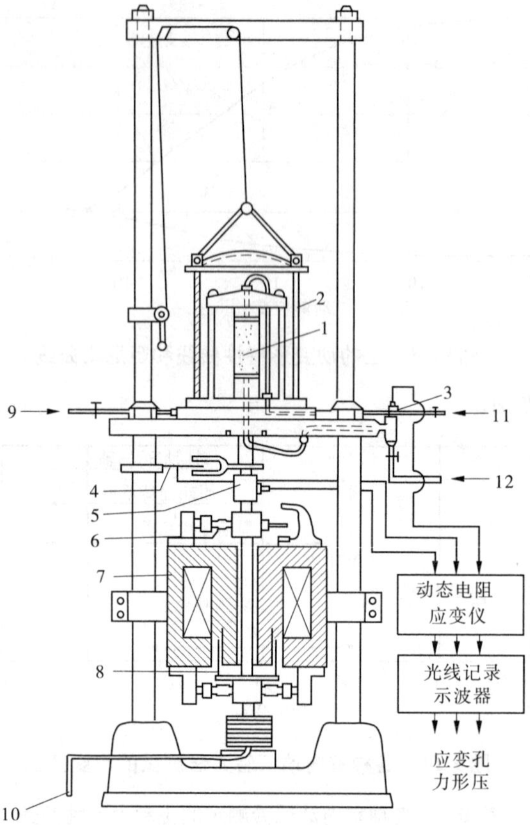

1—试样;2—压力室;3—孔隙水压力传感器;4—变形传感器;5—拉压力传感器;
6—导轮;7—励磁线圈(定圈);8—激振线圈(动圈);9—接侧压力稳压罐系统;
10—接垂直压力稳压罐系统;11—接反压力饱和及排水系统;12—接静孔隙水压力测量系统

图 9-15　动三轴仪示意图

动三轴试验是用圆柱形试样,在不同的围压下,施加不同大小的激振力使试样发生轴向振动或轴向与侧向两个方向的振动,量测在振动过程中土样的轴向应力、应变以及孔隙水压力的变化。这种试验用于确定在饱和砂土层中发生液化现象的条件和土的动强度,也用于测试大应变时试样的动应力与动应变的关系,确定其动弹性模量与阻尼比。

动三轴试验是将圆柱土样装在压力室内,先施加以围压 σ_3 和轴应力 σ_1 固结,以模拟土体振动前的应力状态。振前应力状态通常以 σ_3 和固结应力比 $K_c = \sigma_1/\sigma_3$ 表示。土样固结后,通过动力加载系统对试样施加轴向的周期应力 $\pm\sigma_d/2$,同时在侧向增加周期应力 $\mp\sigma_d/2$。这样使试样在与轴向压力方向成 45°夹角平面上的法向应力不变,但增加了周期应力 $\pm\sigma_d/2$,以此平面上的应力变化代表天然土层水平面在地震时的应力状态,如图 9-16 所示。地震时饱和砂土层发生液化主要是由基岩向上传播的剪切波作用引起的。在地震前水平面上的法向力为土重有效应力 σ'_v,剪应力为零,地震时该水平面上的法向力不变,但增加了周期剪应力 $\pm\tau_d$。在三轴试样中,即 $\sigma'_0 = \sigma'_v$, $\pm\sigma_d/2 = \pm\tau_d$。通常,三轴试验要在轴向增减 $\sigma_d/2$ 同时在侧向减增 $\sigma_d/2$ 很难实现,实用上常改为侧向压力保持不变，但在轴向施加周期应力 $\pm\sigma_d$。这样使试样在45°方向的平面上增加周期应力 $\pm\sigma_d/2$，但是法向应力发生了变化，如图 9-17 所示，σ_d 称为动应力幅值。在施加动力的试验过程中，用传感器量测出试样的动应力、动应变和孔隙水压力的时程曲线如图 9-18所示。从记录曲线可以得到土的动应力应变曲线，进而可得到骨干曲线和滞回曲线，并由此求得土的动弹性模量和阻尼比。

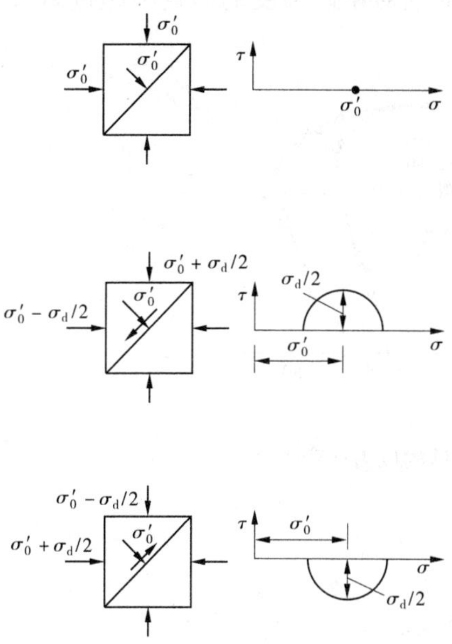

图 9-16　双向周期加荷三轴试样的应力状态变化

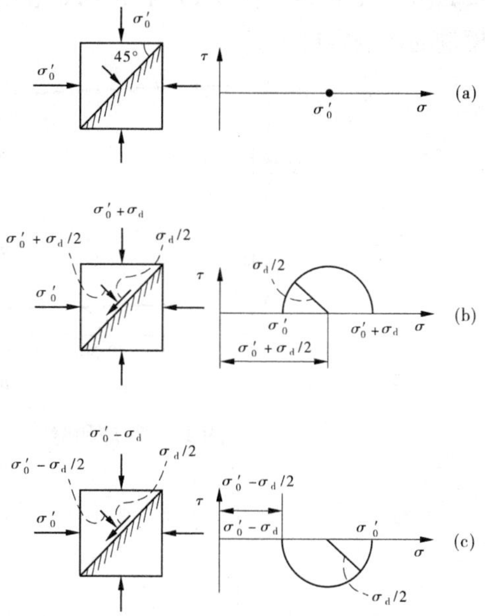

图 9-17　单向周期加荷三轴试样的应力状态变化

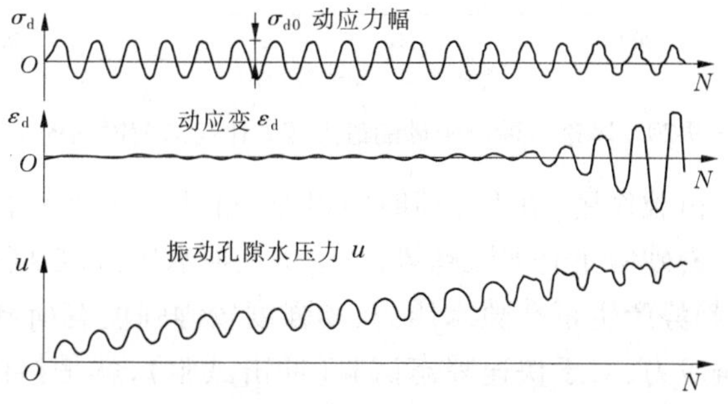

图 9-18　动三轴试验中实测所得的动应力、动应变和孔隙水压力时程曲线

第三节　土的动强度

一、冲击荷载作用下土的动强度

早在 1948 年，美国学者卡萨格兰德（A. Cassagrande）就设计了多种冲击试验仪，用以

测定冲击荷载作用下土的动力特性。此后,各国学者继续对这一问题进行研究,典型的试验结果简述如下。

(一)**砂土**

用干砂做冲击试验得到的应力应变关系如图9-19所示。若以瞬态破坏荷载的峰值应力σ_{tp}与围压σ_3之和为大主应力σ_1,整理出最大主应力比$(\sigma_1/\sigma_3)_{max}$与加荷时间$t$的关系如图9-20所示。图9-19和图9-20表明加荷时间对干砂强度的影响不超过20%,而对模量的影响则更小。

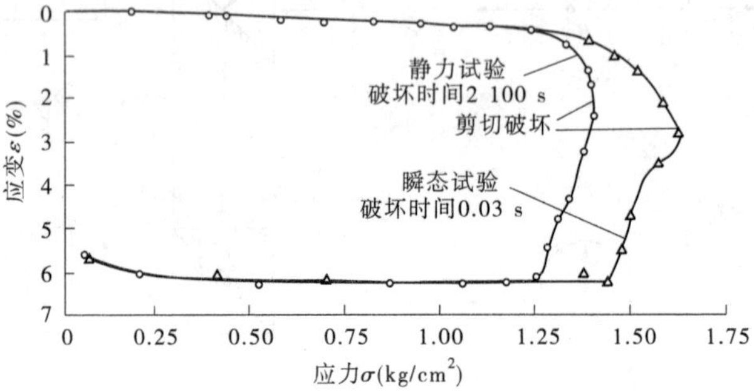

图9-19　瞬态和静力试验中干砂的应力应变关系

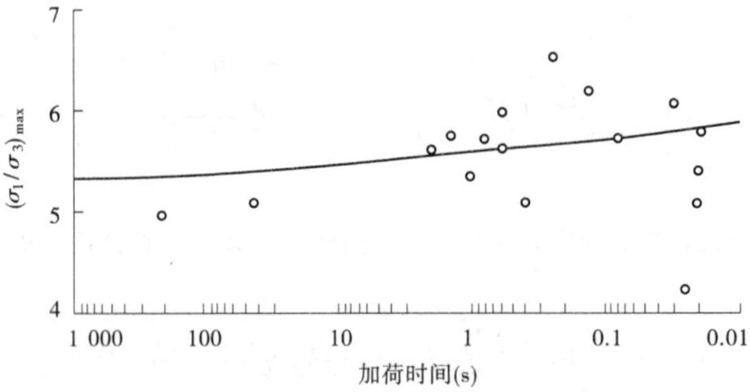

图9-20　瞬态试验中干砂的最大应力比与加荷时间的关系

饱和砂土受冲击荷载作用,由于加荷时间很短,相当于不排水条件,因此密砂和松砂表现出不同的特性。密砂由于有剪胀趋势,产生负孔隙水压力,强度有较明显的提高。松砂则相反,由于剪缩趋势产生正孔隙水压力,动强度较静强度有所降低,如图9-21所示。图中纵坐标为最大偏应力,对于快速瞬态试验(冲击试验),就是指试样达到剪切破坏时所承受的冲击应力的峰值σ_{tp}。试验曲线表明,对该试验所用的砂,在周围固结压力$\sigma_3=2$ kg/cm^{2}条件下,临界孔隙比大约为0.79。小于该孔隙比时,冲击荷载的强度大于静荷载时的强度;而大于该孔隙比时,冲击荷载的强度则小于静荷载时的强度。

(二)**黏性土**

用黏性土进行静荷载和冲击荷载下土的强度试验,典型曲线如图9-22所示。曲线表明,与静荷载相比,冲击荷载下土的动强度和动模量均有很大的提高。加荷时间为0.02 s的动强度为加荷时间为8 min时的静强度的1.5 ~2.0倍,模量也提高2倍左右。

理查德(F. E. Richart)将这类问题归结为应变速率对土的动强度的影响,并用式(9-18)表示：

$$(\tau_{max})_d = K(\tau_{max})_s \tag{9-18}$$

式中　$(\tau_{max})_d$——土的动强度；

$(\tau_{max})_s$——土的静强度；

K——应变速率系数。

总结很多动力试验的结果，K 值的变化有如下规律：

(1)与土的性质有密切关系。对于干砂，在一般围压下，当应变速率为0.02%～1 000%时，K 值为1.1～1.15；饱和黏性土的 K 值为1.5～3.0；部分饱和黏性土的 K 值为1.5～2.0。

(2)随侧限压力的增加而增加。例如，同样一种密砂，侧限压力小于588 kPa时，$K=1.07$，而在高压力下可达1.2。

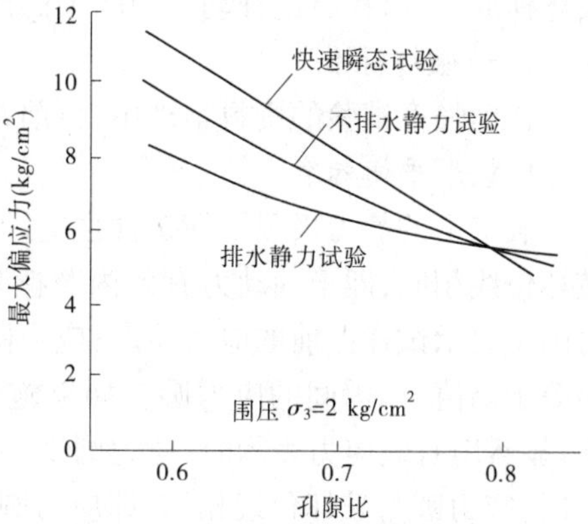

图9-21　饱和砂土的最大偏应力与孔隙比的关系曲线

由此可见，应变速率对土的动强度的影响，对砂土差别不是很大，对黏性土则有成倍的差别。

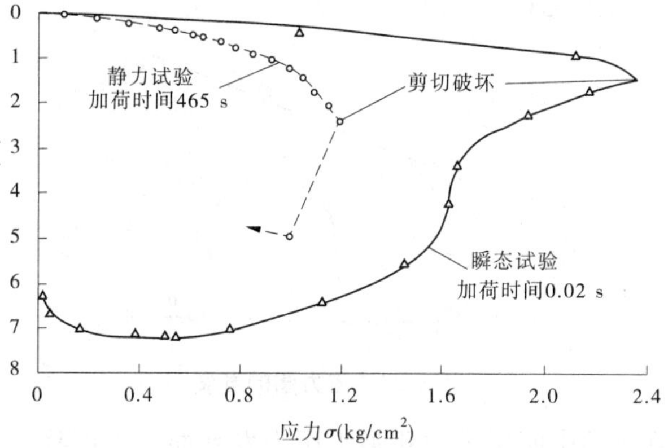

图9-22　瞬态和静力试验中黏性土的应力应变关系

二、周期荷载作用下土的动强度

20世纪60年代以来，特别是1964年日本新泻地震和美国阿拉斯加大地震以后，人们对地震造成的灾害十分重视。灾害的产生许多是动荷载作用下地基失去稳定所导致的，因而引起了人们系统地对土动强度开展较大规模的研究。在我国则是1966年邢台地震以后，很多科学工作者也开始致力于这方面的研究。地震荷载虽然是一种不规则荷载，但是如后面所述，在研究中往往将其等价成为简单的均匀周期荷载。与此同时，由于开发海洋油、气资源的要求，需建造很多大型的近海、离岸海工建筑物和海底管线，作用于这类建筑物和海床上的一种经常性荷载是波浪荷载，波浪荷载就是一种典型的周期荷载。因此，周期荷载作用下土的动强度成为土动力学中的一个主要的研究课题。

从动三轴试验中量测出试样的动应力、动应变和孔隙水压力的时程曲线，根据下述的破坏标准,可以找出这种动应力幅下的破坏振次 N_f。

(一)破坏标准

在动强度试验的资料整理中,目前常用的有如下三种破坏标准。

1. 极限平衡标准

假定土的静力极限平衡条件也适用于动力试验,而且动荷载和静荷载的莫尔-库仑破坏包线相同,即土的动力有效内摩擦角 φ'_d 等于静力有效内摩擦角 φ'。图 9-23 中,应力圆①表示试样振前的应力状态;应力圆②表示加动载过程中最大的应力圆,也就是动应力等于幅值 σ_{d0} 瞬间的应力圆。如果施加动荷载的过程中,试样内的孔隙水压力不断发展,显然用有效应力表示时,应力圆②将不断向破坏包线移动。当孔隙水压力达到临界值 u_{cr} 时,应力圆与破坏包线相切,即应力圆③。根据极限平衡条件,这时试样达到极限平衡状态。根据几何条件,可以推导极限平衡状态时的孔隙水压力如下式:

$$u_{cr} = \frac{\sigma_1 + \sigma_3}{2} - \frac{\sigma_1 - \sigma_3 - \sigma_{d0}(1 - \sin\varphi)}{2\sin\varphi'} + \frac{c'}{\tan\varphi'} \tag{9-19}$$

式中 φ'——土的静力有效内摩擦角;

c'——土的静力有效黏聚力;

σ_{d0}——动应力幅值。

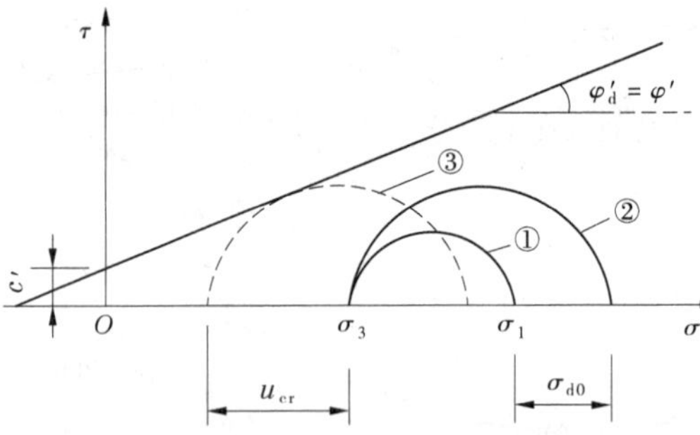

图 9-23 应力圆的发展

计算出 u_{cr} 后,在试验中所记录的孔隙水压力发展曲线上可找到孔隙水压力等于 u_{cr} 的振次,它就是动应力幅为 σ_{d0} 时的破坏振次 N_f。

应该指出,由于动应力是随时间而不断变化的,图 9-23 中的破坏圆③,仅仅发生于动应力达到幅值 σ_{d0} 的瞬间。过后,动应力即减小,应力圆相应缩小。土试样若在瞬间不发生破坏,则又恢复到稳定状态,这点与静载的应力保持不变有较大的差异。实际上,在某些情况下,例如对于饱和松砂,且固结应力比 $K_c = 1.0$ 时,按这一标准,土试样确实已接近破坏。而对于另外一些情况,例如土的密度较大,固结应力比 $K_c > 1.0$,则虽然达到瞬时极限平衡状态,但试样仍能继续承担荷载,距离破坏尚远。一般来说,用这种标准将过低估计土的动强度,因而具有过高的安全度。

2. 液化标准

当周期荷载所产生的累积孔隙水压力 $u = \sigma_3$,即 $\sigma'_3 = 0$ 时,土完全丧失强度,处于黏滞液体状态,称为液化状态。以这种状态作为土的破坏标准,即为液化标准。通常只有饱和松散的砂或粉土，且振前的应力状态为固结应力比 $K_c = 1.0$ 时，才会出现累积孔隙水压力 $u = \sigma_3$ 的情况。有关土的液化概念将在下节进一步阐述。

3. 破坏应变标准

对于不出现液化破坏的土，随着振次增加，孔隙水压力增长的速率将逐渐减缓并趋向于一个小于 σ_3 的稳定值，但是变形却随振次而继续发展。因此，也如静力试验一样，对于周期荷载也可以规定一个限制应变作为破坏标准。例如，等压固结，即 $K_c = 1.0$ 时，常用双幅轴向动应变 $2\varepsilon_d$ 等于 5% 或 10% 作为破坏应变；$K_c > 1.0$ 时则常以总应变（包括残留应变 ε_d^r 和动应变 ε_d）达到 5% 或 10% 作为破坏应变，如图 9-24 所示。具体取值与建筑物的性质有关，目前尚无统一的规定。

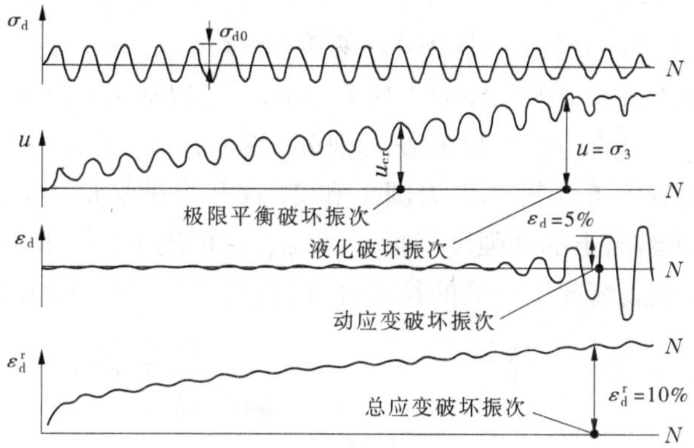

图 9-24　动力试验破坏标准

在以上三种破坏标准中，当土不可能液化时，常以限制应变值作为破坏标准。

（二）动强度曲线

以几个土质相同的试样为一组，在同样的 σ_1 和 σ_3 下固结稳定后，加以幅值 σ_{d0} 不相同的周期荷载，加载过程中，测得如图 9-18 所示的实录曲线，然后根据已经确定的破坏标准，即可从实录曲线上查得与该动应力幅相对应的破坏振次 N_f。以 N_f 为横坐标，以试样 45°面上的动剪应力 τ_d（动应力幅 σ_{d0} 的一半）或动应力比 $\sigma_{d0}/(2\sigma_3)$ 为纵坐标的半对数坐标系下，绘制曲线如图 9-25 所示，这种曲线称为土的动强度曲线。根据这种曲线，土的动强度可理解为：某种静应力状态下（σ_1 和 σ_3 一定），周期荷载使土试样在某一预定的振次下发生破坏，这时试样 45°面上的动剪应力幅值 $\sigma_{d0}/2$，即为土的动强度。所以，动强度并不仅仅取决于土的性质，还与振前土体的应力状态和预定的振次有关。一般土的测试结果，动强度随围压 σ_3 和固结应力比 K_c 的增加而增加。只有很松散、结构很不稳定的土，才会出现固结应力比增加，动强度反而下降的现象。

（三）土的动强度指标 c_d 和 φ_d

用上述动强度的概念只能判别某种静力状态下土单元体在一定的动应力作用下（一定的应力幅和振次）是否破坏，而不能用以判别整个土体是否稳定。判别土体的整体稳定性，最实用的方法仍然是圆弧法或滑动楔体法。用这种方法来分析动力稳定问题，在土的抗剪强度指标中必须同时考虑静力和动力的作用。这时，常用的强度指标是动强度指标 c_d 和 φ_d。其整理方法如下：将固结应力比 K_c 相同、围压 σ_3 不同的几个动力试验作为

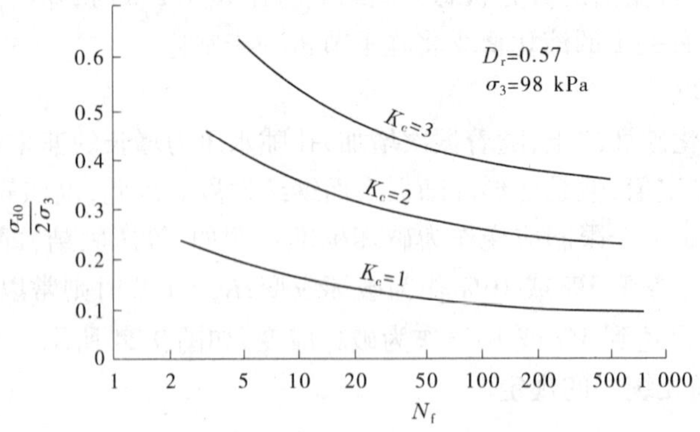

图 9-25 动强度曲线

一组,根据作用在每一试样上的固结应力比 K_c 和 σ_3,可以从图 9-25 的动强度曲线上查得与某一规定振次 N_f 相应的动应力幅值 σ_{d0},把 σ_{d0}叠加在 σ_3 上并在 τ—σ 坐标上绘出相应的破坏应力圆,如图 9-26 中破坏应力圆①和②,这几个破坏应力圆的公切线即为动强度包线。动强度包线给出土的动强度指标 c_d 和 φ_d,它可用于静力和动力共同作用下土体的整体稳定分析,如地震情况下边坡的稳定性分析,就应当采用这种动强度指标。

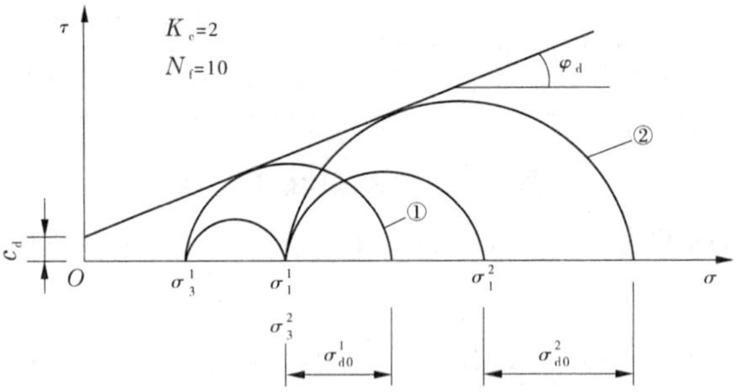

图 9-26 动强度破坏包线

应该特别注意的是,一种动强度指标是对应于某一规定的破坏振次 N_f 和振前的固结应力比 K_c 的。图 9-27 表示一种砂土的 N_f—K_c—φ_d 关系曲线。在实际应用中,破坏振次 N_f 可以根据地震的震级由下述图 9-30 或表 9-3 查得。K_c 是代表土体整体滑动时,滑动面上的平均固结应力比。在对土体已进行过应力应变分析的情况下,可取滑动面所通过的各个单元的固结应力比的平均值。当没有进行过土体的应力应变分析时,可根据滑动面的稳定安全系数 F_s,用下述方法求滑动面的平均固结应力比。为阐述简明起见,以无黏性土为例。图 9-28 中应力圆①为土的极限状态应力圆,应力圆②为围压 σ_3 相同,但土试样处于弹性状态的应力圆,土体处于这种弹性应力状态时,其安全系数为

$$F_s = \frac{\tau_f}{\tau} = \frac{\frac{1}{2}(\sigma_{1f} - \sigma_3)\cos\varphi}{\frac{1}{2}(\sigma_1 - \sigma_3)\cos\varphi} = \frac{\sigma_{1f} - \sigma_3}{\sigma_1 - \sigma_3} = \frac{K_{cf} - 1}{K_c - 1} \tag{9-20}$$

式中 τ_f——破坏面上的剪应力,即土的抗剪强度;

τ——潜在破坏面上的剪应力;

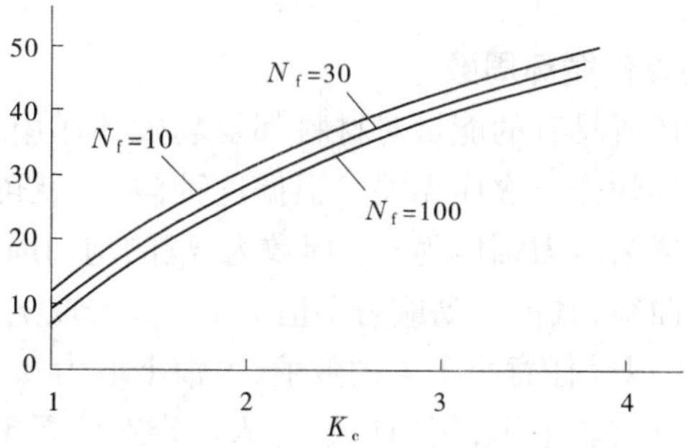

图 9-27　某种砂的 N_f—K_c—φ_d 关系曲线

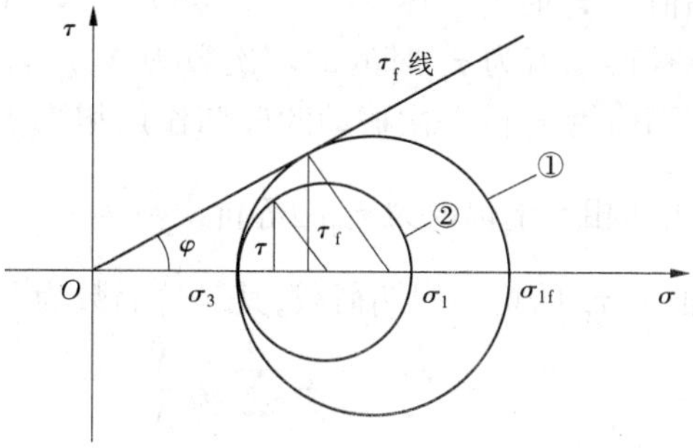

图 9-28　试样破坏前和破坏时的应力圆

K_{cf}——破坏时的固结应力比，根据极限平衡条件 $K_{cf}=\dfrac{\sigma_{1f}}{\sigma_3}=\dfrac{1+\sin\varphi}{1-\sin\varphi}$，代入式(9-20)，简化后得

$$K_c=\frac{2}{F_s}\frac{\sin\varphi}{1-\sin\varphi}+1 \tag{9-21}$$

假定滑动土体沿某一滑动面各处的安全系数相同，则滑动面所通过的土体，其平均固结应力比 K_c 可用式(9-21)估算。

当 K_c 和 N_f 确定以后，就可以从图 9-27 中查找与这种应力状态相适应的动内摩擦角 φ_d。c_d 和 φ_d 是总应力法指标，也即振动所产生的孔隙水压力对强度的影响，已在指标中得到反映。在动力稳定分析中，也可以采用有效应力法，这时试验中必须量测出破坏时的孔隙水压力 u_f。将总应力扣除孔隙水压力 u_f，绘制破坏时的有效应力圆，即可得到有效应力强度包线。有效应力强度包线给出有效应力法的动强度指标 c'_d 和 φ'_d。许多研究结果表明，土的有效应力动强度指标 c'_d 和 φ'_d 与有效应力静强度指标 c' 和 φ' 十分接近，所以用静力指标代替动力指标不会引起很大的误差。

三、不规则荷载作用下土的动强度

地震荷载是不规则荷载，目前在实验室内重现各种不规则荷载以研究土的动强度已完全可能，技术上稍微复杂。不过地震荷载的变化规律难以预估，因要确定将要发生的地震在土体内引起什么样的动力响应十分困难。因此，直接研究不规则荷载作用下土的动强度往往不是很必要。工程上为简化计算，通常把不规则荷载简化成等价的均匀周期荷载进行问题的分析。

(一)不规则荷载的等价循环周数

假定每一次应力循环所具有的能量对材料都要起破坏作用,这种破坏作用与能量的大小成正比而与应力循环的先后次序无关。根据这种假定,就可以直接利用动强度曲线将一列不规则荷载等价成为应力幅值为τ_{eq}、周数为N_{eq}的均匀周期荷载。图9-29(a)表示一条不规则动应力时程曲线,其最大动应力幅值为τ_{max}。若取$\tau_{eq}=R\tau_{max}$作为等价均匀循环应力的幅值,其中R可以是任意小于1的数值,习惯上取为0.65,然后把不规则动应力时程曲线按幅值的大小分成若干组,例如组数为K。分别计算出每一种幅值应力波的等价循环周数。例如,在这一列不规则应力波中,幅值为τ_i的循环周数为n_i。从图9-29(b)的动强度曲线查出,当幅值为τ_i时的破坏振次N_{if}。今取$\tau_{eq}=0.65\tau_{max}$为均匀循环荷载的等价幅值,从动强度曲线查得幅值为τ_{eq}时的破坏次数为N_{ef}。若认为每一应力循环的能量与应力幅值成正比,则幅值为τ_i的一次振动的破坏作用相当于幅值为τ_{eq}时的N_{ef}/N_{if}。因此,幅值为τ_i的n_i次振动相当于幅值为τ_{eq}的等价次数为$n_{eqi}=n_i\dfrac{N_{ef}}{N_{if}}$,故整个不规则动应力时程曲线等价为幅值为$\tau_{eq}$的均匀周期荷载,其等价周数为

$$N_{eq}=\sum_{i=1}^{K}n_{eqi}=\sum_{i=1}^{K}n_i\frac{N_{ef}}{N_{if}} \tag{9-22}$$

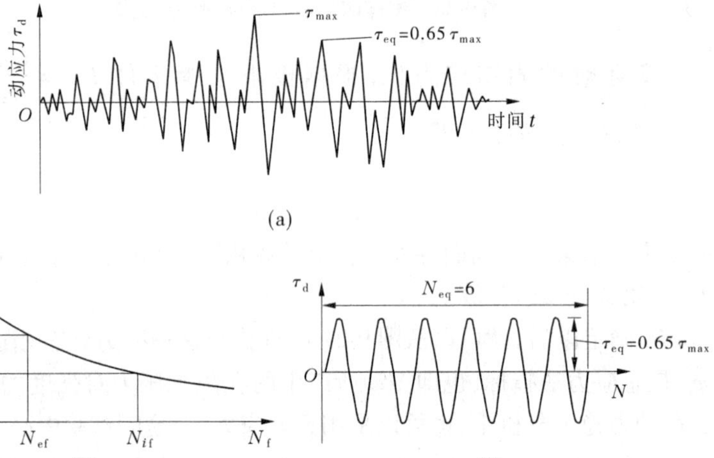

(a)　(b)　(c)

图9-29　不规则荷载的等价循环周数

(二)地震的等价振次

西特(H. B. Seed)和伊德利斯(I. M. Idiss)等对一系列地震记录进行统计分析,以$0.65\tau_{max}$作为均匀周期荷载的幅值,得出循环振次与地震震级的相关关系如图9-30所示。在此基础上他们提出表9-3的简化等价标准。

需要注意的是,图9-30和表9-3中所确定的等价振次都是以震级为依据而不是以烈度为依据的。把不规则动应力简化成均匀周期应力后,就可以按前述方法,确定土单元体是否破坏,或求出动强度指标c_d和φ_d进一步分析土体的整体动力稳定性。

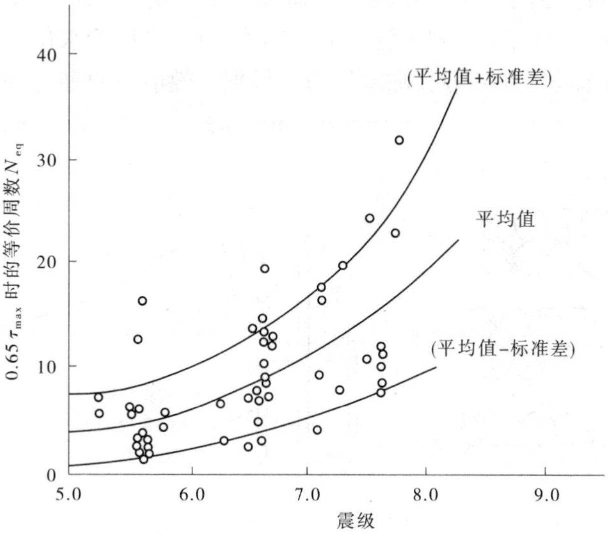

图 9-30　震级和等价周数关系曲线

表 9-3　地震等价循环周数

震级	等价循环应力幅	等价循环周数
7.0	$0.65\tau_{max}$	12
7.5	$0.65\tau_{max}$	20
8.0	$0.65\tau_{max}$	30

第四节　土的振动液化

在前节讲述动强度的破坏标准中指出，当 $u=\sigma_3$ 时，土体处于液化状态。振动液化是土动强度中的一个特殊问题，液化是地震中经常发生的主要震害，危害很大。例如，我国唐山地震时，发生液化的面积达 24 000 km^2。在液化区域内，由于液化而使地基丧失承载力，造成建筑物大量沉陷和倒塌。所以，近几十年来，它成为国内外土动力学界所致力研究的主要课题。

一、液化的基本概念

地震时，在烈度比较高的地区往往发生喷水冒砂现象，这种现象就是地下砂层发生液化的宏观表现。砂土的液化机制可以用图 9-31 进行说明。假定砂土是由一些均匀的圆球组成的，排列如图 9-31(a)所示。若震前处于松散状态，当受水平方向的振动荷载作用时，颗粒要挤密，最终形成紧密的排列。砂土在由松变密的过程中，如果土是饱和的，孔隙内充满水，且孔隙水在振动的短期间内排不出去，就将出现从松到密的过渡阶段。这时颗粒离开原来位置，而又未落到新的稳定位置上，与四周颗粒脱离接触，处于悬浮状态。这种情况下颗粒的自重,连同作用在颗粒上的荷载将全部由水承担。图 9-31(b)中表示容器内装填饱和砂,并在砂中装一测压管。摇动容器,可见测压管水位迅速上升。这种现象表明饱和砂土中因振动出现超静孔隙水压力。根据有效应力原理,土的抗剪强度为

$$\tau_f = (\sigma - u)\tan\varphi' \tag{9-23}$$

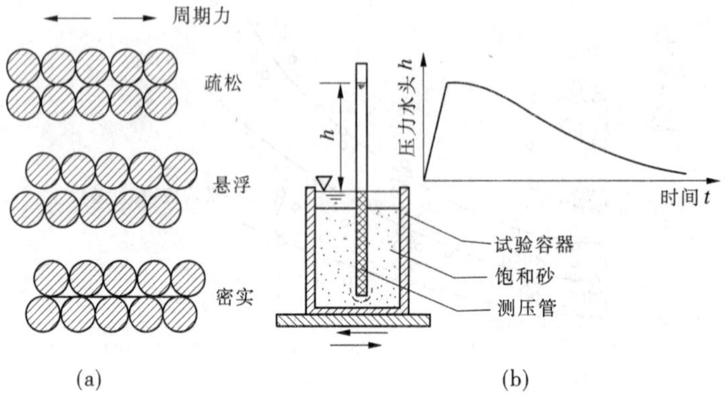

图 9-31　土的液化机制

显然,随着孔隙水压力的增加,抗剪强度随之减小。如果振动强烈,孔隙水压力增长很快而又消散不了,则可能发展至 $u=\sigma$,导致 $\tau_f=0$。这时,土颗粒完全悬浮于水中,成为黏滞流体,抗剪强度 τ_f 和抗剪刚度 G 几乎都等于零,土体处于流动状态,这就是液化现象,或称为完全液化。事实上,广义的液化通常还包括振动时孔隙水压力升高而丧失部分强度的现象,有时也称为部分液化。

若地基由几层土所组成,且较易液化的砂层被覆盖在不易液化的土层下面,地震时,往往地基内部的砂层首先发生液化,在砂层内产生很高的超静孔隙水压力,引起自下而上的渗流。当上覆土层中的渗流坡降大于临界坡降时,原来在振动中没有液化的土层,在渗透水流的作用下也处于悬浮状态,砂层以及上覆土层中的颗粒随水流喷出地面,这种现象称为渗流液化。这种情况下,表征地基液化的喷水冒砂现象在地震过程中并未表现出来,而在地震结束后才会出现,并且要持续相当长的时间,因为液化砂层中的孔隙水压力通过渗流消散,需要一段相当长的时间。

二、振动孔隙水压力的发展

我们知道,土在排水的条件下受剪切作用将发生体胀或体缩,而在不排水条件下受剪切作用,则体积的变化趋势表现为超静孔隙水压力的发展,其值可正可负。土受周期荷载作用,实际上是受反复的剪切作用,因此在不排水的条件下必然伴随着孔隙水压力的产生和发展。不过,与静荷载作用有一点不同,就是不论是松砂或密砂,每一次应力循环都会引起正孔隙水压力的增加,松砂增加得快,密砂增加得慢。

关于周期荷载作用下孔隙水压力的发展规律,从理论上说是一个很复杂的问题,目前尚没有较好的理论解答。试验研究结果表明,振动孔隙水压力的发展主要取决于以下几方面的因素。

(一)土的性质

土受振动时容易变密,渗透系数较小、孔隙水压力不易消散的土类,如较松的中砂、细

砂、粉砂和粉土等都容易发展振动孔隙水压力。

（二）振前应力状态

振前应力状态用围压 σ_3 和固结应力比 K_c 表示。围压 σ_3 在土体内不引起剪应力，它对振动孔隙水压力的影响主要是通过土的密度起作用，σ_3 愈大，土愈密，孔隙水压力的发展愈慢。对振动孔隙水压力发展影响更大的是固结应力比 K_c，它表示振前土体已经承受的剪切程度。随着剪切应变的发展，孔隙水压力的发展速度从快变慢，到了一定的剪应变后，将产生负孔隙水压力。在周期应力作用下，虽然总是产生正的孔隙水压力，但是 K_c 值愈大的土，由于振前已发生较大的剪切变形，孔隙水压力的发展愈慢，且最终的累积值也愈小。

（三）动荷载的特点

动荷载是引起孔隙水压力发展的外因。显然，动应力的幅值愈大，循环的次数愈多，积累的孔隙水压力也愈高。至于频率的影响，试验研究的结果表明，对于粗粒土，在试验常用的频率范围内，频率对孔隙水压力发展的影响很小，一般可不予考虑。

目前，有许多估算振动孔隙水压力发展的公式，每个公式都必须反映上述三个基本因素的作用，较典型的如西特－芬恩（Seed-Finn）的反正弦函数公式。对于等压固结，即 $K_c=1$ 的情况，该公式为

$$\frac{u}{\sigma_3}=\frac{2}{\pi}\sin^{-1}\left(\frac{N}{N_f}\right)^{\frac{1}{\theta}} \tag{9-24}$$

式中　u——N 次循环所累积的孔隙水压力；

N_f——破坏振次，可根据动应力幅值，从动强度曲线上查取；

θ——表示土性质的试验参数，其值与土的种类和密度有关。

对于 $K_c>1.0$ 的情况，式（9-24）可修改为

$$\frac{u}{\sigma_3}=\frac{1}{2}+\frac{1}{\pi}\sin^{-1}\left[\beta\left(\frac{N}{N_{50}}\right)^{\frac{1}{\theta}}-1\right] \tag{9-25}$$

式中　N_{50}——在孔隙水压力发展曲线，即 u—N 曲线上，当 $u=0.5\sigma_3$ 时所对应的循环周数，它与 N_f 类似，也是反映应力幅大小的参数；

β——土质参数，一般可取 1.0；

θ——与固结应力比 K_c 有关的土质参数，可表示为 $\theta=\alpha_1K_c+\alpha_2$，其中，$\alpha_1$ 和 α_2 直接由试验测定。

图 9-32 表示不同 K_c 和 θ 值，用式（9-25）计算的孔隙水压力发展规律，可供参考。

三、影响土体液化的主要因素

如前所述，液化是土体内孔隙水压力发展至 $u=\sigma_3$ 的一种现象，因此一般只能发生于饱和土中。上述影响孔隙水压力发展的因素也就是影响土体液化的因素，不过振动荷载一般都要在土体内引起孔隙水压力的积累，但不一定能达到液化的程度，是否能发生液化，主要还是取决于土的性质。

就土的种类而言，总结国内外现场调查和试验研究的结果表明，中、细、粉砂是最容易发生振动液化的土，粉土和砂粒含量较高的砂砾土也属于可液化土。砂土的抗液化强度

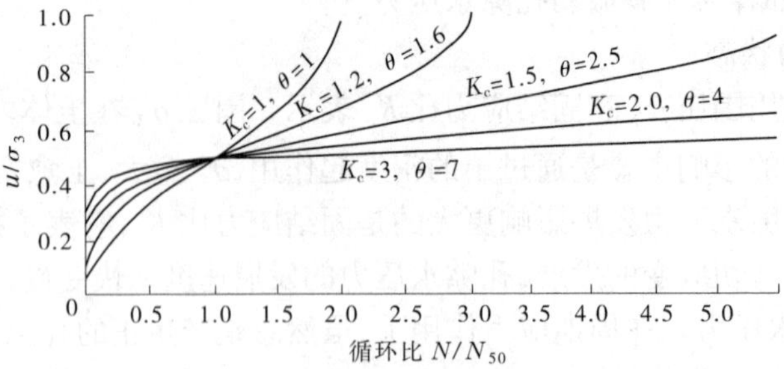

图 9-32　动孔隙水压力发展曲线

与平均粒径 d_{50} 的关系很密切,在 d_{50} = 0.07 ~ 1.0 mm 范围的土,抗液化强度最低。黏性土由于有黏聚力,振动不容易使其发生体积变化,也就不容易产生较高的孔隙水压力,所以是非液化土。粒径较粗的土,如砾石、卵石等渗透系数很大,孔隙水压力消散很快,难以累积到较高的数值,通常也不会液化。图 9-33 表示可液化土的范围,可供参考。

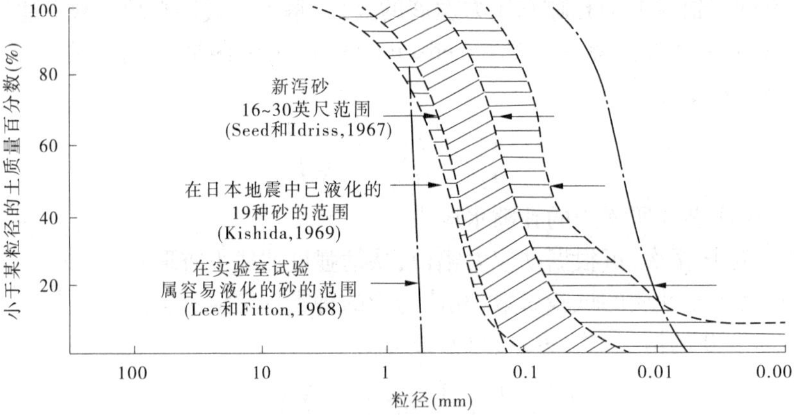

注：1 m=3.28英尺。

图 9-33　可液化土的范围

土的状态,即密度或相对密度是衡量砂土是否会发生液化的重要指标。1964 年日本新泻地震的现场调查资料表明,相对密度为 50% 的地区,地基砂土普遍出现液化现象,而相对密度大于 70% 的地区,则未出现地基砂土的液化。

四、土单元体的液化可能性判别

图 9-25 所示的动强度曲线,如果绘制时以 $u=\sigma_3$ 为破坏标准,这类曲线即为液化强度曲线,它给出液化破坏时动应力幅与循环次数的关系。通过某种分析方法(目前常用的是动力有限元法),能够计算出土单元体的动剪应力时程曲线。地震荷载通常是不规则的,则可以通过上述的等价方法,取 $0.65\tau_{max}$ 为等价幅值 τ_{eq},利用液化强度曲线和式(9-22)计算出等价周数 N_{eq}。再用 N_{eq} 从液化强度曲线上查取发生液化破坏的动剪应力 $\tau_d(\tau_{eq})$,在动三轴试验中,$\tau_d=\dfrac{\sigma_{d0}}{2}$。如果 $\tau_d>\tau_{eq}$,说明土的液化强度大于等价动剪应力,该单元土体处于稳定状态,不会发生液化破坏。反之,若 $\tau_d\leq\tau_{eq}$,即液化强度小于或

等于等价动剪应力，土单元体要发生液化破坏。因此，只要对土工建筑物或地基进行动力反应分析，求得各个土单元的动剪应力时程曲线，就可用上述方法判别发生液化以及液化区的发展范围。除动力反应分析方法外，地基的液化可能性判别还有其他较为简便的方法，请参考相关参考资料。

【例 9-1】 土的动强度曲线如图 9-34 所示。若土样在 $\sigma_3 = 98$ kPa，$K_c = 2.0$ 下，受变幅的周期动应力作用，如图 9-35 所示，试判断土样是否发生破坏。

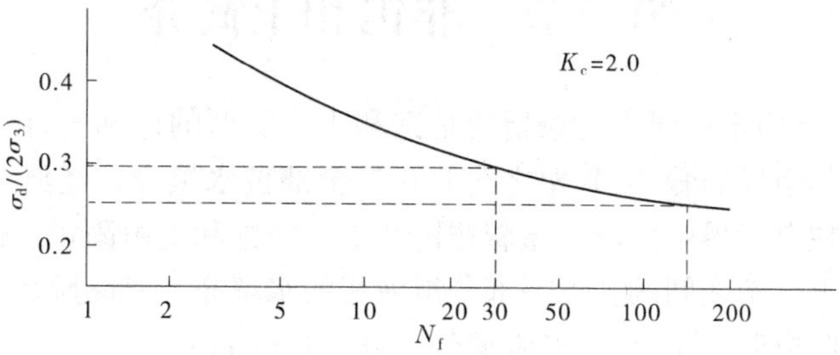

图 9-34　动强度曲线

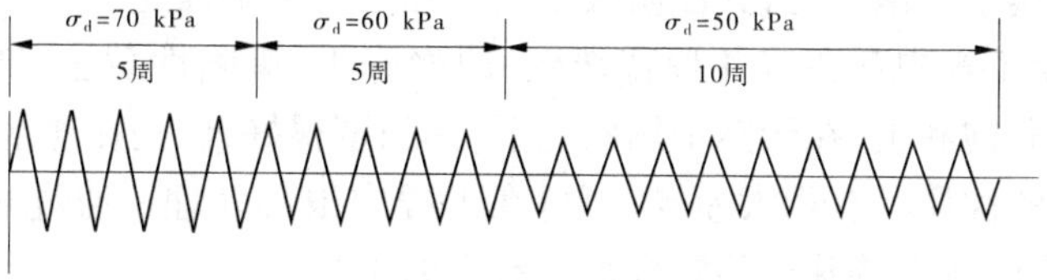

图 9-35　动荷载曲线

解：根据图 9-34 的动强度曲线，查得与 $\sigma_d = 70$ kPa、60 kPa、50 kPa 相对应的破坏振次分别为：$N_{f1} = 10$，$N_{f2} = 28$，$N_{f3} = 135$。

以 $\sigma_d = 60$ kPa 作为等价振幅 σ_{eq}，则图 9-35 的等价周数为

$$N_{eq} = \sum_{i=1}^{K} n_i \frac{N_{ef}}{N_{if}} = 5 \times \frac{28}{10} + 5 \times \frac{28}{28} + 10 \times \frac{28}{135} = 21$$

当 $N_f = 21$ 时，$\sigma_d/(2\sigma_3) = 0.31$，$\sigma_d = 2 \times 98 \times 0.31 = 60.8$(kPa)。

此时，σ_d 大于等价振幅 σ_{eq}，即动强度大于动应力，故土样不会发生破坏。

习　题

9-1　反映土动力特性的参数有哪些？

9-2　动荷载的类型通常有哪几种？动荷载对土体能产生什么样的影响？

9-3　什么是动强度？如何测定土的动强度？周期荷载的性质对土的动强度的影响是什么样的？

9-4　什么是土的动强度曲线及动强度指标？它们是如何确定的？

9-5　什么是土的振动液化？其机制是什么？影响振动液化的因素有哪些？工程上常采取什么措施来防止振动液化？

9-6　动荷载作用下土体的变形可分为哪几个阶段？土的动应力应变有哪些特征？

第十章 非饱和土土力学简介

第一节 非饱和土简介

前面内容中,土力学的研究对象指的是饱和土。所谓的饱和土,由固相和液相组成,固相是土颗粒及其组成的骨架,骨架之间的孔隙全部被水填充。经典土力学的研究对象是饱和土。但是在自然界中广泛分布着非饱和土。非饱和土由固相、液相、气相和气水分界面四相组成。土骨架之间的孔隙一部分被液相的水填充,一部分被气相填充。

在建筑、水利、道路等工程中,经常遇到各种各样的非饱和土问题,远比饱和土问题更为复杂。地球表面广泛分布的天然地表沉积土大多是低含水量的土,经过开挖,重塑再压实的土一般也都属于非饱和土,其性质很难用饱和土力学来描述。

另外,在岩土工程中存在着几种特殊土,即膨胀土、湿陷性黄土、红黏土、残积土等。这几种土均属于非饱和土,在天然干燥状态下,其强度很好,但是在遇水浸湿后,其性质与天然干燥状态下的性质具有很大差异,使得在工程中很难处理。通过对非饱和土土力学的研究,为在工程中解决特殊土问题提供了有力的工具。

与饱和土不同,由于毛细作用的存在,非饱和土中存在负的孔隙水压力,基质吸力使得土体的有效应力增大,从而增大了土体的强度,使得经典的饱和土力学的原理和概念不再适用。而在非饱和土浸水后,含水量增大,会使得其强度大大减小,同时伴随着显著的体积变化,使得非饱和土相关工程存在很大的隐患,必须加以重视和解决。这就需要岩土工作者增强对非饱和土性质的了解,明白非饱和土的强度和含水量之间的关系,从而掌握处理各种非饱和土的方法。

本章将简要介绍非饱和土的一些基本知识,包括基质吸力的概念,毛细作用的机制,非饱和土的有效应力原理及应力状态变量,土—水特征曲线的基本知识,非饱和土的强度等,并对非饱和土常用的试验方法进行介绍。

第二节 基质吸力和毛细作用

非饱和土是由四相共同组成的物质,分别是固相、液相、气相和水气分界面。由于气相的存在,非饱和土中水的赋存方式、水压力的大小与饱和土有显著的不同。本节首先引入非饱和土力学中最重要的基质吸力的概念,然后介绍毛细作用,最后将其对非饱和土性质的影响进行简要介绍。

一、表面张力和基质吸力

非饱和土除具有固相、液相和气相这三相外,其水气分界面也应该看成是独立的一相,称为收缩膜。收缩膜的大部分性质与水相并不相同,它可以承受拉力,同时密度较小,热传导较大。收缩膜内部的水分子承受各向相等的水压力作用,而收缩膜受到气压力的作用,其数值和水压力并不相同。为了保持平衡,收缩膜上就产成了张力,收缩膜单位长度的张力的大小,称为表面张力 T_s,单位为 N/m,方向与收缩膜表面相切。由收缩膜两面受力平衡,可以得到曲面上表面张力与收缩膜曲率半径的关系,如图 10-1所示。

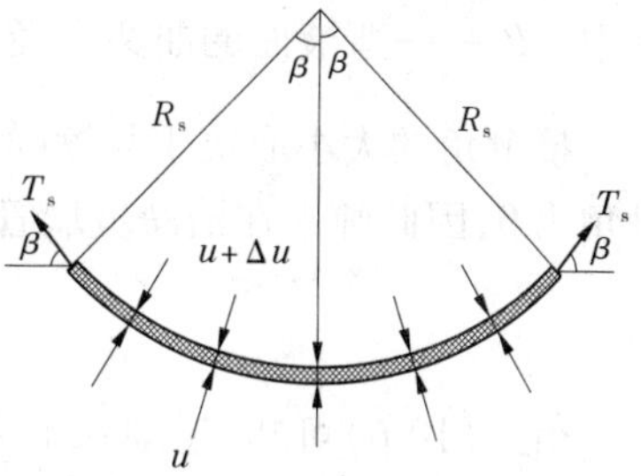

图 10-1　表面张力示意图

$$\Delta u = \frac{T_s}{R_s} \tag{10-1}$$

式中　R_s——收缩膜的曲率半径;

Δu——收缩膜曲面两侧的压力差。

对于三维收缩膜,假定各个方向曲率相等,则

$$\Delta u = \frac{2T_s}{R_s} \tag{10-2}$$

收缩膜内外两侧的压力差为

$$\Delta u = u_a - u_w \tag{10-3}$$

式中　u_a——孔隙气压力;

u_w——孔隙水压力。

压力差 $u_a - u_w$ 称为基质吸力 S_c。若 u_a 大于 u_w,即基质吸力为正值,则收缩膜往水分子一侧弯曲移动,土体孔隙中的水分排出;若 u_a 小于 u_w,则收缩膜往气体一侧弯曲移动,水分吸入土体孔隙中。

基质吸力是非饱和土土力学中最重要的概念,非饱和土的物理力学性质之所以与饱和土存在很大的不同,就是因为基质吸力的存在。非饱和土的固结特性、抗剪强度、体积变化,以及土中水分的迁移都与基质吸力的作用分不开。

二、毛细作用

首先介绍毛细玻璃管中水位上升的试验。将一根毛细玻璃管插入水中,由于收缩膜上的表面张力的作用,水会沿着玻璃管上升。考虑管中水垂直分力的平衡,则

$$2\pi r T_s \cos\delta = \pi r^2 h_c \rho_w g \tag{10-4}$$

式中　r——毛细玻璃管半径;

T_s——表面张力;

δ——接触角,即表面张力与垂直面的夹角;

ρ_w——水的密度;

h_c——毛细水上升高度。

由式(10-4),可得毛细水上升高度:

$$h_c = \frac{2T_s}{\rho_w g R_s} \tag{10-5}$$

式中 R_s——弯液面的曲率半径,$R_s = \dfrac{r}{\cos\delta}$。

接触角的大小取决于收缩膜与接触材料之间的黏着力。纯水和洁净玻璃管之间的接触角为0,因此纯水在洁净玻璃管中的毛细上升高度为

$$h_c = \frac{2T_s}{\rho_w g r} \tag{10-6}$$

由式(10-6)可知,毛细水上升高度取决于表面张力和玻璃管的半径。表面张力的大小和温度有关,温度越高,表面张力越小。在表面张力不变的情况下,玻璃管的半径越小,毛细水上升的高度越高。

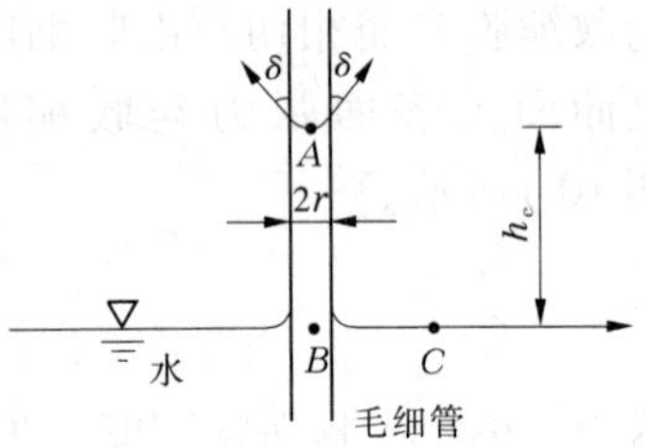

图 10-2 毛细作用现象

图10-2中的A、B、C三点,均处于水力学平衡的状态,即三点的水头相等。又因为B、C两点的水头为0,则A点的水头也必须为0。又A点的水头为位置水头和压力水头之和,即

$$u_A = u_{AH} + u_{Aw} = 0 \tag{10-7}$$

式中 u_A——A点的水头;

u_{AH}——A点的位置水头;

u_{Aw}——A点的压力水头。

并且

$$u_{AH} = \rho_w g h_c \tag{10-8}$$

故

$$u_{Aw} = -\rho_w g h_c \tag{10-9}$$

由式(10-9)可知,毛细管中的水压力为负值。

和细玻璃管中的毛细现象类似,在非饱和土中,由于土骨架之间存在着密布的微小孔隙,因而土中的水可以上升到地下水位以上。收缩膜上的表面张力在土骨架上的反作用力的水平分力对土体有一个挤压作用,使得土颗粒收缩。即在非饱和土中,基质吸力可以增大土体的强度。而当非饱和土浸水后,饱和度提高,土骨架之间的孔隙逐渐被水填充,收缩膜越来越少,对土体的挤压作用越来越小,基质吸力逐渐减小,在宏观上就体现为土体的强度下降。

第三节 非饱和土的应力状态变量及有效应力理论

一、非饱和土的有效应力原理

1936年,Terzaghi提出了饱和土有效应力的概念,通常表示为

$$\sigma' = \sigma - u_w \tag{10-10}$$

式中 σ'——有效应力;

σ——总应力;

u_w——孔隙水压力。

有效应力原理的合理性早已被试验证明,有效应力的概念已经成为了经典土力学的基本概念。

在非饱和土中,由于负孔隙水压力的存在,经典的有效应力概念不再适用。各国学者相继提出了很多非饱和土有效应力的公式,以便把饱和土的有效应力的概念引申入非饱和土。1959 年,Bishop 提出了有效应力公式:

$$\sigma' = (\sigma - u_a) - \chi(u_a - u_w) \tag{10-11}$$

式中 χ——经验系数,与土体的饱和度、应力路径等有关,在饱和度为 1 时,χ 值为 1,在饱和度为 0 时,χ 值为 0,且 χ 随着饱和度单调变化;

σ'——土体的有效应力;

σ——土体的总应力;

u_a——孔隙气压力;

u_w——孔隙水压力。

Bishop 曾初步验证过 Bishop 公式的正确性。压缩试验得出,当粗粒土的饱和度高于 20%、粉土高于 40% ~50%、黏土高于 85% 时,Bishop 公式才适用。Bishop 和 Blight 假定土的有效强度参数 c 和 φ 不随含水量变化,用饱和土试验确定的 c 和 φ 来计算非饱和土的 χ 值,以此来分析土坝的稳定问题。但是,以非饱和土试验确定的强度参数与饱和度有关是显而易见的。况且在破坏时,非饱和土的密度和饱和土的密度不一定相同。为了克服这一点,Blight 分别对强度问题和体变问题提出了用非饱和土试验确定 χ 的方法,即把 Bishop 公式分别应用于两个相邻的应力点,根据试验测得这两点剪应力之比或体变之比,然后列出方程,再从中解出 χ 值。

值得注意的是,Bishop 有效应力公式中的 σ' 并不是严格意义上的有效应力,而是总应力与孔隙水压力的组合函数。其适用条件如下:

(1)要保证总应力与孔隙水压力同步变化。这就要求假设粒间作用力和外加荷载在引起土体变化时具有相同的效果。

(2)要求非饱和土体的有效应力与孔隙比之间存在一一对应的函数关系。而对于非饱和土,当饱和度小于一定值之后,有效应力与孔隙比之间的一一对应函数关系将不再存在,这就限制了 Bishop 有效应力原理的应用。

自 20 世纪 70 年代以来,Fredlund 和 Mogrnestem 在充分认识 Bishop 有效应力公式的局限性的基础上,提出了建立在多相连续介质力学基础上的非饱和土双应力变量理论。他们根据非饱和土中各相力的平衡导出了平衡方程,假设土颗粒不可压缩,可以用三个正应力变量中的任意两个来描述非饱和土的应力状态。也就是说,对于非饱和土有三个可能的应力状态变量组合,这三组应力状态变量是根据不同的基准。

以孔隙气压力 u_a 为基准:$\sigma - u_a$ 和 $u_a - u_w$;

以孔隙水压力 u_w 为基准:$\sigma - u_w$ 和 $u_a - u_w$;

以总法向应力 σ 为基准:$\sigma - u_a$ 和 $\sigma - u_w$。

在这三组应力状态变量中,以 $\sigma - u_a$ 和 $u_a - u_w$ 的组合在工程实践中最为实用。因为该组合使得总法向应力变化造成的影响可以与孔隙水压力变化造成的影响区分开来考虑,并且大部分的土建工程露天进行,孔隙气压力等于大气压力(亦即压力表压力为零),使得该公式更为简单易用。

有学者认为,有效应力是一个应力变量,应该只与平衡条件有关。而χ是一个与本构关系有关的参数,且χ没有比较明确的物理意义,同时也难以测量。在Fredlund提出双变量应力状态理论后,逐渐有取代Bishop形式的有效应力原理的趋势。但是双应力状态变量理论发展出来的双应力变量抗剪强度在参数确定中也存在很多问题,在近些年,有学者认为饱和度对于χ值的大小有重要的作用,并且饱和度与χ值的边界值相等,而且变化规律相同,因此用饱和度来代替χ值。在此基础上回归到Bishop有效应力公式,并发展了许多非饱和土的抗剪强度理论和本构模型,取得了很多成果。因此,Bishop有效应力公式和双应力状态变量在非饱和土的研究中都具有非常重要的地位,发挥着重要作用。

二、非饱和土抗剪强度理论

在第五章我们学习了Mohr-Coulomb强度准则,即

$$\tau_f = c + \sigma\tan\varphi \tag{10-12}$$

式中　τ_f——土体的抗剪强度;

c——土体的黏聚力;

φ——土体的内摩擦角。

根据有效应力原理,土体的剪应力全部由土骨架来承担,土体的抗剪强度应该表示为有效应力的函数,因此饱和土的抗剪强度为

$$\tau_f = c' + \sigma'\tan\varphi' = c' + (\sigma - u_w)\tan\varphi' \tag{10-13}$$

式中　c'——土体的有效黏聚力;

φ'——土体的有效内摩擦角;

σ'——土体的有效应力,其值的大小为$\sigma - u_w$。

而对于非饱和土,具有两种抗剪强度表示方法,即Bishop抗剪强度公式和Fredlund抗剪强度公式,分别对应于Bishop有效应力公式和双应力状态变量。下面将对这两种抗剪强度公式分别进行介绍。

(一)Bishop 抗剪强度公式

工程实践证明,Mohr-Coulomb强度准则适用于饱和土,对于非饱和土并不适用。因此,Bishop提出了非饱和土的有效应力原理,并提出了非饱和土的Bishop抗剪强度公式,即

$$\tau_f = c' + [(\sigma - u_a) - \chi(u_a - u_w)]\tan\varphi' \tag{10-14}$$

(二)Fredlund 抗剪强度公式

由于χ的物理意义模糊,且难以测定,Fredlund于1978年提出了依据双应力状态变量的抗剪强度公式,即

$$\tau_f = c' + (\sigma - u_a)\tan\varphi' + (u_a - u_w)\tan\varphi^b \tag{10-15}$$

式中　c'——有效黏聚力;

φ'——与法向有效应力$(\sigma - u_a)$有关的内摩擦角;

φ^b——抗剪强度随着基质吸力的增加而增加的速率;

$(u_a - u_w)\tan\varphi^b$—— 有效黏聚力随着 $u_a - u_w$ 的增量(见图 10-3)。

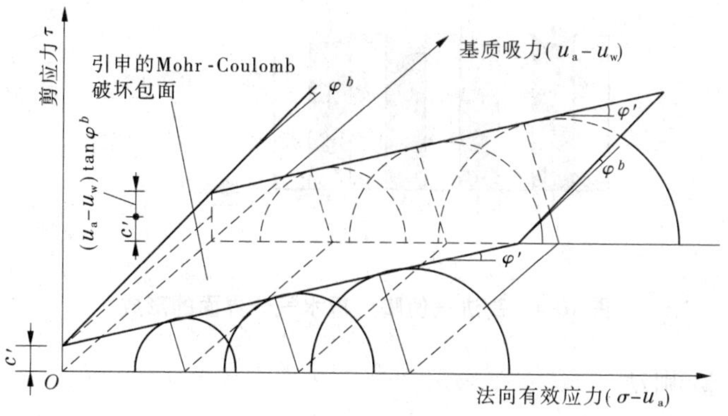

图 10-3　Fredlund 抗剪强度准则

研究发现,即使对于同一种土,$\tan\varphi^b$ 也并非常数,这就限制了 Fredlund 抗剪强度理论的应用。将式(10-14)和式(10-15)对照就可以发现,$\chi = -\dfrac{\tan\varphi^b}{\tan\varphi'}$,因此两种理论实际上是一致的,只是选取了不同的参数形式。

第四节　基质吸力的量测方法

基质吸力在数值上等于非饱和土中孔隙气压力与孔隙水压力之差,对于土体的强度、变形以及流体在土体内的迁移都具有非常重要的作用。那么对基质吸力进行准确而有效的量测也是非饱和土研究的重要内容。几十年来,通过大量的工作,研究人员找到了很多基质吸力的试验量测方法,概括起来,包括直接量测方法和间接量测方法。孔隙水压力用直接方法进行测量,孔隙气压力等于大气压力,而基质吸力的大小就等于孔隙气压力减去孔隙水压力。本节将对基质吸力的量测方法进行简要的介绍。

一、高进气值陶土板

非饱和土中的负孔隙水压力一般用高进气值陶土板来量测。高进气值陶土板采用高岭土烧制而成,其内部分布了许多微小孔隙。如图 10-4 所示即为高进气值陶土板水气分界面的示意图。陶土板充水饱和后,在陶土板的小孔表面存在着许多的收缩膜。这些收缩膜上的表面张力维持了陶土板外部的气压力和内部的水压力的平衡,阻挡了空气进入陶土板。陶土板上层的空气压力和收缩膜下的水压力之差即为基质吸力。陶土板能够保持的最大的基质吸力值称为它的进气值。

高进气值陶土板的进气值主要由其孔隙半径的大小决定。其孔径越大,进气值越小。当土中的基质吸力不超过陶土板的进气值时,空气不能进入陶土板,陶土板上表面的水通过气水分界面和土中的孔隙水连接,下表面和量测系统连接,以量测非饱和土中的负孔隙水压力。当土中的基质吸力超过了陶土板的进气值时,空气会进入陶土板,使得孔隙水压力的量测出现错误。

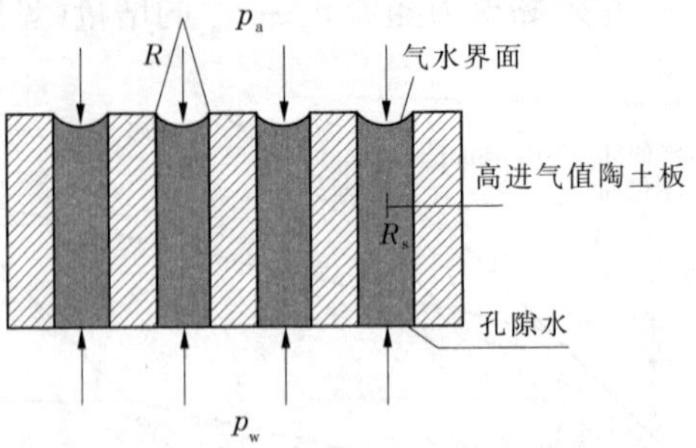

图10-4　高进气值陶土板水气分界面的形成

二、张力计量测法

采用张力计法和轴平移技术可以直接量测负的孔隙水压力。张力计可以在室内使用,也可以在现场使用。图10-5为常规张力计结构图。张力计的一端为高进气值陶土板探头,另一端为压力量测装置。在陶土板和量测装置之间充满无气水。使用时,将探头和要量测的土体接触,当探头中的水与土体中的水达到平衡时,量测的结果即是此时土体中的负孔隙水压力。孔隙气压力与孔隙水压力之差即为此时土体中的基质吸力。

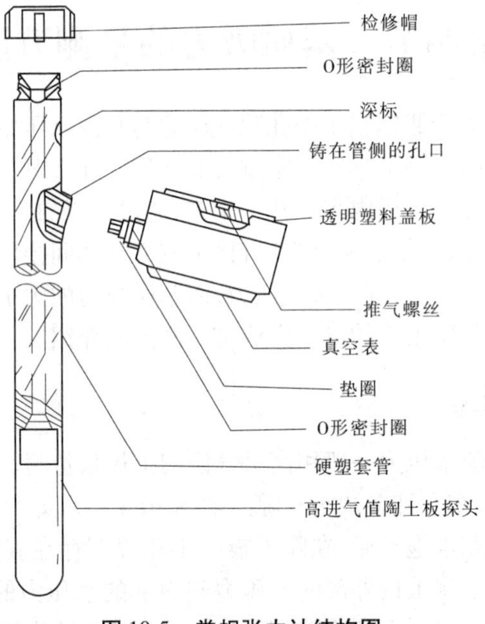

图10-5　常规张力计结构图

采用张力计法量测时,需要注意张力计的量程。当孔隙中的基质吸力大于张力计探头的高进气值陶土板的进气值时,气体会进入陶土板,造成错误的测量结果。张力计的量程约为90 kPa。

三、轴平移量测法

采用张力计进行基质吸力的测量时,如果土体中负的孔隙水压力过大,会造成土体中的气体通过高进气值陶土板探头进入张力计，造成错误的测量结果。而室内试验的轴平移技术，可以解决这一问题。

在室内主要采用压力板来量测非饱和土的基质吸力。图 10-6 为压力板原理示意图。压力板主要由气源供给系统、高进气值陶土板、压力容器、比重瓶等部分组成。试验时，首先将制成的非饱和土样放置在压力室中的高进气值陶土板上，土体内具有负的孔隙水压力。然后打开调压阀，由气源供给高压氮气或者空气，经过调压阀将气体调整到需要的气压并输入压力室。此时土体中的负孔隙水压力会增大，且增大的数值和所加的气压相等。此时由测得压力室内的气压和负孔隙水压力可以求得土体试样的基质吸力。

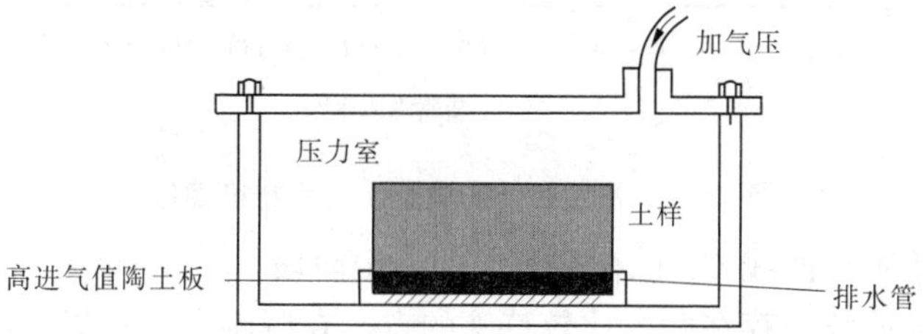

图 10-6　压力板原理示意图

采用轴平移技术，可以避免量测系统中出现很大的负孔隙水压力，超过量测系统的量程。通过采用轴平移技术，只要所施加的气压力不超过陶土板的进气值，就可以进行。与张力计法相比，大大提高了量程。现在的非饱和土室内试验多采用轴平移技术来进行非饱和土基质吸力的量测。

第五节　土—水特征曲线

非饱和土的水分都处在一定的吸力状态下，随着含水量的变化，吸力也发生变化，含水量和基质吸力的关系称为土—水特征曲线。其中的含水量可以是体积含水量 θ、重力含水量 w，也可以用饱和度 S_r 来表示。土壤学和土壤物理学首先开始对土—水特征曲线进行研究，主要看重天然土壤的持水能力、水分运移规律、土壤中基质吸力的变化等方面。随着非饱和土力学研究的深入开展，土—水特征曲线对于研究非饱和土强度变化规律、变形规律、土体渗透性等方面有很大的帮助，因此越来越受到重视。

一、土—水特征曲线的基本概念

图 10-7 为粉质黏土的典型土—水特征曲线。习惯上将土—水特征曲线绘制在基质吸力 S_c—体积含水量 w 的半对数图中。图中 AC 段为脱湿曲线，A 点表示土样处于饱和状态，由 A 点开始，逐渐增大吸力值，试样中的含水量逐渐减小至 C 点；CB 段为吸湿曲线，由 C 点开始，逐渐减小吸力值，试样中的含水量逐渐增大至 B 点。

一般认为，土—水特征曲线分为三个阶段。以图 10-7 中的脱湿曲线 AC 为例，初始部分为边界效应阶段，该阶段的曲线较为平缓，增大基质吸力并不能显著引起含水量减小；第二部分为转化阶段，在该阶段曲线较为陡峭，增大基质吸力可以引起含水量显著的减小；第三部分为残余段，在该阶段曲线又趋于平缓，增大基质吸力已经不能引起含水量的

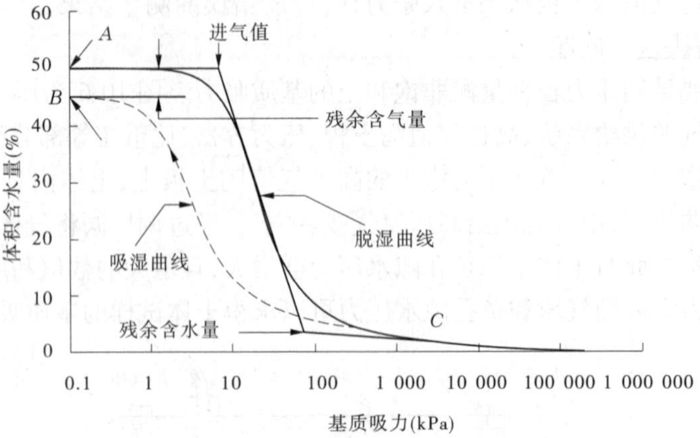

图 10-7　粉质黏土的典型土—水特征曲线

进一步减小。对于吸湿曲线 *CB* 也存在类似的三个阶段。

在土—水特征曲线中存在两个比较特殊的点。在脱湿段的边界效应阶段存在一个吸力值,当基质吸力小于该值时,并不能使土体中的水排出,只有当基质吸力大于该值时,土体的含水量才会逐渐减小。这个吸力值称为土体的进气值。进气值的物理意义指的是气体开始进入土体边界的土颗粒或者土颗粒集合体之间的最大孔隙对应的基质吸力值。另一个点指的是,当土体中含水量随着吸力的增加而降低到一定值时,含水量的继续减少需要增加很大的吸力,含水量的这一临界值称为残余含水量。

进气值和残余含水量的定义比较模糊,一般采用作图法来确定这两个值。将脱湿曲线的边界效应段延伸,和土—水特征曲线的转化阶段的延长线相交,认为交点处对应的基质吸力值即为土体的进气值。将脱湿曲线的转化延伸,并和残余阶段相交,认为此交点对应的含水量即为土体的残余含水量。需要指出的是,土体的进气值和残余含水量存在多种定义方法。

同一土体,对应于吸湿过程和脱湿过程有两个不同的水—土特征曲线,如图 10-7 所示,这种现象称为滞后现象。产生滞后现象主要是由土中孔隙的几何形状引起的。由于吸湿和脱湿两个过程存在的瓶颈现象而导致相同的吸力值对应于不同的含水量。另外,脱湿过程和吸湿过程中的液、固表面接触角不同也是引起滞后现象的原因。

二、土—水特征曲线的量测方法

一般采用压力板仪进行土—水特征曲线的量测。压力板的结构在本章第四节已经简要介绍。这里着重介绍土—水特征曲线试验的试验过程。

测定脱湿曲线的主要步骤如下:

(1)将制成的土样和高进气值陶土板进行真空负压饱和。

(2)将饱和后的试样放置在压力室的陶土板上,保证二者充分接触。

(3)对压力室施加气压力,通过轴平移技术,保持试样内的孔隙水压力为零,待试样平衡后,施加的气压力就等于试样内的基质吸力。

(4)量测试样的质量,并测定试样含水量的变化。

(5)施加更高一级的气压力,重复步骤(3)、(4)。待最高一级吸力施加完毕后,根据各个步骤测得的试样含水量,得到基质吸力和含水量关系曲线。

吸湿曲线的测定过程与脱湿曲线类似。将完成了脱湿曲线之后的试样放入压力室,逐步减小压力室内的气压力值,在试样平衡后,量测试样质量,计算试样内含水量的变化,当气压力减小到零时,结束试验,根据各个步骤测得的含水量,得到试样的吸湿曲线。

土—水特征曲线在与非饱和土相关的土建工程中应用很广,许多非饱和土的物理力学性质均可从土—水特征曲线中得到。

根据土—水特征曲线的两个状态点,并参考非饱和土骨架中液体和气体的体积关系及运动特点,将非饱和土分为如下三种状态:

(1)水封闭非饱和土。对应于图 10-7 中的边界效应段,在该阶段土体的含水量较高,接近饱和,连续水体的界面自行封闭,这时候的气体被封闭,只有水相连续,如图 10-8(c)所示。

(2)双开敞非饱和土。在这一区段,空气开始进入并占据土体内部较大的空隙通道,随着吸力的增加,饱和度持续减小,液相所占体积也持续减小,气相形成了连续体,气相和液相都连续,都可以传递压力,如图 10-8(b)所示。这个区段是非饱和土性质变化最大的阶段,实际工程中遇到的大部分非饱和土都处于这个阶段。

(3)气封闭非饱和土。含水量较低的时候,会出现气封闭非饱和土。这时候,水存在于土颗粒周围,各个部分的水体被土颗粒分割,不能形成连续水体,因此不能传递水压力。弯液面作用在土颗粒上,对于土颗粒具有拉结作用。气相相互连通,可以传递气压力,如图 10-8(a)所示。在该阶段,土体的基质吸力较大,但是基质吸力的大幅度增加对于土体含水量的变化的作用很小。

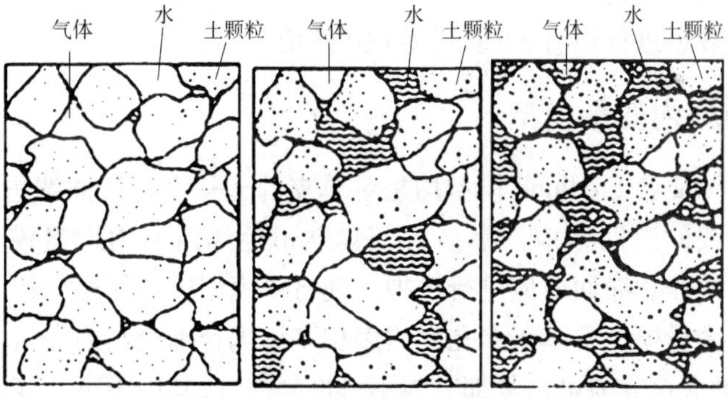

图 10-8　按照含水量划分的三种典型的非饱和土

对于三种状态的土体,气封闭非饱和土不透水,水封闭非饱和土的导水系数很小;水封闭与双开敞之间的界限饱和度为 20% ~25%,双开敞与气封闭的界限饱和度为 80% ~85%。

三、土—水特征曲线模型(Soil-Water Characteristic Curve,SWCC)

土—水特征曲线的直接量测需要进行大量的试验和花费很长的时间。而在获得其数据后,为了更好应用,需要将其表达为能够进行微积分运算的连续函数。这需要建立土—

水特征曲线模型来实现。目前,应用较为广泛的是 Van Genuchten 提出的模型及 Feng 和 Fredlund 提出的模型。本节将对这两种模型进行简要介绍。

(1)Van Genuchten 模型(VG 模型):

$$\theta = \theta_{irr} + \frac{\theta_{sat} - \theta_{irr}}{1 + \left(\frac{S_c}{a}\right)^b} \tag{10-16}$$

式中 θ——体积含水量;

θ_{irr}——残余体积含水量;

θ_{sat}——饱和体积含水量;

S_c——基质吸力;

a——与进气值有关的参数;

b——在基质吸力大于进气值之后与土体脱水速率有关的土参数。

通过对实测数据进行拟合,可以获得参数 a、b 的值。

(2)Feng 和 Fredlund 模型:

$$\theta = \frac{\theta_{sat} + \theta_{irr}(P_c/b)^d}{1 + (P_c/b)^d} \tag{10-17}$$

式中 b——大小与岩土介质的进气值有关;

d——曲线反弯点的斜率;

P_c——基质吸力;

其他符号含义同前。

通过对实测数据进行拟合,可以获得 b、d 的值。

四、毛细滞回内变量模型

VG 模型与 Feng 和 Fredlund 模型均是对单支的土—水特征曲线进行拟合,而没有考虑土—水特征曲线的滞回效应。韦昌富等建立了毛细滞回内变量模型,该模型可以对土—水特征曲线的任意滞回效应进行模拟。现将该模型进行简要介绍。

毛细滞回内变量模型是基于多孔介质多相多场耦合理论与内变量热动力学而建立起来的,它将含水量变化分为可恢复部分与不可恢复部分,其中不可恢复的体积含水量的变化部分用来作为内变量来描述毛细循环滞回特性。为了简化计算,韦昌富假设可恢复的含水量部分可以忽略,即

$$\dot{\theta} = \dot{\theta}_I \tag{10-18}$$

式中 $\dot{\theta}$——含水量的变化值;

$\dot{\theta}_I$——不可逆含水量的变化值。

该模型需要知道土体土—水特征曲线的区域边界线,即实测的脱湿曲线(MDC)和加湿曲线(MWC)。图 10-9 为毛细滞回内变量模型示意图,图中,脱湿曲线为 AB,吸湿曲线为 DC,此两线都可以用经验公式来表示。这里采用了 Feng 和 Fredlund 模型。该模型可

表示为

$$\dot{P}_c = -K_p(\theta, P_c, \hat{n})\dot{\theta} \tag{10-19}$$

式中　$\hat{n}$——含水量的变化路径，$\hat{n}=1$ 为脱湿路径，$\hat{n}=-1$ 为吸湿路径；

K_p——扫描线 EF 在 P 点的斜率。

K_p 由以下公式给定：

$$K_p(\theta, P_c, \hat{n}) = \bar{K}_p(\theta, \hat{n}) + \frac{c\varphi}{r-\varphi} \tag{10-20}$$

式中　$\bar{K}_p(\theta, \hat{n})$——含水量为 θ 时所对应的滞回边界曲线（MWC 或 MDC）上该点斜率的负值；

c——材料常数；

$\varphi = |P_c - \bar{P}_c(\theta, \hat{n})|$，其中 $\bar{P}_c(\theta, \hat{n})$ 为含水量为 θ 时对应的滞回边界曲线上的吸力值，在图 10-9 中，φ 即为线段 SP；

$r = \kappa_D(\theta) - \kappa_W(\theta)$，其中 $\kappa_D(\theta)$ 和 $\kappa_W(\theta)$ 分别为 MDC 和 MWC 上与含水量 θ 所对应的吸力值，图 10-9 中，r 即为线段 ST。

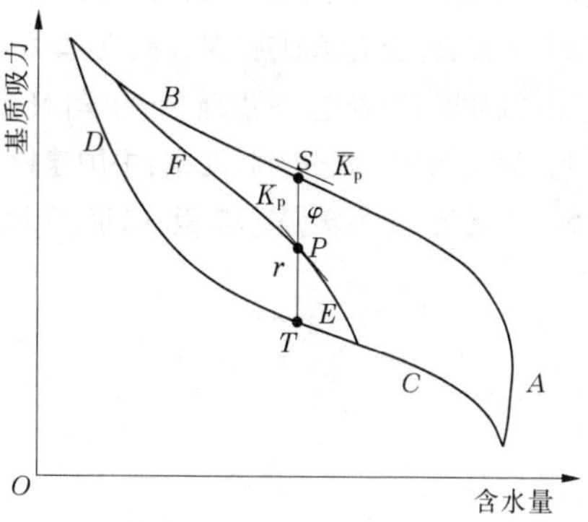

图 10-9　毛细滞回内变量模型示意图

当处于脱湿路径（$\hat{n}=1$）时，有

$$\bar{K}_p(\theta) = -\frac{d\kappa_D(\theta)}{d\theta} \tag{10-21}$$

当处于吸湿路径（$\hat{n}=-1$）时，有

$$\bar{K}_p(\theta) = -\frac{d\kappa_W(\theta)}{d\theta} \tag{10-22}$$

由式（10-22）可以得到含水量与吸力的关系的增量形式。

如图 10-10 所示，对于给定的边界曲线（MWC 和 MDC），该模型只需要一个参数 c，就可以对任意的含水量变化路径用隐式算法进行积分，求得含水量和吸力的关系。

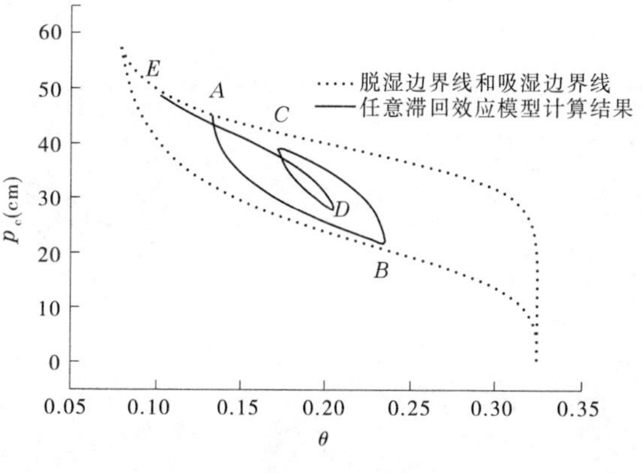

图 10-10　毛细滞回内变量模型对任意滞回效应的模拟

参 考 文 献

[1] 黄志全. 土力学[M]. 郑州:黄河水利出版社,2011.
[2] 张孟喜. 土力学原理[M]. 武汉:华中科技大学出版社,2007.
[3] 陈仲颐,周景星,王洪瑾. 土力学[M]. 北京:清华大学出版社,1994.
[4] 徐东强. 土力学[M]. 北京:中国建材工业出版社,2006.
[5] 卢廷浩. 土力学[M]. 2 版. 南京:河海大学出版社,2005.